地质灾害防治项目预算
编制与审查实用手册

吴宝和　　石胜伟　谢忠胜　编著

西南交通大学出版社
·成都·

内容提要

本书结合四川省山地地质灾害防治项目的特点，通过大量案例介绍了地质灾害详细调查、排查，地质灾害危险性评估，地质灾害监测，地质灾害治理工程勘查、设计、施工、监理等各个阶段预算编制和审核中的要点、难点，是一本必不可少、实用的工具书。

本书可作为从事地质灾害防治项目相关工作专业人员的业务参考书，也可作为从事地质灾害防治项目评审的财政投资评审中心、审计部门、工程造价咨询单位有关人员以及大专院校相关专业师生的参考用书。

图书在版编目（CIP）数据

地质灾害防治项目预算编制与审查实用手册 / 吴宝和，石胜伟，谢忠胜编著. —成都：西南交通大学出版社，2019.4

ISBN 978-7-5643-6813-5

Ⅰ. ①地… Ⅱ. ①吴… ②石… ③谢… Ⅲ. ①地质灾害–灾害防治–预算编制–手册 Ⅳ. ①P694-62

中国版本图书馆 CIP 数据核字（2019）第 060207 号

地质灾害防治项目预算编制与审查实用手册

吴宝和　石胜伟　谢忠胜 / 编　著

责任编辑 / 姜锡伟

封面设计 / 吴红梅　曹天擎

西南交通大学出版社出版发行

（四川省成都市二环路北一段 111 号西南交通大学创新大厦 21 楼　610031）

发行部电话：028-87600564　　028-87600533

网址：http://www.xnjdcbs.com

印刷：四川煤田地质制图印刷厂

成品尺寸　185 mm×260 mm

印张　15.75　字数　393 千

版次　2019 年 4 月第 1 版

印次　2019 年 4 月第 1 次

书号　ISBN 978-7-5643-6813-5

定价　98.00 元

本书编委会

编 委 主 任　吴宝和

编委副主任　石胜伟　谢忠胜

编　　　委　欧阳靖　杨晓迪　罗晓灵　白　锋

主 编 单 位　中国地质科学院探矿工艺研究所

　　　　　　（中国地质调查局地质灾害防治技术中心）

参 编 单 位　四川省地质环境监测总站

　　　　　　四川锦瑞青山科技有限公司

本书编委会

前　言

我国是世界上地质灾害最严重、受威胁人口最多的国家之一，地质条件复杂，构造活动频繁，崩塌、滑坡、泥石流、地面塌陷、地面沉降、地裂缝等灾害隐患多、分布广，且隐蔽性、突发性和破坏性强，防范难度大。特别是近年来受极端天气、地震、工程建设等因素影响，地质灾害多发频发，给人民群众生命财产安全造成了严重损失。

地质灾害防治工作以长江三峡链子崖危岩体防治工程为标志性起点，经历长江三峡库区二、三期地质灾害防治工程，"5·12"汶川特大地震、"4·14"玉树地震、"4·20"芦山强烈地震、"11·22"康定地震、"4·25"尼泊尔地震、"8·8"九寨沟地震灾后重建地质灾害防治工程，以及近几年地质灾害综合防治体系建设项目，国家特别是四川省先后投入大量资金用于地质灾害详细调查、排查，地质灾害危险性评估，地质灾害监测，以及地质灾害综合治理工作。

经过20多年的研究和发展，地质灾害防治技术得到了大量的积累，逐步形成了相关的技术规范，如《滑坡崩塌泥石流灾害调查规范（1∶50 000）》（DZ/T 0261—2014）、《地质灾害排查规范》（DZ/T 0284—2015）、《地质灾害危险性评估规范》（DZ/T 0286—2015）、《滑坡防治工程勘查规范》（GB/T 32864—2016）、《滑坡防治工程设计与施工技术规范》（DZ/T 0219—2006）、《泥石流灾害防治工程勘查规范》（DZ/T 0220—2006）、《崩塌、滑坡、泥石流监测规范》（DZ/T 0221—2006）、《地质灾害防治工程监理规范》（DZ/T 0222—2006）等。这些规范对地质灾害调查、监测、评估、勘查、设计、施工和监理等起到了积极的引导作用。

针对地质灾害防治工作和相关规范，国家出台了地质灾害前期调查、评估的预算标准，如《地质调查项目预算标准》（中国地质调查局 2010 年试用）、《地质调查项目概算标准》（中地调发〔2016〕17 号，2017 年 5 月修订）、《地质灾害危险性评估及咨询评估预算标准》（T/CAGHP 031—2018）。四川省于 2013 年颁布实施了《四川省地质灾害治理工程概（预）算标准（试行）》，2018 年进行了修订。该概（预）算标准包括《编制与审查规定》《治理工程预算定额》《工程施工机械台时费定额及混凝土、砂浆配合比基价》《工程量计算规则》《勘查设计预算标准》《监理预算标准》，是我国首部与地质灾害防治工程相关的概预算标准，已经成为自然资源部、安徽、广西等编制地质灾害防治工程概预算标准的范本。标准出台后，解决了以往使用其他行业定额编制和审查地质灾害治理工程投资所带来的诸多问题。

近年来，随着地质灾害防治工作的大面积铺开，从事地质灾害防治的单位和人员数量迅速增加，这些单位的技术水平和从业人员的素质良莠不齐，在上述预算标准的认识和使用上还存在较多的差别，造成编制的预算差别较大，甚至出现预算超概算、概算超估算的现象。从事预算审查的人员，不了解、不熟悉地质灾害防治项目相关预算标准，不能结合地质灾害防治项目的特点，按照其他行业的思维随意审减预算，部分项目由于审减率过大，造成项目招标多次流标，严重影响项目实施，导致预算执行进度达不到要求。这给地质灾害防治资金的管理带来了很大的困难，造成国家对地质灾害防治工程的投资不受控。

为进一步规范地质灾害防治工作的管理，提高防治工程资金预算的规范性和资金使用效益，解决使用现行预算标准编制地质灾害防治项目投资所出现的问题，本书结合四川省山区地质灾害防治项目的特点，试图通过大量浅显易懂的案例来说明预算标准的主要内容、使用方法，特别是以往编制和审查中所遇到的各种难题，以便更容易理解和解决问题，从而使地质灾害治理防治项目的预算更为准确。

　　本书以地质灾害防治项目目前使用的预算标准，如《地质调查项目预算标准》（中国地质调查局2010年试用）、《地质调查项目概算标准》（2017年5月修订版）、《地质灾害危险性评估及咨询评估预算标准》（T/CAGHP 031—2018）和《四川省地质灾害治理工程概（预）算标准》（川自然资发〔2018〕9号）等为基础，通过大量案例介绍了地质灾害详细调查、排查，重点小流域、重点场镇地质灾害综合治理项目实施方案编制，地质灾害危险性评估，地质灾害治理工程勘查、设计、施工、监理以及地质灾害专业监测等各个阶段的预算编制与审查。

　　编著者希望本书能对从事地质灾害防治项目相关工作的技术人员及评审人员有所帮助，从而进一步提高他们的预算编制与审查水平。本书在编写过程中虽然经过充分论证和反复修改，尽量突出要点、难点，并力争做到浅显易懂，但由于编著者水平和经验有限，难免有不足之处，恳请读者批评指正。本书在编写过程中得到了国土、水利等行业的专家、领导的帮助；编著者有幸参加《四川省地质灾害治理工程概（预）算标准》的编制与修订工作，为本书的编写奠定了基础；本书参考和引用了国内同仁诸多经验与成果：在此一并感谢。

编著者

2019年1月

目　录

第1篇　地质灾害前期调查、评估费用

第2篇　地质灾害治理工程造价

4

第3篇 矿山地质环境保护与土地复垦

第4篇 综合案例

第1篇　地质灾害前期调查、评估费用

第1章　地质灾害详细调查、排查

1.1　概　述

自1998年以来，四川省先后开展了县（市）地质灾害调查与区划、县（市）地质灾害补充调查与区划、地质灾害应急排查等地质灾害调查评价工作，初步查明了省内地质灾害分布情况，划分了地质灾害易发区，建立了群测群防体系，开展了地质灾害避让搬迁工作，组织实施了地质灾害的排危除险及工程治理，有效减轻了地质灾害损失。"5·12"汶川特大地震、"4·20"芦山强烈地震、"11·22"康定地震、"8·8"九寨沟地震及频发的极端天气，进一步加剧并诱发了大量滑坡、崩塌、泥石流等地质灾害，严重危害着人民群众生命财产安全，制约了社会经济可持续发展。开展1∶50 000地质灾害详细调查是全面贯彻国务院《地质灾害防治条例》和《关于加强地质灾害防治工作的决定》等相关法律法规的必然要求，也是保护人民群众生命财产安全、促进社会和谐稳定、巩固和提升四川地质灾害防治水平的必然选择[1]。

1.2　地质灾害详细调查概算

地质灾害调查项目组织实施单位编制地质灾害调查规划、地质灾害调查实施方案、地质灾害调查项目年度计划和预算建议时，为匡算经费预算规模，一般使用《地质调查项目概算标准》中的地质灾害调查概算标准[2]。地质灾害调查概算标准包括1∶5万崩塌滑坡泥石流调查、1∶5万岩溶塌陷调查、1∶5万地面沉降地裂缝调查，具体见表1.1。

表1.1　地质灾害调查概算标准

单位：元/km²

序号	概算指标	地质灾害调查预算标准地区调整系数										
		1	1.1	1.2	1.3	1.4	1.5	1.6	1.7	1.8	1.9	2
1	1∶5万崩塌滑坡泥石流调查	7 009	7 529	8 052	8 578	9 108	9 640	10 176	10 715	11 258	11 803	12 352
2	1∶5万岩溶塌陷调查	7 444	7 899	8 354	8 809	9 263	9 718	10 173	10 628	11 082	11 537	11 992
3	1∶5万地面沉降地裂缝调查	7 930	8 532	9 134	9 736	10 339	10 941	11 543	12 145	12 747	13 349	13 951

地质灾害包括崩塌、滑坡、泥石流、地面塌陷、地裂缝、地面沉降等。根据2011年至2018

年四川省地质灾害隐患点统计分析（数据来源于 2011 年至 2018 年四川省地质灾害隐患点防灾措施落实情况的公告），四川主要为崩塌、滑坡、泥石流，其数量达到 99%，具体见表 1.2。经过 "5·12" 汶川地震、"4·20" 芦山地震、"11·22" 康定地震、"8·8" 九寨沟地震后，泥石流的数量有增加趋势。

表 1.2　2011 年至 2018 年四川省各种地质灾害所占比例

类型	2011 年	2012 年	2013 年	2014 年	2015 年	2016 年	2017 年	2018 年
滑坡	65.18%	66.67%	67.43%	68.83%	69.00%	66.15%	64.92%	61.95%
崩塌	21.76%	19.71%	18.56%	17.07%	16.35%	18.12%	19.17%	21.11%
泥石流	11.81%	12.02%	12.85%	12.85%	13.69%	14.81%	15.16%	16.13%
其他	1.25%	1.61%	1.16%	1.24%	0.96%	0.92%	0.75%	0.81%

因此，四川省地质灾害详细调查概算一般选用表 1.1 中 1:5 万崩塌滑坡泥石流调查概算标准。概算编制仅需要该地区的面积及相应的地区调整系数。地区调整系数应根据《国土资源调查项目预算标准（地质调查部分）》（财建〔2007〕52 号）[3]严格按照经纬度坐标查询，有 2 个地区调整系数的，应按不同面积进行加权平均计算综合地区调整系数或不同地区采用不同调整系数分别计算。

【案例 1-1】现需编制 2019 年度地质灾害详细调查项目年度计划和预算建议。假设 2019 年度地质灾害详细调查年度计划中某县总面积 2 420 km²，位于四川攀西地区和横断山山脉交接部位，其中四川攀西地区面积为 1 800 km²，其余位于横断山山脉。试计算该县地质灾害详细调查项目预算建议数。

分析：

根据背景资料，该县位于四川攀西地区和横断山山脉交接部位，其地区调整系数分别为 1.4 和 1.8。经查阅表 1.1，相应的地质灾害详细调查概算标准分别为 9 108 元/km²、11 258 元/km²。故项目预算建议数计算如下：

$$1\ 800 \times 9\ 108 + （2\ 420 - 1\ 800）\times 11\ 258 = 23\ 374\ 360（元）$$

需要注意的是，地质灾害调查概算标准中已经包含了地区调整系数，计算时不能再重复乘地区调整系数。

1.3　地质灾害详细调查预算

1.3.1　地质灾害详细调查预算内涵

地质灾害详细调查预算主要是指编制与审核的地质灾害详细调查项目招标控制价、投标报价及调查完成以后的结算。各阶段预算在编制单位、审查单位和编制与审查的依据等方面有所差别，具体情况详见表 1.3。

地质灾害详细调查预算与地质灾害治理工程或其他行业的建设项目不同，实施前，没有详细的施工图，也不能够计算详细的工作量，仅能根据规范要求确定基本工程量，其中重点调查区、一般调查区、概查区的划分也只是初步确定，重大地质灾害、避让搬迁安置、典型小流域、重点场镇等的数量需要在实地调查以后才能确定。因此，其招标控制价、投标报价一般差别不大，但调查完成以后的结算差别较大，有可能增加，也有可能减少。这是正常的，也是科学的。

表1.3 地质灾害详细调查预算编制及审查单位

名称	招标控制价	投标报价	结算
实施阶段	招标阶段	投标阶段	调查完成以后
审查单位	财政主管部门	评标专家	财政主管部门/审计主管部门
编制单位	组织实施单位	投标人	地质灾害详细调查单位
主要依据	预算标准、详细调查规范、调查区概况	预算标准、详细调查规范、调查区概况	预算标准、详细调查规范、技术成果资料（如地质灾害详细调查报告、重大地质灾害、避让搬迁安置、典型小流域、重点场镇专题报告和图件等）

1.3.2 编制与审查依据

1. 标准、规范、规程及相关文件

（1）《四川省国土资源厅 四川省财政厅关于全面加强地质灾害综合防治体系建设项目和资金管理工作的通知》（川国土资发〔2017〕84号）。

（2）中国地质调查局《地质调查项目预算标准》（2010年试用）。

（3）《滑坡崩塌泥石流灾害调查规范（1∶50 000）四川省实施细则（试行）》（川国土资发〔2015〕32号）。

（4）DZ/T 0261—2014《滑坡崩塌泥石流灾害调查规范（1∶50 000）》。

（5）GB/T 32864—2016《滑坡防治工程勘查规范》。

（6）DZ/T 0220—2006《泥石流灾害防治工程勘查规范》。

（7）DZ/T 0262—2014《集镇滑坡崩塌泥石流勘查规范》。

（8）其他影响费用计算的文件。

2. 技术资料（招标阶段、投标阶段仅有地质灾害详细调查技术方案）

（1）地质灾害详细调查报告、附图及相应技术审查意见、专家复核意见。

（2）专题报告及附图附件。

①重大地质灾害勘查报告及图件、物探报告、试验报告等。

②典型小流域综合调查报告及图件。

③重点场镇综合调查报告及图件。

④避险搬迁安置规划报告及图件。

⑤重大地质灾害治理工程复核报告及图件。

⑥遥感解译报告及图件。

⑦地质灾害详细调查数据建设报告。

（3）附件。

①实际材料图。

②地质灾害点调查卡片册。

③地质灾害调查照片集。

④地质灾害防治预案及避险明白卡、防灾明白卡。

⑤地质灾害详细调查设计书、项目设计变更文件。

⑥地质灾害详细调查合同（任务书）、招标文件、投标文件。

（4）其他内容（详细见详细调查规范）。

1.3.3 招标控制价、投标报价

1．调查区分级

调查区的分级是地质灾害详细调查中非常重要的一项工作。这是因为不同的调查区，调查的精度不同。例如重点调查区、一般调查区在遥感解译的基础上分别按正测、简测或草测的精度要求进行地质灾害测量，而概查区一般仅进行遥感解译的工作。选用的预算标准及调整系数不同，且差别较大。除预算标准使用上的差别外，如果调查区分级不准确，各调查区的面积差别很大，相应调查工作量也会有很大的误差，最终影响该地质灾害调查项目的预算。

结合四川省特点，统筹地质灾害发育情况和人口分布及密度特点，我们将调查区分为重点调查区、一般调查区和概查区。概查区指高寒地区、森林覆盖区等无常住人口地区及平原、高原等地质灾害不易发地区。

重点调查区、一般调查区要在明确概查区的基础上，将存在、潜在地质灾害安全隐患的地区按照危害对象等级、地质条件复杂程度来区分，如表1.4所示。

表1.4 调查区分级

调查区分级		危害对象等级		
		一级	二级	三级
地质条件复杂程度	复杂	重点调查区	重点调查区	一般调查区
	中等	重点调查区	一般（或重点）调查区	一般调查区
	简单	一般（或重点）调查区	一般调查区	一般调查区

危害对象等级、地质条件复杂程度划分详细见附录1危害对象等级划分、附录2地质条件复杂程度划分。

需要注意的是，调查区不能单纯按照一种指标来区分其等级，例如只按照危害对象分级或只按照地质条件复杂程度区分，这是不少调查单位特别容易犯的错误。重点调查区、一般调查区要在明确概查区的基础上确定，是存在、潜在地质灾害安全隐患的地区。

调查区分级案例详细见第11章地质灾害详细调查结算综合案例。

2．调查工作量的确定

地质灾害详细调查项目的招标控制价、投标报价的主要工作量一般按地质灾害详细调查规范[1]确定，相关工作量如表1.5所示。

表1.5 每平方千米基本工作量表

技术方法	重点调查区	一般调查区	概查区
1∶50 000遥感调查（km²）	全覆盖	全覆盖	部署遥感工作，结合工作需要适当部署其他工作
1∶10 000遥感调查（km²）	50～100		
1∶50 000地质灾害测量（正测）（km²）	全覆盖		
1∶50 000地质灾害测量（简测或草测）（km²）		全覆盖	
1∶10 000地质灾害测量（km²）	10～30	≤10	

续表

技术方法	重点调查区	一般调查区	概查区
观测点（点）	1 000～5 000	100～1 000	
实测剖面（条/km）	10～20	2～10	部署遥感工作，结合工作
物探（m）	≤2 000	≤500	需要适当部署其他工作
钻探（m）	≤1 000	≤200	
浅井（m）	≤100	≤50	
岩土样（组）	≤50	≤15	

表 1.5 中，1∶10 000 地质灾害测量主要是指典型小流域、重点场镇地质灾害调查的面积（已综合整治的除外）；实测剖面（一般按 1∶500～1∶2 000 地质灾害测量、工程地质测量）、物探、钻探、浅井、岩土样（组）等工作是对威胁县城、集镇、学校、安置点、聚居点等危害性大且稳定性差的或具有研究价值的或拟开展工程治理的地质灾害（以下简称"拟治理点"）开展的。但是，由于尚未开展实地调查工作，故上述工作量均为估算。需要注意的是，规范中规定的基本工作量中小比例尺的调查面积没有扣除大比例尺的调查面积，如 1∶50 000 地质灾害测量的面积没有扣除 1∶10 000 地质灾害测量的面积。案例见地质调查概算标准中概算标准测算表，详细见附录 3 地质灾害详细调查概算标准测算表。

除了基本的实物工作以外，根据预算标准的规定，其他地质工作还有工程点测量、地质编录、采样、岩矿心保管、设计论证编写、综合研究及编写报告（区域水工环调查）、报告印刷出版（区域水工环调查）等。其中：工程点测量按钻探、坑探工作量测算，地质编录按工程地质钻探、浅井、槽探等工作量分别测算，采样（岩心样）、岩矿心保管一般按钻探工作量的 80% 测算。

招标控制价、投标报价阶段，一般按规范中估算的工作量和以往该地区县（市）地质灾害调查与区划资料的调查区分级进行预算工作量的测算，并在此基础上编制预算。

3. 预算编制

根据《四川省国土资源厅 四川省财政厅关于全面加强地质灾害综合防治体系建设项目和资金管理工作的通知》（川国土资发〔2017〕84 号）的规定，地质灾害调查类项目应参照《地质调查项目预算标准》（2010 年试用）及相关规范实施。相应预算编制也应按上述标准和规范计算。

地质灾害详细调查各工作手段精度、预算工作量、预算标准的选择、预算包括的内容等详见表 1.6 所示。

表 1.6 地质灾害详细调查常用工作手段表

工作手段	说明
一、地形测绘	
二、地质测量	
1∶50 000 地质灾害测量（正测）	重点调查区：地质灾害测量正测要求开展
1∶50 000 地质灾害测量（简测或草测）	一般调查区：一般按照简测（简测的点密度及数量按照正测要求的 70% 控制）计算；对于地质环境条件简单，地质灾害不发育或人口稀疏的区域可以按照草测（草测的点密度及数量按照正测要求的 50% 控制）计算

工作手段	说明
1:10 000 地质灾害测量（正测）	典型小流域、重点场镇地质灾害测量按照正测要求开展
1:500～1:2 000 地质灾害测量（正测）	拟治理点，预算标准中包含剖面测量
1:500～1:2 000 工程地质测量（正测）	拟治理点，预算标准中包含剖面测量
三、物探	拟治理点
四、化探	
五、遥感	
遥感地质解译（1:50 000 遥感信息提取）	重点调查区、一般调查区、概查区面积之和
遥感地质解译（1:10 000 遥感信息提取）	典型小流域、重点场镇（已综合整治的除外）面积之和
遥感地质解译（1:50 000 遥感解译）	重点调查区、一般调查区、概查区面积之和
遥感地质解译（1:10 000 遥感解译）	典型小流域、重点场镇（已综合整治的除外）面积之和
六、钻探	拟治理点
七、坑探	
八、浅井	拟治理点
九、槽探	拟治理点
十、岩矿试验	拟治理点
（一）土工试验	密度、天然重度、干重度、天然含水量、孔隙比、饱和度、颗粒成分、压缩系数、凝聚力、内摩擦角等
（二）岩石试验	密度、天然重度、干重度、孔隙率、孔隙比、吸水率、饱和吸水率、抗剪强度、弹性模量、泊松比、单轴抗压强度等
（三）水质分析	水质简分析等
十一、其他地质工作	
工程点测量	仅限于钻探井口及坑探坑口，每个钻孔或坑口为一点
地质编录	钻探、槽探、浅井
采样	岩心样
岩矿心保管	
设计论证编写（区域水工环调查）	按 37 500 元/份计算
综合研究及编写报告（区域水工环调查）	按 100 000 元/份计算
报告印刷出版（区域水工环调查）	按 45 000 元/份计算
十二、工地建筑	不超过野外工作费用之和 5%
十三、设备使用和购置费	
十四、应缴税金	

备注：（1）本表中比例尺除 1:50 000 外，其他比例尺应按调查范围的大小选用，一般调查范围大用小比例尺，调查范围小用大比例尺。

（2）钻探岩石级别的选取，以占主体的代表性岩石为准，各孔段岩性变化较大的可以分段选取或加权平均计算。"分段计算法"是根据施工方案的钻探柱状剖面图、坑探剖面图，分别确定不同岩石级别与厚度，进行费计算；"加权平均岩石级别法"是根据不同岩石级别及其厚度，用加权平均法计算全孔或坑道的平均岩石级别，进行费用计算。若无钻、坑探剖面图的钻、坑探施工，可根据工作区围岩岩石级别计算。

　　招标控制价和投标报价编制使用的表格和相关规定按《中国地质调查局关于地质矿产调查评价项目预算编制和审查要求（试行）的通知》（中地调函〔2010〕88 号）和《中国地质调查局关于地质矿产调查评价项目预算编制与审查补充要求的通知》（中地调函〔2010〕255 号）中甲类项目立项阶段的要求执行。

1.3.4　调查完成以后的结算

　　地质灾害详细调查完成以后的结算编制与招标控制价、投标报价基本相同，只是结算工作量应按照实际完成的工作量进行计算。实际完成的工作量一般都是以相应的成果资料作为依据，如专题报告、图件、照片等。调查完成以后的结算编制详细见表 1.6 所示。

　　（1）重点调查区、一般调查区、概查区的面积之和应为整个调查区面积。相应的工作有 1∶50 000 地质灾害测量、1∶50 000 遥感解译。

　　（2）1∶10 000 地质灾害测量（正测）、1∶10 000 遥感解译为典型小流域、重点场镇调查面积之和。已开展综合整治的小流域、重点场镇不作为典型小流域、重点场镇综合调查内容，但应根据要求开展地质环境条件及地质灾害（隐患）调查。

　　（3）对威胁县城、集镇、学校、安置点、聚居点等危害性大且稳定性差的或具有研究价值的或拟开展工程治理的地质灾害（隐患），如崩塌、滑坡、不稳定斜坡等，一般根据其规模大小按 1∶500 ~ 1∶2 000 的比例尺进行地质灾害测量（正测）、工程地质测量（正测）以及勘查（物探、钻探、浅井、槽探、岩土试验等）。成果资料中应有相应地质灾害（隐患）调查表、照片、工程地质测绘平面图、剖面图、地质编录、试验报告等资料方可按相应工作量进行预算。

　　（4）避险搬迁安置的场地选址一般按 1∶500 ~ 1∶2 000 地质灾害测量（正测）、1∶500 ~ 1∶2 000 工程地质测量（正测）计算。集中安置区可适当缩小，但不应小于 1∶5 000。应有地质灾害隐患点搬迁安置户调查表、地质灾害隐患点搬迁安置户选址调查表、工程地质测绘平面图、剖面图、照片等资料方可按相应工作量进行预算。

　　（5）复核已有地质灾害点：调查重点是查明其变化，与地质环境的成生关系与分布发育规律。其工作量包含在 1∶50 000 地质灾害测量中，不应重复计算。

　　（6）治理工程复查复核原则上须完成工程初验，复查复核的内容包括项目来源、目的任务，地质环境条件，工程治理项目基本情况，治理项目分布情况，治理项目安全性及有效性评价，防治措施建议，结论及建议。治理工程复查复核的工作量包含在 1∶50 000 地质灾害测量中，不应重复计算。

　　（7）遥感解译工作应有遥感解译报告、区域地质环境条件遥感影像及解译图、重点地段地质灾害遥感影像及解译图（重点地段必须包括典型小流域和重点场镇综合调查区，且要求分地段成图）。上述资料齐全方可计算遥感解译的预算。

　　（8）无人机航拍参考概算标准按 1 800 元/km² 计算，面积按实际航拍面积计算，同时对威胁人口聚居区且人员实地调查困难的地质灾害隐患点，成果资料应有 DOM、DEM 等，如果仅提供照片则不能计算。计算了无人机航拍的，不能再计算相应比例尺的地质灾害测量。

　　（9）工地建筑指在作业区域或附近修建的简易房屋、简易公路、桥梁及水塔，架设的输电通信线路，购置活动房、帐篷及蒙古包，以及上述工地建筑的维修工作等。其费用按不超过野外工作手段费用之和的 5% 控制，按实际完成的工地建筑进行结算。

　　（10）根据《地质调查项目预算标准》（2010 年试用）的规定，工程手段的标准中不含生产设备折旧费等，故调查工作中使用到的设备应按地质灾害调查期间使用设备的时间、设备原值、设备年综合折旧率（按 10.5%计算）计算调查期间的折旧费。需要注意的是，能计算折旧费的设备应属于生产设备，如工程地质钻探使用的钻机、无人机等，不包括车辆等。设备使用和购置费不能超过前几项之和的 10%。

（11）应缴税金指按照国家税法规定，应计入地质灾害详细调查项目内的增值税销项税额以及城市维护建设税、教育费附加和地方教育附加，按 6.72%计算。根据目前地质灾害详细调查项目的承担方式，一般通过公开招标承担的项目，均需向税务部门缴纳税金。《地质调查项目预算标准》（2010 年试用）明确规定，工程手段的预算标准中未包括应该缴纳的税金，因此预算中应按税法规定计算应缴税金。

（12）地区调整系数应根据《国土资源调查项目预算标准（地质调查部分）》（财建〔2007〕52 号）[3]严格按照经纬度坐标查询，不能凭主观印象认为所属地区，在两个区域交界处的项目应特别注意，如冕宁县等。由于不同的地区，其地区调整系数相差可能会很大，如横断山山脉与四川攀西地区为相邻地区，其地区调整系数分别为 1.8、1.4，查询该地区调整系数时，相邻地区名称的标识一定要区分清楚。有 2 个地区调整系数的，应按不同面积进行加权平均计算综合地区调整系数或不同地区采用不同调整系数分别计算。地区调整系数仅适用于野外工作，如地形测绘、地质测量、物探、化探、坑探、浅井、槽探等，不适用地形制图航空物探、航空遥感、遥感地质解译、海洋地质调查、岩矿试验和其他地质工作中的设计论证编写、综合研究及编写报告、报告印刷等工作手段。

（13）四川省数据库的工作主要是进行数据更新，其预算包含在综合研究与报告编写中，不重复计算。

（14）最终提交的预算资料应包括编制说明和表格。编制说明主要内容应包括项目概况、预算编制依据、采用的费用标准和测算依据、项目预算的合理性及可靠性分析、需要说明的问题等。

1.4 地质灾害排查预算

1.4.1 地质灾害排查概述

地质灾害排查包括汛前地质灾害排查、汛后地质灾害排查，地震后的应急地质灾害排查（如"5·12"汶川地震、"4·20"芦山地震、"11·22"康定地震、"8·8"九寨沟地震后的地质灾害应急排查），重大灾害发生后的地质灾害应急排查（如"6·24"茂县山体垮塌后的地质灾害应急排查、金沙江白格滑坡发生后的地质灾害应急排查）等。地质灾害排查工作的内容与地质灾害详细调查类似，但工作的精度要低于地质灾害详细调查。

1.4.2 编制和审查依据

1. 标准、规范、规程及相关文件

（1）《四川省国土资源厅 四川省财政厅关于全面加强地质灾害综合防治体系建设项目和资金管理工作的通知》（川国土资发〔2017〕84 号）。

（2）中国地质调查局《地质调查项目预算标准》（2010 试用）。

（3）《四川省地质灾害隐患应急排查技术要求》。

（4）DZ/T 0284—2015《地质灾害排查规范》。

（5）《滑坡崩塌泥石流灾害调查规范（1∶50 000）四川实施细则（试行）》（川国土资发〔2015〕32 号）。

（6）DZ/T 0261—2014《滑坡崩塌泥石流灾害调查规范（1∶50 000）》。

（7）其他影响费用计算的文件。

2. 技术资料

（1）地质灾害隐患排查报告及相应技术评审意见（通过审查且有专家复核意见）。

（2）重大地质灾害隐患专题报告、小流域（潜在威胁 100 人以上）地质灾害排查工作专题报告、重点场镇地质灾害排查工作专题报告等（含面积明细表）。

（3）各类图件（地质灾害分布图编制、地质灾害防治区划图编制、1∶10 000 的防灾工作建议图等）。

（4）如果有遥感解译则应有遥感解译报告和相应图件等。

（5）野外调查表、视频及其他调查手段获得的原始成果及分析报告等。

（6）宣传培训工作总结报告（含附照）。

1.4.3　排查预算

地质灾害详细调查常用工作手段如表 1.7 所示。

表 1.7　地质灾害排查常用工作手段

工作手段	说明
一、地形测绘	
二、地质测量	
1∶50 000 地质灾害测量（简测）	重点调查区（实际面积）
1∶50 000 地质灾害测量（草测）	一般调查区（实际面积）
1∶10 000 地质灾害测量（简测）	县域内受潜在地质灾害威胁人口在 100 人及以上的典型小流域、重点场镇、重大地质灾害隐患点
三、物探	不计算
四、化探	不计算
五、遥感	
遥感地质解译（1∶50 000 遥感信息提取）	需要有遥感解译报告等成果资料
遥感地质解译（1∶10 000 遥感信息提取）	需要有遥感解译报告等成果资料
遥感地质解译（1∶50 000 遥感解译）	需要有遥感解译报告等成果资料
遥感地质解译（1∶10 000 遥感解译）	需要有遥感解译报告等成果资料
六、钻探	不计算
七、坑探	不计算

续表

工作手段	说明
八、浅井	不计算
九、槽探	不计算
十、岩矿试验	不计算
十一、其他地质工作	
综合研究及编写报告（区域水工环调查）	
报告印刷出版（区域水工环调查）	
宣传培训（监测员）	
宣传培训（集中培训）	
无人机航拍	
十二、工地建筑	按实际发生，且不超过野外工作费用之和的5%
十三、设备使用和购置费	按实际发生，且不超过前面各项之和的10%
十四、应缴税金	

地质灾害排查预算的编制与地质灾害详细调查预算基本相同，但有以下几点需要注意：

（1）重点调查区按 1∶50 000 地质灾害测量（简测），一般调查区按 1∶50 000 地质灾害测量（草测）。

（2）100 人及以上的典型小流域、重点场镇、重大地质灾害隐患点按 1∶10 000 地质灾害测量（简测）计算，其中面积计算必须符合《四川省地质灾害隐患应急排查技术要求》中调查范围的规定，同时需要有相应图件等成果资料。编制单位应提供 100 人及以上的典型小流域、重点场镇、重大地质灾害隐患点的面积明细表，以便复核面积。

（3）可能造成危害影响的新增地质灾害隐患点可按规范规定计算大比例尺的地质灾害测量，但需要相应的成果资料（特别是大比例尺图件）。

（4）宣传培训计算数据应和宣传培训总结报告（含签到表、照片等）一致，一般按以往类似经验计算（监测员培训 10 元/人次、集体培训 450.00 元/场次、两卡发放 5 元/个）。编制和审查过程中应注意培训的人次与场次不能重复计算，同时按人次按签到表，场次按签到表和照片进行核实。

第 2 章　重点小流域、重点场镇地质灾害综合治理项目实施方案编制费用

2.1　概　述

地质灾害详细调查或地质灾害排查工作结束以后，对泥石流、崩塌、滑坡等地质灾害（隐患）集中发育并威胁县城、集镇、学校、聚居点等对象的重点小流域和重点场镇，需要进行综合治理。综合治理工作一般按照以下程序实施：编制实施方案、编制分项工程实施设计、实施综合治理。根据《四川省国土资源厅　四川省财政厅关于全面加强地质灾害综合防治体系建设项目和资金管理工作的通知》（川国土资发〔2017〕84 号）的规定，重点小流域和重点场镇地质灾害综合治理项目纳入地质灾害综合防治项目储备库的前提是完成实施方案的编制，并通过审查。因此，编制重点小流域和重点场镇地质灾害综合治理项目实施方案是项目实施的第一步，也是前提。

2.2　编制与审查依据

（1）《四川省国土资源厅关于芦山地震灾区重点小流域和重点场镇地质灾害综合治理项目实施的指导意见》（川国土资发〔2013〕101 号）。

（2）中国地质调查局《地质调查项目预算标准》（2010 年试用）。

（3）《滑坡崩塌泥石流灾害调查规范（1∶50 000）四川实施细则（试行）》（川国土资发〔2015〕32 号）。

（4）DZ/T 0261—2014《滑坡崩塌泥石流灾害调查规范（1∶50 000）》。

（5）DZ/T 0286—2015《地质灾害危险性评估规范》。

（6）GB/T 32864—2016《滑坡防治工程勘查规范》。

（7）DZ/T 0220—2006《泥石流灾害防治工程勘查规范》。

（8）DZ/T 0262—2014《集镇滑坡崩塌泥石流勘查规范》。

2.3　实施对象和方案编制内容

1. 项目实施的主要对象

项目实施以重点小流域和重点场镇范围内因自然因素形成的威胁群众生命财产安全的地质灾害隐患点为工作对象。原则上，重点小流域主要指面积在 30～50 km² 的独立完整的汇水区域，重点场镇主要指县城、乡镇政府所在地或人口密集的乡村场镇。

2. 实施方案编制

以小流域或场镇为单元开展调查评估工作，初步查明区域地质灾害隐患的发育分布、发展趋势、危害程度等，开展区域地质灾害危险性评估，划定地质灾害危险区，并明确划分禁建区（地质灾害体规模大、危害严重且治理措施难以达到足够的安全保障的地质灾害危险区域）、限建区（能够通过实施治理工程消除灾害隐患的区域或在地质灾害危险区内通过规划用地功能类型的调整避免人员和财产损失的区域）、可建区。区域地质灾害危险性评估工作不替代具体建设项目地质灾害危险性评估工作。

在开展调查评估工作的基础上，结合工作部署，按照统筹规划、综合整治的原则，逐一确定小流域或场镇内地质灾害隐患的监测预警、避让搬迁、避险场所建设、排危除险、治理工程等措施，并细化形成小流域或场镇地质灾害综合治理实施方案。

2.4 实施方案编制费计算方法

2.4.1 调查面积

调查面积一般以重点小流域和重点场镇为调查范围。因此，应根据规范确定合理的调查范围。

（1）小流域调查范围为典型小流域的整个流域范围、下游对生命财产有威胁的区域。

（2）重点场镇调查范围：以集镇建成区及规划区为基础，调查测绘工作延伸至地质灾害运动分水岭，泥石流扩展至泥石流整个流域。针对场镇周边地形特点、斜坡稳定性及灾害发生史，可对调查范围做适当调整与扩展。地质灾害分布区和影响区及孕灾条件大的场镇后山斜坡作为调查重点。

2.4.2 实施方案编制费计算

结合工作的特点，实施方案编制费按《地质调查项目预算标准》（2010年试用）及相关规范计算。其具体的工作手段选择、工程量的测算等如表2.1所示。

表2.1 重点小流域和重点场镇地质灾害综合治理项目实施方案编制费

工作手段	说明
一、地形测绘	
二、地质测量	
1:50 000 地质灾害测量	按调查面积计算，适用于面积大于 50 km² 时
1:10 000 地质灾害测量	按调查面积计算
1:10 000 工程地质测量	需要治理的部分
三、遥感	
无人机航拍	
数据购置	应尽量选用免费的高分辨率的遥感数据
遥感地质解译（1:50 000 遥感信息提取）	

续表

工作手段	说明
遥感地质解译（1：10 000 遥感信息提取）	
遥感地质解译（1：50 000 遥感解译）	
遥感地质解译（1：10 000 遥感解译）	
四、其他地质工作	
综合研究及编写报告（区域水工环调查）	按 100 000 元/份计算
报告印刷（区域水工环调查）	按 45 000 元/份计算
五、工地建筑	按实际发生，且不超过野外工作费用之和的 5%
六、设备使用和购置费	按实际发生，且不超过前面各项之和的 10%
七、应缴税金	

（1）按实施方案成果资料中图件实际比例尺（一般为 1：10 000），根据不同的精度按地质灾害测量（正测、简测、草测）计算。对于需要治理的地质灾害隐患点，可增加 1：10 000 工程地质测量（正测、简测、草测）计算。由于本阶段仅仅是在调查的基础上进行实施方案编制，后期需进行综合治理，故一般不选用大比例尺的调查手段，也不选用钻探、槽探、浅井等工作手段。

（2）如果面积较大，如小流域面积超过 50 km²，其工作是在遥感解译的基础上再进行野外调查、评估，则计算遥感解译的费用（需要提供遥感解译的相关成果资料）。

（3）地质灾害测量面积按重点小流域和重点场镇范围内因自然因素形成的威胁群众生命财产安全的地质灾害隐患点面积计算（即按野外调查地质灾害隐患点的面积）。

（4）如果有前期组织编制并经审查的设计书，则按区域水工环调查标准 3.75 万元、数量 1 份计算相应费用。

（5）无人机航拍适用于威胁人口聚居区且人员实地调查困难的地质灾害隐患点。采用了无人机航拍的部位，不应重复计算地质灾害测量、遥感解译费用。

（6）地区调整系数仅适用于地质灾害测量、工程地质测绘，地形图数字化、遥感解译、无人机航拍等均不适用。

（7）本计算方法仅适用于实施方案编制阶段，后期需要实施的各地质灾害隐患点的勘查设计工作等按《四川省地质灾害治理工程概（预）算标准》及其配套文件规定计算。

第3章　地质灾害危险性评估费用

3.1　概　述

地质灾害危险性评估就是在查明各种致灾地质作用的性质、规模和承灾对象社会经济属性的基础上，从致灾体稳定性和致灾体与承灾对象遭遇的概率上分析入手，对其潜在的危险性进行客观评价，开展以现状评估、预测评估、综合评估、建设用地适宜性评价及地质灾害防治措施建议等为主要内容的技术工作，包括在地质灾害易发区内进行各类建设工程、城市总规划、村庄和集镇规划时的地质灾害危险性评估。在地质灾害易发区内进行工程建设时，应在可行性研究阶段进行地质灾害危险性评估；在地质灾害易发区内进行城市和村镇规划时，应在总体规划阶段对规划区进行地质灾害危险性评估。

2014 年，地质灾害危险性评估取消在国土资源主管部门备案，仅仅是政府简化行政审批的措施，但并不是取消地质灾害危险性评估这项工作。因此，进一步规范地质灾害危险性评估，促进地质灾害危险性评估行业健康发展，是十分有必要的。

地质灾害危险性评估费用的计算方法比较混乱，大多数是参考《关于征求对地质灾害危险性评估收费管理办法意见的函》（发改办〔2006〕745 号）、《工程勘察设计收费标准（2002年修订本）》[4]、《地质调查项目预算标准（2010 年试用）》等计算。由于计算依据不同，费用的计算结果也就不同，导致市场价格水平参差不齐。这主要是由于没有统一的、正式的计算标准进行规范。2018 年 4 月 1 日实施的中国地质灾害防治工程行业协会团体标准《地质灾害危险性评估及咨询评估预算标准（试行）》（T/CAGHP 031—2018）[5]应是当前首部与地质灾害危险性评估相关的预算标准。该标准适用于在地质灾害易发区内进行各类建设工程、城市总规划、村庄和集镇规划时地质灾害危险性评估的费用计算。

3.2　编制和审查依据

3.2.1　规范、规程

（1）《地质灾害危险性评估及咨询评估预算标准（试行）》（T/CAGHP 031—2018）。
（2）《地质灾害危险性评估规范》（DZ/T 0286—2015）[6]。
（3）其他影响费用计算的规范。

3.2.2　技术资料

（1）评估报告及相应技术评审意见（通过审查且有专家复核意见）。
（2）各类图件（地质灾害分布图、地质灾害危险性综合分区评估图以及其他需要的专项图件）。

（3）大型、典型地质灾害点的照片和不稳定斜坡（边坡）的工程地质剖面图。

（4）其他技术资料。

3.3　评估费用计算

3.3.1　评估工程类别的确定

评估工程包括线性工程、水利水电工程、工业与民用建筑工程、港口码头工程、城市和村镇规划区等。线性工程包括管线、渠道、公路、铁路等工程。

当评估区域内包括多种类型的工程时，应按承灾对象来确定工程类别，不同的承灾对象应分别计算。

3.3.2　评估工作量的确定

地质灾害危险性评估工作量主要是依据评估范围来确定的。评估范围确定以后，线性工程的评估长度、其他工程的评估面积也就确定了（港口码头工程除外，无论面积大小，其工程规模调整系数均为 1）。

《地质灾害危险性评估规范》（DZ/T 0286—2015）[6]规定评估范围按以下原则确定：

（1）地质灾害危险性评估范围，不应局限于建设用地和规划用地面积内，应视建设与规划项目的特点、地质环境条件、地质灾害的影响范围予以确定。

（2）若危险性仅限于用地面积内，应按用地范围进行评估。

（3）在已进行地质灾害危险性评估的城市规划区范围内进行工程建设，建设工程处于已划定为危险性大—中等的区段，应进行建设工程地质灾害危险性评估。

（4）区域性工程建设的评估范围，应根据区域地质环境条件及工程类型确定。

（5）重要的线路建设工程，评估范围一般以向线路两侧扩展 500~1 000 m 为宜，可根据灾害类型和工程特点扩展到地质灾害影响边界。

（6）滑坡、崩塌评估范围应以第一斜坡带为限，泥石流评估范围应以完整的沟道流域边界为限，地面塌陷和地面沉降的评估范围应与初步推测的可能影响范围一致，地裂缝应与初步推测的可能延展、影响范围一致。

（7）建设工程和规划区位于强震区，工程场地内分布有构筑物错位或开裂、构造地裂缝和活动断裂，评估范围应将其包括。

除线性工程按长度计算外，其他工程的工程量按面积计算。相关单位在编制和审查过程中应重点核实评估面积。各种工程类别之间面积不能重复。如果线性工程与其他类型工程相邻，测算其他类型工程面积时，线性工程按宽度为 500~1 000 m 并扩展到地质灾害影响边界进行面积测算。

3.3.3　评估费用的计算方法和计算表格

1. 评估费用计算

地质灾害危险性评估费用一般通过 Excel 计算，可通过输入参数（即 B、C、D、F 列）后自动计算，详细见表 3.1 所示。

表 3.1 地质灾害危险性评估费用计算表

工程类别	地质环境复杂程度	建设项目重要性	评估工作量（km² 或 km）	基准价（万元）	地区调整系数 λ_1	地质环境复杂程度调整系数 λ_2	重要性和工程规模调整系数 λ_3			综合调整系数 λ	地质灾害危险性评估费用（万元）
							建设项目重要性系数 K_1	工程规模调整系数 K_2	$\lambda_3 = K_1 \times K_2$		
A	B	C	D	E	F	G	H	I	J=H×I	K=F+G+J-3+1	L=E×K
线性工程	输入参数	输入参数	输入参数	10.00	输入参数						
水利水电工程				10.00							
工业与民用建筑工程				8.00							
港口码头工程				8.00							
城市和村镇规划区				10.00							

（1）B 列（地质环境复杂程度）列输入复杂、中等、简单，具体判断依据见 T/CAGHP 031—2018 中表 D.1 地质环境条件复杂程度分类表。

（2）C 列（建设项目重要性）列输入"重要""较重要""一般"，具体判断依据见 DZ/T 0286—2015 中表 B.2 建设项目重要性分类。

（3）D 列（评估工作量）输入评估面积或评估的长度，具体见 3.3.2 评估工作量的确定。

（4）F 列（地区调整系数 λ_1）需要通过经纬度查询《国土资源调查预算标准（地质调查部分）》（财建〔2007〕52 号）确定。

（5）G 列（地质环境复杂程度调整系数 λ_2）根据 B 列（地质环境复杂程度）按表 3.2 确定。

表 3.2 地质灾害危险性评估地质环境复杂程度调整系数（λ_2）

地质环境复杂程度	地质环境复杂程度调整系数
复杂	1.5
中等	1.2
简单	1.0

（6）H 列（建设项目重要性系数 K_1）根据 C 列（建设项目重要性）按表 3.3 确定。

表 3.3 地质灾害危险性评估建设项目重要性和工程规模调整系数 λ_3

工程类别	项目类型	建设项目重要性系数 K_1	工程规模系数 K_2
线性工程 [线路评估长度 L（km）]	重要建设项目	1.0	$L \leq 20$，$K_2=1.0$；$L > 20$，$K_2=1.0+ (L-20)/30$
	较重要建设项目	0.8	
	一般建设项目	0.7	

工程类别	项目类型	建设项目重要性系数 K_1	工程规模系数 K_2
水利水电工程 [设计库水面及附属工程 评估面积 S（km²）]	重要建设项目	1.0	$S \leqslant 15$，$K_2=1.0$； $S>15$，$K_2=1.0+$（$S-15$）/20
	较重要建设项目	0.9	
	一般建设项目	0.8	
工业与民用建筑工程 [工程场地评估面积 S（km²）]	重要建设项目	1.0	$S \leqslant 1$，$K_2=1.0$； $S>1$，$K_2=1.0+$（$S-1$）/2
	较重要建设项目	0.8	
	一般建设项目	0.6	
港口码头工程	重要建设项目	1.0	$K_2=1.0$
	较重要建设项目	0.8	
	一般建设项目	0.6	
城市和村镇规划区[城市和村镇规划区评估面积 S（km²）]	重要建设项目	1.0	$S \leqslant 1$，$K_2=1.0$； $20>S>1$，$K_2=1.0+$（$S-1$）/4； $S \geqslant 20$，$K_2=6.0$
	较重要建设项目	0.8	

备注：$\lambda_3 = K_1 \times K_2$

（7）Ⅰ列（工程规模调整系数 K_2）根据 D 列（评估工作量）按表 3.3 确定。

2. 勘查费用计算

地质灾害危险性评估工作，应在充分搜集利用已有的遥感影像、区域地质、矿产地质、水文地质、工程地质、环境地质和气象水文等资料基础上进行地面调查，必要时可适当进行物探、坑槽探及取样测试。地质灾害危险性评估工作中确需进行的勘查工作（技术专家明确要求的方可计算），按《四川省地质灾害治理工程概（预）算标准》中勘查收费规定另行计取勘查实物工作费用。

【案例 3-1】某集镇位于地质灾害易发区内，在总体规划阶段需进行地质灾害危险性评估。该集镇所处的经纬度为：经度 102°00′00″E ～ 102°15′00″E，纬度 30°00′00″N ～ 30°10′00″N。假设地质环境复杂程度为复杂，集镇规划主要为居民住宅，高度一般在 3 ～ 27 m，集镇规划区面积为 5.6 km²。试按《地质灾害危险性评估及咨询评估预算标准（试行）》（T/CAGHP 031—2018）计算质灾害危险性评估费用。

分析：

根据背景资料，各项参数确定如下：

（1）地质环境复杂程度调整系数 λ_2。

地质环境复杂程度为复杂，故地质环境复杂程度调整系数 λ_2 取 1.5。

（2）评估工程类别。

本项目为集镇总体规划阶段的地质灾害危险性评估，故评估的工程类别应为城市和村镇规划区。

（3）建设项目重要性系数 K_1。

集镇规划主要为居民住宅，高度一般在 3 ～ 27 m。根据 DZ/T 0286—2015 中表 B.2 建设项目重要性分类，评估区为较重要建设项目。根据表 3.3 判断，本评估项目为城市和村镇规划区，故建设项目重要性系数 K_1 为 0.8。

（4）地区调整系数 λ_1。

规划区经纬度为：经度 102°00'00″E ~ 102°15'00″E，纬度 30°00'00″N ~ 30°10'00″N。经查询《国土资源调查预算标准（地质调查部分）》（财建〔2007〕52 号）中附件 2 地区调整系数图册，地区类别属于横断山山脉，故地区调整系数 λ_1 为 1.8。

（5）工程规模调整系数 K_2。

本评估项目为城市和村镇规划区，集镇规划区面积为 5.6 km²，工程规模调整系数 $K_2=1+$（5.6-1）/4=2.15。

（6）重要性和工程规模调整系数 λ_3。

重要性和工程规模调整系数 $\lambda_3=K_1 \times K_2=0.8 \times 2.15=1.72$。

（7）综合调整系数 λ。

综合调整系数 $\lambda=\lambda_1+\lambda_2+\lambda_3-3+1=1.8+1.5+1.72-3+1=3.02$。

（8）地质灾害危险性评估费用。

评估的工程类别应为城市和村镇规划区，根据表 3.1，评估的基准价为 10 万元。

地质灾害危险性评估费用=基准价×综合调整系数=10×3.02=30.2（万元）

该集镇的地质灾害评估费用的计算表格如表 3.4 所示。

表 3.4　本案例地质灾害危险性评估费用计算表

工程类别	地质环境复杂程度	建设项目重要性	评估区面积或长度（km²）	基准价（万元）	地区调整系数 λ_1	地质环境复杂程度调整系数 λ_2	重要性和工程规模调整系数 λ_3			综合调整系数 λ	地质灾害危险性评估费用（万元）
							建设项目重要性系数 K_1	工程规模调整系数 K_2	$\lambda_3=K_1 \times K_2$		
城市和村镇规划区	复杂	较重要	5.60	10.00	1.80	1.50	0.80	2.15	1.72	3.02	30.20

第2篇 地质灾害治理工程造价

四川省地质灾害治理工程造价包括可行性研究估算、初步设计概算、施工图预算、招标控制价、投标报价、竣工结算等，其编制和审查均按照《四川省地质灾害治理工程概（预）算标准》进行。该概预算标准由四川省财政厅和四川省国土资源厅于2013年7月联合颁布试行，2018年进行了修订，形成《四川省地质灾害治理工程概（预）算标准（修订）》（川自然资发〔2018〕9号）。修订后的概（预）算标准包括《编制与审查规定》《治理工程预算定额》《工程施工机械台时费定额及混凝土、砂浆配合比基价》《工程量计算规则》《勘查设计预算标准》《监理预算标准》。本篇以《四川省地质灾害治理工程概（预）算标准（修订）》各部分内容为章划分依据，重点介绍编制和审查过程中要点和常见难题。

第4章 《编制与审查规定》

4.1 人工预算单价

人工费由基本工资、艰苦边远地区津贴、施工津贴、夜餐津贴、节日加班津贴构成。人工预算单价按艰苦边远地区划分。人工预算单价本应动态调整，但考虑到定额的综合水平，结合各方面意见，人工预算单价按2018年上半年四川省工资水平确定。由于艰苦边远地区按县（市、区）划分，因此跨县（市、区）的地质灾害治理工程项目有可能存在人工预算单价有几种的情况。人工预算单价可按主要建筑物所在地确定，也可按工程规模或投资比例进行综合确定。按工程规模或投资比例确定时，可以先按其中某一地区人工预算单价计算项目投资，然后按照各个地区建筑工程（主体建筑工程与施工临时工程之和）的比例确定（独立费和基本预备费同比例划分）。

人工预算单价按表4.1所列标准计算。

【案例4-1】某市地质灾害治理工程跨两个县，其中A县属于一般地区，B县属于一类区，经过计算，A县建筑工程投资600万元，B县建筑工程投资400万元，试确定人工预算单价。

分析：

根据背景资料，人工预算单价计算如表4.2所示。

表 4.1 人工预算单价计算标准

单位：元/工时

类别与等级	一般地区	一类区	二类区	三类区	四类区	五类区	六类区
工长	12.97	14.01	14.76	15.87	17.81	21.15	26.35
高级工	11.9	12.94	13.68	14.8	16.73	20.08	25.28
中级工	9.75	10.8	11.54	12.65	14.59	17.93	23.13
初级工	6.96	8	8.75	9.86	11.8	15.14	20.34

备注：（1）艰苦边远地区划分执行人事部、财政部《关于印发〈完善调整艰苦边远地区津贴制度实施方案〉的通知》（国人部发〔2006〕61号）。一至六类地区的类别划分参见附录4，执行时应根据最新文件进行调整。一般地区指附录4之外的地区。

（2）跨地区建设项目的人工预算单价可按主要建筑物所在地确定，也可按工程规模或投资比例进行综合确定。

表 4.2 跨区域地质灾害治理工程人工预算单价计算表

类别与等级	一般地区		一类区		人工预算单价
	人工预算单价	投资比例	人工预算单价	投资比例	
A	B	C=600÷1000	D	E=400÷1000	F=B×C+D×E
工长	12.97	60%	14.01	40%	13.39
高级工	11.9	60%	12.94	40%	12.32
中级工	9.75	60%	10.8	40%	10.17
初级工	6.96	60%	8	40%	7.38

4.2 材料预算价

4.2.1 材料预算价概述

材料价占地质灾害治理工程造价的比例为 60% ~ 70%[7]。影响材料价的两个关键因素就是材料用量和材料预算单价。材料用量可以根据定额的消耗量测算，其数量一般是固定的。材料预算单价一般都是不一样的，这是因为不同的地质灾害治理项目的材料购买地点、材料运输距离、道路的宽度、路面状况以及材料的运输方式等均不相同，相应材料的购买价、运杂费等也不同且差别很大，与水利、交通、建筑等行业有很大差别。因此，采用合理的材料预算价计算方法，尽最大可能反映地质灾害治理工程材料的实际价格就显得尤为重要。

4.2.2 标准中与材料预算价计算有关的主要内容

1. 《编制与审查规定》第四章第二节中第一条（包含在定额中的运杂费）

《编制与审查规定》中内容为：如果由于保护对象的影响，致使工地分仓库距离工作面仍较远，则以工作面外 50 m 为界计算材料运杂费；工作面外 50 m 范围内属于场内运输，包含在相应的定额中。

由于有地质灾害体和保护对象的影响，材料仓库经常会设置在地质灾害体影响范围外很远的地方，这是由规范要求和现场周围环境条件决定的。实际工程中，材料经常由于道路和保护对象的问题无法一次性到达，需要设置多级料场（仓库），工地的分仓库仅仅是个转运点，还需采用不同的、运输效率较低的运输方式（如小型农用车、拖拉机、骡马、人工、胶轮车、装载机、索道等）多次转运才能到达治理工程点，因此地质灾害治理工程的材料预算价中运杂费不能单纯按交货地点至工地分仓库或相当于工地分仓库的地方（材料堆放地）来考虑，还需计算转运的运杂费。为解决此问题，在定额中规定，工作面50 m范围内属于包含在定额中的场内运输，工作面50 m以外在材料预算价中计算。

2.《编制与审查规定》第五章第一节中第二条（材料预算价）

（1）主要材料与次要材料的概念及计算方法的区别。

主要材料指用量多、影响工程投资大的材料，如水泥、砂、石、钢材、油料等，需编制不含税材料预算价格。主要材料以外的材料为次要材料，其不含税材料预算价参考工程所在地区的政府造价信息部门颁布的不含税材料信息价计算。

（2）材料运杂费计算起点。

材料的来源应是工程所在地区就近大型物资供应公司、大型水泥厂、大型钢材厂、有合法手续的大型料场，特别是生态、环保政策趋严的背景下，更应是上述来源地，而不是乡、镇小型的零售点或代销点、工程附近的非法砂石料场。这是由于县城小型的零售点或代销点由于销售量很小，存放条件限制，钢材、水泥等存放时间较长，钢筋锈蚀、水泥受潮，其质量不符合要求。目前，非法砂石料场已经逐步关闭。材料运杂费的计算起点应是工程所在地区就近大型物资供应公司、大型水泥厂、大型钢材厂、有合法手续的大型料场。

（3）材料运输方式。

地质灾害治理工程的材料运输方式较为复杂，往往是几种运输方式组合使用，各种运输方式计算运杂费的种类大体如表4.3所示。

表4.3 常用材料运输方式计算运杂费种类

序号	运输方式	计算运杂费种类
1	人力搬、背、挑运、胶轮车	转运的运杂费
2	装载机	转运的运杂费
3	机动翻斗车、三轮卡车、拖拉机	转运的运杂费
4	载重汽车、自卸汽车、搅拌车	超远运距运杂费
5	简易龙门式起重机	转运的运杂费
6	缆索吊运	转运的运杂费
7	骡马运输	转运的运杂费

（4）材料预算价的计算方法。

① 计算公式。

材料预算价=材料信息价+调整的运杂费。

② 材料信息价。

材料信息价一般按《四川工程造价信息》上不含增值税的信息价计算。但甘孜州等比较偏远的地区，材料信息价不全面，而且各地的材料价格差别很大，这种情况下可以参考相邻地区的不含税的材料价格信息。对于信息价上没有的材料，按《没有材料信息价参考的材料材料预算价计算方法》计算（详见后文）。

材料信息价中包含一定距离的运杂费，结合地质灾害治理工程的分布特点，综合各类材料的来源、运输距离、运输效率较低等因素，钢材、水泥、商品混凝土材料信息价中包含的运杂费运距为 20 km，砂石等材料信息价中包含的运杂费运距为 10 km，信息价以内包含距离的运输不再考虑运输效率较低因素。因此，在计算材料预算价时应充分考虑信息价中包含的运杂费，不能重复计算。

③ 调整的运杂费。

调整的运杂费包括少于信息价中包含距离的运杂费、超远运距的运杂费和转运的运杂费。现分两种情况进行介绍。

a. 常规运输的距离超过材料信息价中包含的距离。

如图 4.1 所示，材料运杂费=包含在信息价中的运杂费+超远运距的运杂费+转运的运杂费+包含在定额中的运杂费，其中包含在信息价中的运杂费、包含在定额中的场内运输运杂费分别包含在材料信息价、各类主定额中（如钢筋制安中的钢筋的场内运输包含在钢筋制安的主定额中），不应重复计算，仅应计算超远运距的运杂费、转运的运杂费。我们把超远运距的运杂费、转运的运杂费之和称为调整的运杂费。调整的运杂费计算公式如下：

调整的运杂费=超远运距的运杂费+转运的运杂费

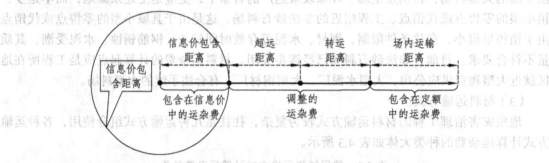

图 4.1 图解材料运杂费（常规运输的距离超过材料信息价中包含的距离）

当实际运输距离＞信息价中包含的距离、实际运输距离＞适用距离时，超远运距的运杂费和转运的运杂费计算公式如下：

超远运距的运杂费=增运定额×（实际运输距离–信息价中包含的距离）×
超过适用距离系数×综合路况调整系数

转运的运杂费=[装运卸基础定额×1+增运定额×（适用距离–装运卸基础
定额的基础运距）+增运定额×（运输距离–适用距离）×
适用距离调整系数]×坡度折平系数

使用上述公式有两点需要注意：一是材料信息价中明确了包含的运输距离及超过包含运输距离时运杂费的计算方法时，则按照材料信息价规定进行计算超远运距运杂费（不包含转运的运杂费）；二是如果使用汽车转运，则转运的运杂费还需乘综合路况调整系数。

【案例 4-2】某不稳定斜坡治理项目在边坡底部采用 C20 混凝土挡墙治理。本项目所需要的材料由水泥（32.5）、中砂、碎石（5～40 mm）分别从 A 水泥厂和 B 砂石料场购买。A 水泥厂距离工程项目点附近的中转 C 仓库 50 km，用 8t 载重汽车运输；B 砂石料场距离项目点附近的中转堆料场 30 km，采用 8 t 自卸汽车运输。仓库和堆料场在 D 场地。从 D 场地转运水泥、砂石等到工程点 E 仓库的距离为 500 m，均采用骡马运输。从 E 仓库到工作面为场内运输。假设道路的路况调整系数、坡度折平系数均为 1。

分析：

根据背景资料，结合标准规定，对材料运距分析及材料运输定额如表 4.4 所示。

表 4.4　材料运距分析及材料运输套用定额表

材料名称及规格	超远运距运杂费				转运的运杂费	
	汽车运距（km）	信息价中包含的运距（km）	超远运输距离（km）	套用定额	骡马运输距离（m）	套用定额
A	B	C	D=B-C	E	F	G
水泥（32.5）	50	20	30	D100143×30×0.75×1	500	（D100017+D100022×3）×1
中砂	30	10	20	D100173×20×0.75×1	500	（D100018+D100023×3）×1
碎石（5～40 mm）	30	10	20	D100174×20×0.75×1	500	（D100019+D100024×3）×1

上表中：超远运输距离用来计算超远运距的运杂费，套用定额为增运定额；骡马运输距离用来计算转运的运杂费，套用定额为装运卸定额。

b. 常规运输的距离少于材料信息价中包含的距离

如图 4.2 所示，调整的运杂费计算公式如下：

调整的运杂费=扣减少于信息价中包含距离的运杂费+转运的运杂费

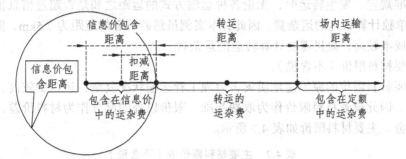

图 4.2　图解材料运杂费（常规运输的距离少于材料信息价中包含的距离）

正如前文所述，信息价中包含一定距离的运杂费。当运输距离少于信息价中包含的距离时所需要扣减的运杂费就是少于信息价中包含距离的运杂费。

当信息价中包含的距离＞实际运输距离＞适用距离，或信息价中包含的距离＞适用距离＞实际运输距离时，扣减少于信息价中包含距离的运杂费计算公式如下：

扣减少于信息价中包含距离的运杂费

=（实际运输距离–信息价中包含的距离）×0.6×材料单位重量

地质灾害治理工程常用材料单位重量如表 4.5 所示。

表 4.5　常用材料单位重量

序号	材料名称	单位	单位重量
1	木材	t/m³	0.8
2	砂	t/m³	1.45
3	碎石、卵石	t/m³	1.5
4	块石、片石、大卵石	t/m³	1.6
5	条石、粗料石	t/m³	2.6
6	连砂石	t/m³	1.8
7	标砖（240×115×53）	t/千块	2.75

【案例4-3】假设【案例4-2】中B砂石料场距离项目点附近的中转堆料场7 km，其他条件不变。

分析：

根据背景资料，结合标准规定，材料运距分析及材料运输定额如表4.6所示。

表4.6　材料运距分析及材料运输套用定额表

材料名称及规格	超远运距运杂费				转运的运杂费	
	汽车运距（km）	信息价中包含的运距（km）	超远运输距离（km）	套用定额或计算式	骡马运输距离（m）	套用定额
A	B	C	D=B−C	E	F	G
水泥（32.5）	50	20	30	D100143×30×0.75	500	D100017+D100022×3
中砂	7	10	−3	−3×0.6×1.45=−2.61	500	D100018+D100023×3
碎石（5~40 mm）	7	10	−3	−3×0.6×1.5=−2.7	500	D100019+D100024×3

根据标准规定，发生转运时，无论各种运输方式的运距之和是否超过信息价中包含的运距，都需要单独计算转运的运杂费。因此，本案例虽然砂石总的运距为7.5km，但由于发生转运，其运输成本较高，故仍需要计算转运的运杂费。

（5）主要材料限价（不含税）。

设置主要材料限价的原因是地质灾害治理工程运输状况复杂，运杂费较高，材料预算价也相应较高。因此设置材料限价作为取费基础，限价以外的部分作为材料价差，仅计取材料价差费和税金。主要材料限价如表4.7所示。

表4.7　主要材料限价表（不含税）

序号	材料名称	单位	限价（元）
1	水泥	t	255
2	钢筋	t	2 560
3	汽油	t	3 075
4	柴油	t	2 990
5	砂、卵石（碎石）、条石、块石	m³	70
6	炸药	t	5 000
7	板材	m³	1 100
8	商品混凝土	m³	180
9	标砖	千匹	240

【案例4-4】某项目拦石墙的缓冲层表面采用干砌块石护面。块石的材料预算价为90元/m³，干砌块石护面的单价考虑材料限价和不考虑材料限价分别如表4.8和表4.9所示。

表 4.8 建筑工程单价表（考虑材料限价）

项目编号：1　　　　　项目名称：干砌块石护面　　　　　定额单位：100 m³

定额组成：[D030025]

施工方法（工作内容）：选石、修石、砌筑、填缝、找平。

编号	名称	单位	数量	单价（元）	合计（元）
一	直接费				13 624.43
（一）	直接工程费				12 768.91
1	人工费				4 504.29
（1）	工长	工时	11.30	12.97	146.56
（2）	中级工	工时	173.90	9.75	1 695.53
（3）	初级工	工时	382.50	6.96	2 662.20
2	材料费				8 201.20
（1）	块石	m³	116.00	70	8 120.00
（2）	其他材料费		1.00%	8 120.00	81.20
3	机械费				63.42
（1）	运输机械胶轮车	台时	78.30	0.81	63.42
（二）	措施费				855.52
1	冬季施工增加费				
2	雨季施工增加费		0.60%	12 768.91	76.61
3	夜间施工增加费		0.40%	12 768.91	51.08
4	特殊地区施工增加费				
5	临时设施费		3.00%	12 768.91	383.07
6	安全文明生产措施费		2.00%	12 768.91	255.38
7	其他费		0.70%	12 768.91	89.38
二	间接费				1 389.69
（一）	企业管理费		7.60%	13 624.43	1 035.46
（二）	规费		2.60%	13 624.43	354.24
三	企业利润		7.00%	15 014.12	1 050.99
四	价差				2 320.00
（1）	块石	m³	116.00	20	2 320.00
五	税金		10.00%	18 385.11	1 838.51
	合计	—		—	20 223.62

表 4.9 建筑工程单价表（不考虑材料限价）

项目编号：1　　　　　　　项目名称：干砌块石护面　　　　　　　定额单位：100 m³

定额组成：[D030025]

施工方法（工作内容）：选石、修石、砌筑、填缝、找平。

编号	名称	单位	数量	单价（元）	合计（元）
一	直接费				16 124.62
（一）	直接工程费				15 112.11
1	人工费				4 504.29
（1）	工长	工时	11.30	12.97	146.56
（2）	中级工	工时	173.90	9.75	1 695.53
（3）	初级工	工时	382.50	6.96	2 662.20
2	材料费				10 544.40
（1）	块石	m³	116.00	90.00	10 440.00
（2）	其他材料费		1.00%	10 440.00	104.40
3	机械费				63.42
（1）	运输机械胶轮车	台时	78.30	0.81	63.42
（二）	措施费				1 012.51
1	冬季施工增加费				
2	雨季施工增加费		0.60%	15 112.11	90.67
3	夜间施工增加费		0.40%	15 112.11	60.45
4	特殊地区施工增加费				
5	临时施设费		3.00%	15 112.11	453.36
6	安全文明生产措施费		2.00%	15 112.11	302.24
7	其他费		0.70%	15 112.11	105.78
二	间接费				1 644.71
（一）	企业管理费		7.60%	16 124.62	1 225.47
（二）	规费		2.60%	16 124.62	419.24
三	企业利润		7.00%	17 769.33	1 243.85
四	价差				
五	税金		10.00%	19 013.18	1 901.32
	合计		—	—	20 914.50

分析：

从表 4.8 和表 4.9 可见，考虑材料限价时干砌块石护面单价为 20 223.62÷100＝202.24 元/m³，不考虑材料限价时干砌块石护面单价为 20 914.50÷100＝209.15 元/m³，两者单价有比较大的差别。日常编制和审查过程一般通过表 4.8 和表 4.9 中的材料单价、价差以及材料预算价表格中的材料预算价就可以分析是否按标准规定考虑材料限价。

3.《编制与审查规定》附录 22

《编制与审查规定》附录 22 的内容为《没有材料信息价参考的材料材料预算价计算方法》。在地质灾害治理工程中，没有材料信息价参考的常用材料包括消耗性材料和周转性材料。消耗性材料主要有主动防护网、被动防护网、引导式防护网、钢绞线等，周转性材料主要有各类钻头、套管等。这类材料价格往往通过材料销售价格来确定材料预算价，按材料供应商开具发票分为"一票制"和"两票制"[8]两种情况：

"一票制"材料指材料供应商就收取的货物销售价款和运杂费合计金额向建筑业企业仅提供一张货物销售发票的材料，不再重复计算超远运距运杂费，其运杂费与材料原价按相同的税率扣减增值税额。其材料预算价计算公式如下：

$$材料预算价 = \frac{材料销售价格（含运杂费）}{1+材料适用的税率} \times (1+3.3\%)$$

"两票制"材料指材料供应商就收取的货物销售价款和运杂费向建筑业企业分别提供货物销售和交通运输两张发票的材料，则材料原价按《地质灾害治理工程常用材料分类及适用税率表》进行扣减，运杂费均按交通运输业增值税税率 10%进行扣减。其材料预算价计算公式如下：

$$材料预算价 = \left[\frac{材料销售价格（不含运杂费）}{1+材料适用的税率} + \frac{运杂费}{1+运输业增值税税率}\right] \times (1+3.3\%)$$

地质灾害治理工程常用材料分类及适用税率如表 4.10 所示。

表 4.10 地质灾害治理工程常用材料分类及税率（征收率）

材料名称	依据文件	税率（征收率）
建筑用和生产建筑材料所用的砂、土、石料、商品混凝土（仅限于以水泥为原料生产的水泥混凝土）；以自己采掘的砂、土、石料或其他矿物连续生产的砖、瓦、石灰（不含黏土实心砖、瓦）	财政部、税务总局《关于简并增值税征收率政策的通知》（财税〔2014〕57 号）	3%
苗木、草皮、自来水、农膜、暖气、冷气、热水、煤气、石油液化气、天然气、沼气、居民用煤炭制品、农药、化肥、二甲醚	财政部、税务总局《关于简并增值税税率有关政策的通知》（财税〔2017〕37 号），财政部、税务总局《关于调整增值税税率的通知》（财税〔2018〕32 号）	10%
其余材料	财政部、税务总局《关于部分货物适用增值税低税率和简易办法征收增值税政策的通知》（财税〔2009〕9 号），财政部、税务总局《关于调整增值税税率的通知》（财税〔2018〕32 号）	16%

备注：财税部门规定与本表不一致时，按财税部门的规定执行。

【案例 4-5】某危岩治理项目在下部保护对象附近设置 500 m² 的 1 500 kJ 被动网。施工单位与材料供应商协商并签订购买合同，被动网由材料供应商负责送货到场后付款。材料供应商就收取的货物销售价款和运杂费合计金额向施工单位提供货物销售增值税专用发票，其金额为 50 万元（含税）。计算该被动网的不含税材料预算单价。

分析：

根据背景资料，该被动网材料属于"一票制"的情况，其运杂费与材料原价按相同的税率扣减增值税额。被动网的增值税税率为 16%，故被动网不含税材料预算价为：

$$500\ 000 \div 500 \div (1+16\%) \times (1+3.3\%) = 890.52\ (元/m²)$$

【案例 4-6】假设【案例 4-5】材料供应商开具的发票为两张，其中货物销售款增值税专用发票 49 万元（含税），运输公司的运输费用增值税专用发票 1 万元（含税），试计算该被动网的不含税材料预算单价。

分析：

根据背景资料，该被动网材料属于"两票制"的情况，运杂费按交通运输业增值税税率 10% 进行扣减，被动网的增值税税率按 16% 扣减，故被动网不含税材料预算价为：

$$[490\ 000 \div 500 \div (1+16\%) + 10\ 000 \div 500 \div (1+10\%)] \times (1+3.3\%) = 891.49\ (元/m²)$$

4.2.3 调整运杂费时几种常见的错误计算方法

1. 在主体建筑工程中直接套用材料运输定额

【案例 4-7】主体建筑工程中的钢筋制安的单价分析表如表 4.11 所示。

表 4.11 建筑工程单价表

项目编号：1　　　　　　　　项目名称：钢筋制安　　　　　　　　定额单位：1 t

定额组成：[D040295] + [D100036]×0.01 + [D100039]{定×45.00}

编号	名称	单位	数量	单价（元）	合计（元）
一	直接费				4 021.64
（一）	直接工程费				3 762.06
1	人工费				726.93
（1）	工长	工时	5.15	12.97	66.80
（2）	高级工	工时	14.40	11.90	171.36
（3）	中级工	工时	18.00	9.75	175.50
（4）	初级工	工时	45.01	6.96	313.27
2	材料费				2 691.99
（1）	钢筋	t	1.020	2560	2 611.20
（2）	铁丝	kg	4.00	4	16.00
（3）	电焊条	kg	7.22	5	36.10
（4）	其他材料费	1.00%	2 663.30		26.63
（5）	零星材料费	5.00%	41.13		2.06
3	机械费				343.14
（1）	起重机械 塔式起重机 起重量（t）10	台时	0.05	190.72	9.54

定额组成：[D040295]＋[D100036]×0.01＋[D100039]{定×45.00}

编号	名称	单位	数量	单价（元）	合计（元）
（2）	切断机 功率（kW）20	台时	0.20	59.21	11.84
（3）	运输机械 载重汽车 载重量（t）5.0	台时	0.23	51.36	11.81
（4）	混凝土机械 风（砂）水枪 耗风量（m³/min）6.0	台时	0.75	39.17	29.38
（5）	电焊机 交流（kV·A）25	台时	5.00	40.16	200.80
（6）	对焊机 电弧型（kV·A）150	台时	0.20	241.19	48.24
（7）	钢筋弯曲机 φ6~40	台时	0.53	27.8	14.73
（8）	钢筋调直机 功率（kW）4~14	台时	0.30	33.57	10.07
（9）	其他机械费		2.00%	336.41	6.73
（二）	措施费				259.58
1	冬季施工增加费				
2	雨季施工增加费				
3	夜间施工增加费		0.40%	3 762.06	15.05
4	特殊地区施工增加费				
5	临时设施费		3.80%	3 762.06	142.96
6	安全文明生产措施费		2.00%	3 762.06	75.24
7	其他费		0.70%	3 762.06	26.33
二	间接费				394.12
（一）	企业管理费		6.80%	4 021.64	273.47
（二）	规费		3.00%	4 021.64	120.65
三	企业利润		7.00%	4 415.76	309.10
四	价差				1 782.96
（1）	钢筋	t	1.020	1 740	1 774.80
（2）	汽油	kg	1.656	4.925	8.16
五	税金		10.00%	6 507.82	650.78
	合计		—	—	7 158.60

分析：

从建筑工程单价表的定额组成可以看出，套用主定额 D040295，同时套用材料运输定额的定额 D100036 和 D100039（D10 开头的定额为材料运输定额）。根据《编制与审查规定》，材料预算价的构成为材料信息价与调整的运杂费之和，同时规定钢筋的限价为 2 560 元/t，限价以内的部分作为取费的基础，限价以外的部分只计取材料费（即价差）和税金。由于钢筋的材料信息价（4 300 元/t）已经超过限价，在主体建筑工程的清单项目钢筋制安中直接套用材料运输定额计算材料运杂费，且以该部分的材料运杂费作为取费基础，显然不符合《编制与审查规定》的要求。

2. 在主体建筑工程的清单项目中单列材料调整的运杂费

【案例 4-8】如表 4.12 所示，在主体建筑工程的清单项目中单列材料调整的运杂费。

表 4.12　主体建筑工程预算表

序号	工程或费用名称	单位	数量	单价（元）	合价（元）
1	锚索				
1.1	……				
1.2	……				
2	锚杆				
2.1	……				
2.2	……				
3	主动防护网				
3.1	……				
4	被动防护网				
4.1	……				
4.2	……				
4.3					
4.4					
4	清危工程				
4.1	……				
4.2	……				
5	材料二次转运				19 111.53
5.1	砂二次转运 400 m	m³	105.53	21.20	2 237.24
5.2	碎石二次转运 400 m	m³	192.33	24.46	4 704.39
5.3	水泥二次转运 400 m	t	80.7	77.45	6 251.76
5.4	砂二次转运 900 m	m³	10	51.48	514.80
5.5	水泥二次转运 900 m	t	14.4	77.45	1 116.83
5.6	钢筋二次转运 900 m	t	4	247.49	989.96
5.7	主动网二次转运 900 m	t	2	287.08	574.16

分析：

这部分调整的运杂费一般都进行了取费。如果材料信息价超过材料限价，这部分调整的运杂费进行取费显然是错误的。如果材料信息价未超过材料限价，材料信息价与这部分调整的运杂费（未取费）之和在限价以内的部分方可取费，超过限价的部分不能取费。

3. 套用定额错误：超远运距运杂费选用装运卸定额、转运的运杂费套用增运定额

材料信息价中包含了材料原价、运输损耗费、采购及保管费和一定范围的运杂费，也包括了未发生转运情况下的装车、卸车的费用。因此，在计算超过材料信息价中包含的距离的运杂费的时候，不能再重复计算装车、卸车的费用。但是在发生转运的情况下，再次发生的装车、运输及卸车的费用需要计算。因此，超远运距的运杂费应使用增运定额，不能使用装

30

运卸的定额，而转运的运杂费应选用装运卸的定额。

4. 计算超远运距运杂费时扣减材料信息价中包含的距离错误

软件操作时，超远运距运杂费不扣除信息价中包含的距离（软件自动扣减材料信息价中包含的距离）。例如钢筋运输 50 km，则软件中输入 50 km，软件会自动扣减材料信息价中包含的 20 km。

5. 计算转运的运杂费时扣除定额中包含的 50 m 错误

软件操作时，转运的运杂费输入运距时应扣除定额中包含的 50 m。比如转运 300 m，则软件应输入 250 m。

4.3 电、风、水预算价格

4.3.1 施工用电价格

如果施工用电直接接入市政或农村用电，则施工用电价格按照当地工程用电不含税信息价格计算，其接入费用可在施工临时工程中计算。

如果采用现场柴油发电机发电，则根据施工组织设计所配置的柴油发电机组（台）时总费用和组（台）时总有效供电量计算。一般计价软件套用定额即可自动计算。但是需要注意的是柴油发电机发电一般仅用于计算电价，不在施工临时工程中单独计算。

【案例 4-9】某不稳定斜坡治理工程所处位置较为偏僻，无法从外部接入电源。施工图设计文件的施工组织设计明确提出由施工单位自备柴油发电机发电。施工图预算中施工临时工程预算、材料预算价分别如表 4.13、表 4.14、表 4.15 所示。试审查其计算的合理性。

表 4.13 施工临时工程预算表

工程名称：某不稳定斜坡治理工程

序号	工程项目及名称	单位	数量	单价（元）	合价（元）
	第二部分 施工临时工程				177 045.34
1	施工临时用电				100 801.44
1.1	供电线路	km	0.50	35 122.87	17 561.44
1.2	柴油发电机发电	台时	500.00	166.48	83 240.00
2	房屋建筑工程				50 661.00
2.1	仓库	m²	100.00	189.99	18 999.00
2.2	办公生活及文化福利建筑		1.00%	3 166 200.44	31 662.00
3	其他临时工程				25 582.90
3.1	其他临时工程		0.80%	3 197 862.44	25 582.90

表 4.14 主要材料预算价格汇总表

工程名称：某不稳定斜坡治理工程 单位：元

序号	名称及规格	单位	预算价格	其中	
				信息价	调整的运杂费
1	块石	m³	114.00	90.00	24.00
2	中砂	m³	141.75	120.00	21.75
3	柴油	kg	7.09	7.00	0.09
4	汽油	kg	8.09	8.00	0.09
5	水泥 32.5	t	450.000	420.00	30.00

表 4.15 次要材料预算价格汇总表

工程名称：某不稳定斜坡治理工程

序号	名称及规格	单位	原价（元）	运杂费	合价（元）
1	电	kWh	2.30		2.30
2	水	m³	2.80		2.80
3	板枋材	m³	1 800.00		1 800
4	钢绞拉线 GJ-35	m	12.00		12.00
5	螺栓、铁件	kg	4.00		4.00
6	铁横担 L63×6×1500	根	60.00		60.00
7	导线 BLX-16	m	1.00		1.00
8	瓷瓶	个	1.00		1.00
9	线夹	个	1.00		1.00
10	电杆	根	200.00		200.00
11	油毛毡	m²	25.00		25.00
12	砼拉线块 LP-6	块	30.00		30.00
13	竹席	m²	5.00		5.00
14	杉杆	m³	1 800.00		1 800.00

分析：

根据背景资料，本项目采用柴油发电机发电。从表 4.13 可知，本项目既计算了 380 V 供电线路，又计算了柴油发电机发电，这显然是错误的。根据《编制与审查规定》供电线路仅能计算场外供电，一般都是从外部接入电源时才会计算。柴油发电机发电一般都在场内发电，因此再计算供电线路显然是不符合规定的。柴油发电机发电虽然属于临时工程，但是在施工临时工程中计算也不正确。由表 4.15 可知，本项目电价为 2.3 元/kWh，这个电价一般来自材料信息价或通过柴油发电机发电计算所得。凡是进入材料预算表的材料，在计算工程投资的时候，工程实体所消耗的材料和工程施工机械所消耗的材料均会使用材料预算表中的材料价格。也就是只要材料预算表中材料单价不为 0，均会有消耗该材料的相应的投资。因此，本项目材料预算表中有电价，工程投资中消耗的电会有相应的投资，再在施工临时工程中计算柴油发电机发电的台时费用显然是重复的。

由于柴油发电机发电的电价与市政供电或农村供电单价有较大差别，因此一般根据《编

32

制与审查规定》中的柴油发电机发电电价计算公式计算电价，材料预算价采用该电价。软件操作中一般直接按施工组织设计中建议的柴油发电机发电数量、功率，套用相应的机械台时费定额，该单价就会自动进入材料预算价中。

4.3.2　施工用水价格

如果施工用水直接接入市政或农村用水，则施工用水价格按照当地工程用水信息价格计算。如采用现场抽水设备抽水，则根据施工组织设计所配置的供水系统设备组（台）时总费用和组（台）时总有效供水量计算。需要注意的是定额中水泵的台时费是按功率划分的，需要根据水泵功率查阅相关资料或根据水泵铭牌上标注的内容确定其额定供水量。

施工用水所发生的接入费已经包含在措施费（供水支线）、其他临时工程中（大型泵房及干管），不应再重复计算。

4.3.3　施工用风价格

施工用风价格由基本风价、供风损耗和供风设施维修摊销费组成，根据施工组织设计所配置的空气压缩机系统设备组（台）时总费用和组（台）时总有效供风量计算。一般计价软件套用定额即可自动计算。

4.4　施工机械使用费

施工机械使用费应根据《四川省地质灾害治理工程概（预）算标准工程施工机械台时费定额及混凝土、砂浆配合比基价》及有关规定计算。对于定额缺项的施工机械，可按《2001年全国统一施工机械台班费用编制规则》补充编制台时费定额。

编制机械台时费时，各项材料（主要为油料、电）的单价应按照不超过限价的预算价格进行计算，超过限价部分的价差仅计算价差本身和税金，不参与取费。

【案例 4-10】某崩塌治理工程位于二类区（艰苦边远地区），该工程开挖出来的石渣采用载重量为 1 t 的机动翻斗车运输 100 m。假设柴油预算价为 8 元/kg，计算载重量为 1 t 机动翻斗车机械台时费。

分析：

根据《工程施工机械台时费定额及混凝土、砂浆配合比基价》，载重量为 1 t 的机动翻斗车的定额编号 JX30076，如表 4.16 所示。背景资料中柴油的材料预算价为 8 元/kg，超过限价 2.99 元/kg，故用限价计算台时费。超过限价 2.99 元/kg 的部分在主定额的价差中计算，不在台时费中体现。台时费的计算表和台时费汇总表详细见表 4.17、表 4.18。

表 4.16　载重量为 1 t 的机动翻斗车（JX30076）台时费定额

单位：台时

定额编号	JX30076
项目	机动翻斗车
	载重量（t）
	1.0

续表

	基价			16.67	
其中	人工费			9.26	
	材料费			5.25	
	机械费			2.16	
	名称	单位	单价（元）		数量
人工	中级工	工时	7.12		1.30
材料	柴油	kg	3.50		1.50
机械	折旧费	元	1.00		1.06
	修理及替换设备费	元	1.00		1.10

表 4.17 载重量为 1 t 的机动翻斗车（JX3076）台时费计算表

序号	名称	单位	数量	单价	合价
A	B	C	D	E	F=D×E
1	中级工	工时	1.30	11.54	15.00
2	柴油	kg	1.50	2.99	4.49
3	折旧费	元	1.06	1.00	1.06
4	修理及替换设备费	元	1.10	1.00	1.10
	合计				21.65

表 4.18 施工机械台时汇总表

序号	名称及规格	台时费	其中				
			折旧费	修理及替换设备费	安拆费	人工费	动力燃料费
1	机动翻斗车 载重量（t）1.0	21.65	1.06	1.10		15.00	4.49

4.5　混凝土材料单价

　　根据设计确定的不同工程部位的混凝土、砂浆强度等级、级配和龄期，分别计算出每立方米混凝土、砂浆材料单价，计入相应的工程单价内。混凝土、砂浆配合比的各项材料用量，应根据工程试验提供的资料计算，若无试验资料时，也可参照《工程施工机械台时费定额及混凝土、砂浆配合比基价》中的混凝土、砂浆材料配合比表计算。

　　在地质灾害治理工程可行性研究、初步设计和施工图设计阶段，编制可行性研究估算、初步设计概算和施工图预算均参照《工程施工机械台时费定额及混凝土、砂浆配合比基价》中的材料配合比表进行计算。各项材料的单价应按照不超过限价的预算价格进行计算，超过限价部分的价差仅计算价差本身和税金，不参与取费。

　　混凝土配合比表按卵石、粗砂混凝土编制，如改用碎石、中砂、细砂、特细砂，需要进行消耗量的换算，否则会影响项目投资的价格水平。砂浆的配合比中粗砂如改用中砂、细砂，参考混凝土配合比的换算系数进行换算。

混凝土配合比选用的砂石材料需要根据地质灾害治理工程所在地常用的材料确定，如达州、广安、泸州等地以特细砂为主，套用混凝土相关定额时，选用的配合比就应按特细砂进行换算。工程所在地常用材料情况可以进行实地调研，如果实地调研的条件不具备，可以按照材料造价信息上的材料种类进行区分。

考虑到地质灾害治理工程的特殊性，部分治理工程位于特别高陡、偏远的部位，如崩塌治理工程中采用混凝土进行凹腔嵌补，混凝土用量小，运输难度大，运输时间长。如用机械拌和后运输到治理部位，则混凝土拌和料会发生初凝，混凝土浇筑质量难以达到要求。因此，定额规定允许此类混凝土采用人工拌和的方式，也就是先将水泥、砂石、水运输到工程治理部位的附近，然后通过人工拌和、浇筑。只是为了确保工程治理，人工拌和时，水泥用量增加 5%。

【案例 4-11】某滑坡治理工程位于华蓥市，该工程中抗滑桩护壁混凝土强度等级为 C20，采用水泥（32.5）拌制，二级配。护壁厚 30 cm。

经过实地调研并查阅《四川工程造价信息》（2018 年第 10 期），华蓥市混凝土浇筑使用的石料主要为碎石，砂主要为特细砂，同时由于本项目护壁混凝土使用的二级配，使用的碎石粒径应为 5 ~ 40 mm。材料信息价上材料价格如表 4.19 所示。假设本项目调整的运杂费为 0，试计算护壁混凝土配合比单价。

表 4.19　材料信息价

序号	材料名称及规格	单位	材料预算价
1	水泥 32.5	t	350.26
2	特细砂	m³	145.63
3	水	m³	2.45
4	碎石 5 ~ 40 mm	m³	101.95

分析：

1. 混凝土材料消耗量换算

《工程施工机械台时费定额及混凝土、砂浆配合比基价》中 C20 混凝土配合比如表 4.20 所示（二级配、水泥 32.5、卵石、粗砂）。

表 4.20　定额中 C20 混凝土配合比

序号	名称	单位	定额消耗量
A	B	C	D
1	水泥 32.5	t	0.29
2	砂	m³	0.49
3	水	m³	0.15
4	卵石 40 mm	m³	0.81

定额中的换算系数如表 4.21 所示。

35

表 4.21　配合比材料换算系数

项目	水泥	砂	石子	水
卵石换为碎石	1.10	1.10	1.06	1.10
粗砂换为特细砂	1.16	0.90	0.95	1.16

混凝土材料消耗量换算如表 4.22 所示。

表 4.22　混凝土材料消耗量换算

序号	名称	单位	定额消耗量	换算系数		换算后消耗量
				卵石换碎石	粗砂换中砂	
A	B	C	D	E	F	G=D×E×F
1	水泥 32.5	t	0.29	1.1	1.16	0.37
2	砂	m³	0.49	1.1	0.9	0.49
3	水	m³	0.15	1.1	1.16	0.19
4	卵石 40 mm	m³	0.81	1.06	0.95	0.82

2. 护壁混凝土配合比单价计算

护壁混凝土配合比单价计算应按照各项材料的单价不超过限价的预算价格进行计算，超过限价部分的价差在相应 C20 护壁混凝土项目中仅计算价差本身和税金，不参与取费，如表 4.23 所示。

表 4.23　护壁混凝土配合比单价计算表

序号	材料名称及规格	单位	换算后消耗量	不超过限价的材料预算价	材料预算价	价差	混凝土配合比单价
A	B	C	D	E	F	G=F−E	H=D×E
1	水泥 32.5	t	0.37	255.00	350.26	95.26	94.35
2	特细砂	m³	0.49	70.00	145.63	75.63	34.30
3	水	m³	0.19	2.45	2.45	0.00	0.47
4	碎石 5～40 mm	m³	0.82	70.00	101.95	31.95	57.40
	合计						186.52

4.6　措施费与施工临时工程

4.6.1　措施费与施工临时工程概述

措施费与施工临时工程既有关联，又有区别。在地质灾害治理工程中，措施费一般都是指小型临时设施费用，投资较小，可以没有设计图件和设计说明；施工临时工程投资比较大，需要有详细设计图件和设计说明。措施费和施工临时工程费二者虽然有联系，但是二者之间没有重叠，均应计价，只是计价方式不同。

4.6.2　施工临时工程

施工临时工程指为辅助主体工程所必须修建的生产和生活用临时性工程。该施工临时工程未在主体建筑工程中计算，应单独设计。这里的单独设计指的是施工临时工程应有设计图件、设计说明等。设计图件应包括施工临时工程的布置范围、结构尺寸和材质等。施工临时工程之所以需要单独设计，是由于其费用占整个治理工程投资的比例较高，在 15%~50%，在特别偏僻、安全风险特别大的情况下，所占比例甚至更高。

施工临时工程的组成内容如下：

1. 导流工程

导流工程，主要包括导流明渠工程、围堰、导流洞工程等。导流工程费按设计工程量乘以工程单价进行计算。

在常年流水泥石流沟道中修建各类坝体，或者进行河岸边坡处理时，会使用导流明渠工程、围堰，导流洞工程在地质灾害治理工程中使用较少。

导流明渠工程一般是土石方开挖，而且一般都是机械开挖。由于围堰工程较小，且使用时间较短，围堰一般用袋装土石方进行填筑，很少像水利工程那样采用袋装黏土填筑。

2. 施工交通工程

施工交通工程，主要包括施工现场内外为工程建设服务的临时交通工程，如公路工程、便桥工程、转运站工程、架空索道等。其费用按设计工程量乘以单价进行计算，也可根据工程所在地区造价指标或有关实际资料，采用扩大单位指标编制。

由于地质灾害治理工程的建设周期很短，因此施工交通工程仅仅是施工过程中运输材料、设备以及土石方等使用，施工完成以后，一般会立即拆除。地质灾害治理工程施工完成以后，施工交通工程如果保留，并作为当地老百姓的永久工程使用，应按照永久工程来设计和施工。

施工交通工程，特别是公路工程，如果原来占用了耕地、林地等，在使用结束以后，一般都要把面层和基层拆除，并结合当地的实际情况进行复耕。由于其使用周期短，要求低，公路工程一般选用简易公路相关定额计算其造价。

3. 施工供电工程

施工供电工程，主要包括从现有电网向施工现场供电的 380V 及以上输电线路工程和施工变配电设施（场内除外）工程。

根据设计的电压等级、线路架设长度及所需配备的变配电设施要求，施工供电工程费采用工程所在地区造价指标或有关实际资料计算。

4. 施工房屋建筑工程

施工房屋建筑工程，指工程在建设过程中建造的临时房屋，包括施工仓库、办公、生活、文化福利建筑及所需的配套设施工程。

施工仓库，指为工程施工而临时兴建的设备、材料、工器具等仓库；办公、生活及文化福利建筑，指施工单位、建设单位（包括监理）及设计代表在工程建设期所需的办公室、宿舍、招待所和其他文化福利设施等房屋建筑工程。办公、生活及文化福利建筑可以在地质灾害治理工程点附近临时兴建，也可以租用当地房屋。

施工房屋建筑工程不包括列入临时设施和其他施工临时工程项目内的电、风、水、通信系统，砂石料系统，混凝土拌和及浇筑系统，木工、钢筋、机修等辅助加工厂，混凝土预制构件厂，混凝土制冷、供热系统，施工排水等生产用房。

（1）施工仓库。建筑面积由施工组织设计确定，单位造价指标根据当地生活福利建筑的相应造价水平确定，一般套用相关定额计算。

（2）办公、生活及文化福利建筑：

泥石流治理工程按一至二部分建筑工程费的 2%计算；

崩塌、滑坡治理工程按一至二部分建筑工程费的 1.5%计算；

其他地质灾害治理工程按一至二部分建筑工程费的 1.0%计算。

办公、生活及文化福利建筑的比例为控制数，如临时兴建房屋或租用当地房屋的造价低于控制数，则以实际发生造价为准。

5. 其他施工临时工程

其他施工临时工程，指除施工导流、施工交通、施工场外供电、施工房屋建筑以外的施工临时工程，主要包括施工供水（大型泵房及干管）、砂石料系统、混凝土拌和浇筑系统、大型机械安装拆卸、防汛、防冰、施工排水、施工通信、施工临时支护设施等工程。

（1）临时支护：在开挖地下工程时，穿越松散软弱破碎带或断层带等岩层稳定性差的围岩，需要用的临时支护工程量大、费用高，可根据工程实际情况在临时工程中单独列项。与永久工程结合的临时支护列在永久工程中。

（2）施工排水指基坑排水、河道降水等，包括排水工程建设及运行费。在大江、大河中施工和施工地下工程时，处在地质变化大、岩层破碎、渗水量大的地区，施工排水费无法控制时可单独列项。

未包含在主体建筑工程的措施费和导流工程、施工交通工程、施工供电工程、施工房屋建筑工程等施工临时工程中，且进行了单独设计的大型临时工程（工程投资超过 10 万元）按实计算，如临时支护、施工排水、大型安全措施、混凝土拌和浇筑系统等，其他一律按工程一至二部分建筑工程费（不包括其他施工临时工程）之和的百分率计算。

泥石流治理工程按一至二部分建筑工程费的 1%计算；

崩塌、滑坡治理工程按一至二部分建筑工程费的 0.8%计算；

其他地质灾害治理工程按一至二部分建筑工程费的 0.5%计算。

4.6.3 措施费

根据工程性质不同，措施费分为泥石流工程、崩塌及滑坡治理工程、其他地质灾害治理工程三种取费标准。对于施工条件复杂，且有两个及以上距离 5 km 以上交通距离的崩塌、滑坡治理工程，可执行泥石流治理工程的费率标准。计算基础为直接工程费。

1. 冬雨季施工增加费

冬雨季施工增加费指在冬雨季施工期间为保证工程质量所需增加的费用，包括增加施工工序，增设防雨、保温、排水等设施增耗的动力、燃料、材料，以及因人工、机械效率降低而增加的费用。

2. 夜间施工增加费

夜间施工增加费指施工场地和公用施工道路的照明费用。地下工程照明费用已列入定额内，照明线路工程费用包括在"临时设施费中"；施工附属企业系统、加工厂、车间的照明费用，列入相应的产品中，均不包括在本项费用之内。

3. 特殊地区施工增加费

特殊地区施工增加费指在高海拔、原始森林、沙漠等特殊地区施工而增加的费用。

4. 临时设施费

临时设施费指施工企业为进行建筑工程施工所必需的但又未被划入施工临时工程的临时建筑物、构筑物和各种临时设施的建设、维修、拆除、摊销等费用，如供风、供水（支线）、供电（场内）、照明、供热系统及通信支线，土石料场，简易砂石料加工系统，小型混凝土拌和浇筑系统，木工、钢筋、机修等辅助加工厂，混凝土预制构件厂，场内施工排水，场地平整、施工便道、道路养护及其他小型临时设施。

5. 安全文明生产措施费

安全文明生产措施费指施工企业为保证施工现场安全作业环境及安全施工、文明施工所需要，在工程设计已考虑的安全支护措施之外发生的安全生产、文明施工相关费用。该部分费用按照国家现行的建筑施工安全、施工现场环境与卫生标准和有关规定，包括购置和更新施工安全防护用品及设施、改善安全生产条件和作业环境所需要的费用。

6. 其他

其他措施费包括施工工具用具使用费，检验试验费，工程定位复测、工程点交、竣工场地清理、施工过程中的安全监测费，工程项目及工程移交生产前的运行维护费（泥石流治理工程是指泥石流入库前），工程验收检测费，等。其中：施工工具用具使用费，指施工生产所需，但不属于固定资产的生产工具，检验、试验用具等的购置、摊销和维护费；检验试验费，指对建筑材料、构件和建筑安装物进行一般鉴定、检查所发生的费用，包括自设实验室所耗用的材料和化学药品费用，以及技术革新和研究试验费，不包括新结构、新材料的试验费和建设单位要求对具有出厂合格证明的材料进行试验、对构件进行破坏性试验以及其他特殊要求检验试验的费用；施工过程中的安全监测费是指施工过程中对开挖基坑、边坡、清危等可能存在的安全隐患以及在泥石流沟道内施工时对洪水（泥石流）的巡视、监测和预警等工作所发生的费用；工程验收检测费指工程各级验收阶段按技术规范规定为检测工程质量所发生的检测费用。

4.6.4 措施费与施工临时工程类似内容的区分

正如前文所述，措施费与施工临时工程费既有关联又有区别，因此会有一部分内容不容易区分，为便于理解，现列举表 4.24 所示。

表 4.24　措施费与施工临时工程类似内容的区分

序号	类型	措施费	施工临时工程
1	房屋	临时设施费：木工、钢筋、机修等辅助加工厂，混凝土预制构件厂	施工房屋建筑工程包括施工仓库和办公、生活及文化福利建筑两部分。施工仓库，指为工程施工而临时兴建的设备、材料、工器具等仓库；办公、生活及文化福利建筑，指施工单位、建设单位（包括监理）及设计代表在工程建设期所需的办公室、宿舍、招待所和其他文化福利设施等房屋建筑工程
2	供电工程	夜间施工增加费：施工场地和公用施工道路的照明费用；临时设施费：供电（场内）、照明线路工程	施工供电工程：主要包括从现有电网向施工现场供电的 380 V 及以上输电线路工程和施工变配电设施（场内除外）工程
3	施工交通工程	临时设施费：施工便道、道路养护	主要包括施工现场内外为工程建设服务的临时交通工程，如公路工程、便桥工程、转运站工程、架空索道等
4	排水	临时设施：场内施工排水	其他临时工程：施工排水指基坑排水、河道降水等，包括排水工程建设及运行费。在大江、大河中施工和施工地下工程时，处在地质变化大、岩层破碎、渗水量大的地区，施工排水费无法控制时可单独列项
5	施工供水	临时设施：供水（支线）	其他临时工程：施工供水（大型泵房及干管）
6	砂石料和混凝土拌和系统	临时设施：简易砂石料加工系统、小型混凝土拌和浇筑系统	其他临时工程：砂石料系统、混凝土拌和浇筑系统
7	安全文明措施费	措施费：在工程设计已考虑的安全支护措施之外发生的安全生产、文明施工相关费用	施工临时工程：工程设计已考虑的安全支护措施

备注：地下工程照明费用已列入定额内；施工附属企业系统、加工厂、车间的照明费用，列入相应的产品中，不在措施费和施工临时工程费中。

【案例 4-12】某崩塌治理工程施工图设计文件的施工组织设计提出需要以下施工临时工程：施工便道用于骡马运输材料，施工便道宽 2 m；380 V 施工供电线路（场外部分）0.5 km，接入工人工棚 220 V 照明线路 0.5 km；供水管道（从附近自来水用支管接入）0.8 km；搭设仓库 100 m²，办公室、工棚 100 m²。上述临时工程均有相关图件和设计说明。送审施工图预算中施工临时工程预算表如表 4.25 所示，试审查施工临时工程计算的合理性。

表 4.25　滑坡治理工程施工临时工程预算表（送审）

工程名称：某不稳定斜坡治理工程

序号	工程项目及名称	单位	数量	单价（元）	合价（元）
	第二部分施工临时工程				131 506.64
1	施工交通工程				9 060.55
1.1	施工便道（宽 2 m，骡马运输材料）	km	0.50	18 121.10	9 060.55

续表

序号	工程项目及名称	单位	数量	单价（元）	合价（元）
2	施工临时用电				21 307.61
2.1	380 V 供电线路	km	0.50	23 652.12	11 826.06
2.2	220 V 照明线路	km	0.50	18 963.10	9 481.55
3	供水工程				3 080.88
3.1	供水管道	km	0.80	3 851.10	3 080.88
4	房屋建筑工程				72 728.00
4.1	仓库	m²	100.00	189.36	18 936.00
4.2	办公室、工棚	m²	100.00	221.30	22 130.00
4.3	办公生活及文化福利建筑		1.00%	3 166 200.44	31 662.00
5	其他临时工程				25 329.60
5.1	其他临时工程		0.80%	3 166 200.44	25 329.60

分析：

根据背景资料，结合《编制与审查规定》可知，施工便道（宽 2 m，骡马运输材料）、220 V 照明线路、供水管道属于措施费，应认为已经在措施费中计算，不应重复计算。办公室、工棚包含在办公、生活及文化福利建筑工程中，也不应重复计算。核减重复计算的费用以后，施工临时工程费如表 4.26 所示。

表 4.26　滑坡治理工程施工临时工程预算表（审查后）

序号	工程项目及名称	单位	数量	单价（元）	合价（元）
	第二部分　施工临时工程				87 215.91
1	施工交通工程				0.00
1.1	施工便道（宽 2 m，骡马运输材料）	km			
2	施工临时用电				11 826.06
2.1	380V 供电线路	km	0.50	23 652.12	11 826.06
2.2	220V 照明线路	km			
3	供水工程				
3.1	供水管道	km			
4	房屋建筑工程				50 160.47
4.1	仓库	m²	100.00	189.36	18 936.00
4.2	办公室、工棚	m²			
4.3	办公生活及文化福利建筑		1.00%	3 122 447.46	31 224.47
5	其他临时工程				25 229.38
5.1	其他临时工程		0.80%	3 153 671.93	25 229.38

4.6.5　措施费与独立费用类似内容的区分

措施费与独立费用中有部分内容类似，现列表进行区分，具体如表 4.27 所示。

表 4.27　措施费与独立费中类似内容的区分

序号	措施费	独立费
1	检验试验费：对建筑材料、构件和建筑安装物进行一般鉴定、检查所发生的费用，包括自设实验室所耗用的材料和化学药品费用，以及技术革新和研究试验费，不包括新结构、新材料的试验费和建设单位要求对具有出厂合格证明的材料进行试验、对构件进行破坏性试验，以及其他特殊要求检验试验的费用	工程研究试验费：在工程建设过程中，为解决工程技术问题，而进行必要的科学研究试验所需的费用
2	施工过程中安全监测费：施工过程中对开挖基坑、边坡、清危等可能存在的安全隐患以及在泥石流沟道内施工时对洪水（泥石流）的巡视、监测和预警等工作所发生的费用	监测费：对地质灾害治理工程治理效果监测所需要的费用，由业主委托有地质灾害勘查甲级资质的单位实施
3	工程验收检测费：工程各级验收阶段按技术规范规定为检测工程质量所发生的检测费用	工程质量检测费：地质灾害治理工程从开工后至竣工验收前项目监管部门、建设单位、专家等对地质灾害治理工程质量检查、抽查过程中所发生的检测、检验费用（含第三方检测机构的检测费）。质量合格的，检测、检验费用由建设单位在独立费中的工程质量检测费中列支；质量不合格的，检测、检验费用由施工单位承担

备注：专业监测未包含在治理工程投资中，由专业监测人员采用专业监测仪器对地质灾害进行监测。

4.7　独立费

独立费的构成参考《基本建设项目建设成本管理规定》（财建〔2016〕504 号）并结合四川省地质灾害治理项目的实际情况确定。四川省地质灾害治理项目一般包括重大地质灾害治理项目和排危除险项目两类。这两类项目在独立费的构成上略有差别。

4.7.1　重大地质灾害治理项目

4.7.1.1　常规项目

1. 建设管理费

（1）项目建设管理费。

①建设单位管理费。

项目建设管理费是指项目建设单位从项目筹建之日起至办理竣工财务决算之日止发生的管理性质的支出。项目建设管理费包括：不在原单位发工资的工作人员工资及相关费用，办公费，办公场地租用费，差旅交通费，劳动保护费，工具用具使用费，固定资产使用费，招募生产工人费，技术图书资料费（含软件），业务招待费，施工现场津贴，用于立项、视察工程建设等所发生的会议费（不含工程验收），建设单位为解决工程建设涉及的技术、经济、法律等问题需要进行咨询所发生的费用和其他管理性质开支。

建设单位管理费总额控制数以项目总投资（不含项目建设管理费）扣除工程占地补偿费为基数分挡计算，最低 0.5 万元。其具体计算方法见表 4.28。

表 4.28　项目建设管理费总额控制数费率表

单位：万元

工程总概算	费率（%）	算例	
		工程总概算	项目建设管理费
1 000 以下	2.0	1 000	1 000×2%=20
1 001～5 000	1.5	5 000	20+（5 000-1 000）×1.5%=80
5 001～10 000	1.2	10 000	80+（10 000-5 000）×1.2%=140
10 001～50 000	1.0	50 000	140+（50 000-10 000）×1%=540
50 001～100 000	0.8	100 000	540+（100 000-50 000）×0.8%=940
100 000 以上	0.4	200 000	940+（200 000-100 000）×0.4%=1 340

【案例 4-13】某滑坡治理工程初步设计概算中主体建筑工程 3 317 163.38 元，施工临时工程 233 199.86 元。独立费中相关费用的金额表 4.29 所示（假设勘查、可行性研究、初步设计、施工图审查费不计算），试计算建设单位管理费的金额。

表 4.29　独立费中相关费用金额

序号	费用名称	金额（元）
一	建设管理费	
1	项目建设管理费	
（1）	建设单位管理费	
（2）	工程验收费	21 302.18
（3）	勘查、可行性研究、初步设计、施工图审查费	
2	造价咨询费	55 020.56
3	招标代理服务费	33 768.92
4	工程建设监理费	133 661.99
二	科研勘查设计费	287 863.68
三	工程占地补偿费	30 000.00
四	环境保护及水土保持费	35 503.63
五	其他	108 286.07
1	工程保险费	15 976.63
2	工程质量检测费	21 302.18
3	监测费	71 007.26

分析：

建设单位管理费的计算基数应为项目总投资（不含项目建设管理费）扣除工程占地补偿费。因此，本案例建设单位管理费计算基数计算如下：

$$3\ 317\ 163.38+233\ 199.86+55\ 020.56+33\ 768.92+133\ 661.99+287\ 863.68+$$
$$35\ 503.63+108\ 286.07=4\ 204\ 468.09\ （元）$$

根据表 4.28，建设单位管理费计算如下：

$$4\ 204\ 468.09×2\%=84\ 089.36\ （元）$$

因计算结果大于 5 000 元，故建设单位管理费金额为 84 089.36 元。

② 工程验收费。

工程验收费指组织地质灾害治理工程竣工初步验收和最终验收所发生的会议费、资料整理费、印刷费等各项费用。

工程验收费按一至二部分建筑工程费的 0.6% 计算，最低 2 000 元。

【案例 4-14】某滑坡治理工程初步设计概算中主体建筑工程 3 317 163.38 元，施工临时工程 233 199.86 元。试计算工程验收费。

分析：

工程验收费计算基数为建筑工程费。建筑工程费计算如下：

$$3\ 317\ 163.38+233\ 199.86=3\ 550\ 363.24\ （元）$$

工程验收费计算如下：

$$3\ 550\ 363.24×0.6\%=21\ 302.18\ （元）$$

因计算结果大于 2 000 元，故工程验收费金额为 21 302.18 元。

③ 勘查、可行性研究、初步设计、施工图审查费。

勘查、可行性研究、初步设计、施工图审查费指建设单位根据国家颁布的法律、法规、行业规定，对项目勘查和项目设计的安全性、可靠性、先进性、经济性进行评审所发生的有关费用，包括勘查设计方案、勘查、可行性研究、初步设计、施工图设计以及重大设计变更（含可行性研究估算、初步设计概算、施工图预算）等阶段评审的费用。

（2）造价咨询费。

地质灾害治理工程的造价咨询费是指在勘查设计阶段完成后，由国土资源主管部门委托造价咨询单位编制招标清单、招标控制价，财政投资评审中心委托造价咨询单位对招标清单、招标控制价进行审核，施工完成以后由国土资源主管部门或审计部门委托造价咨询单位对竣工结算进行审核所发生的费用。因此，地质灾害治理工程造价咨询费一般分为清单、控制价编制费，清单、控制价审核费，竣工结算审核费三类费用。当然，分开委托时，应分别计算费用。

工程造价咨询服务收费不再实行政府指导价，而是实行市场调节价。为确保投资可控，清单、控制价编制费和审核费、竣工结算审核费的计算，不得突破表 4.30 所列标准。

表 4.30　地质灾害治理工程造价咨询费计算标准

序号	收费项目	收费基数	费率（‰）					
			≤100万元	100万~500万元	500万~1 000万元	1 000万~5 000万元	5 000万~1亿元	>1亿元
1	编制招标控制价或标底	工程造价	3.20	3.00	2.80	2.60	2.30	2.00
2	编制工程量清单或审核	工程造价	4.00	3.80	3.60	3.30	3.00	2.70
3	审核招标控制价或标底	送审工程造价	3.60	3.40	3.20	3.00	2.80	2.60
4	审核竣工结算	送审工程造价	5.00	4.80	4.60	4.40	4.00	3.50

说明：

① 差额定率累进收费计算：如第 3 项审核招标控制价的送审工程造价为 3 000 万元，服务收费计算如下：

$$100 \text{ 万元} \times 3.6‰ = 0.36 \text{（万元）}$$
$$（500-100）\text{ 万元} \times 3.4‰ = 1.36 \text{（万元）}$$
$$（1\ 000-500）\text{ 万元} \times 3.2‰ = 1.60 \text{（万元）}$$
$$（3\ 000-1\ 000）\text{ 万元} \times 3.0‰ = 6.00 \text{（万元）}$$

合计 9.32 万元。

② 工程量清单、招标控制价编制同时委托给一个单位，收费系数按编制工程量清单乘 1.25；工程量清单、招标控制价审核同时委托给一个单位，收费系数按审核招标控制价乘 1.25。

③ 审核竣工结算时，所有基本审核费由委托单位负担。另按审减或审增额度可加收 3%～5%审核费用（具体幅度由双方在造价咨询合同中约定）。审增减率在 5%以内（含 5%）的，由委托单位负担审核费用；审减率在 5%以上的，5%以内（含 5%）的审核费用由委托单位承担，超过部分由编制单位承担；审增部分审核费用由编制单位承担。

④ 上述计算标准以单项工程为计算基础，凡单项收费金额低于人民币 3 000 元的，按 3 000 元收取。

⑤ 可行性研究估算、初步设计概算和施工图预算阶段，造价咨询费按一至二部分建筑工程费为计算基数。

【案例 4-15】某滑坡治理工程初步设计概算中主体建筑工程 3 317 163.38 元，施工临时工程 233 199.86 元。假设清单、控制价由县国土资源局委托给 A 单位编制；清单、控制价由县财政投资评审中心委托给 B 单位编制；施工完成以后由县国土资源局委托 C 单位对竣工结算进行审核。试计算清单、控制价编制费，清单、控制价审核费，竣工结算审核费。

分析：

造价咨询费的计算基数为建筑工程费。建筑工程费计算如下：

$$3\ 317\ 163.38 + 233\ 199.86 = 3\ 550\ 363.24 \text{（元）}$$

造价咨询费计算如下：

①清单、控制价编制费。

工程量清单、招标控制价编制同时委托给一个单位，收费系数按编制工程量清单乘 1.25。

$$1\ 000\ 000 \times 4 \div 1\ 000 + （3\ 550\ 363.24 - 1\ 000\ 000）\times 3.8 \div 1\ 000 = 13\ 691.38 \text{（元）}$$

清单、控制价编制费：13 691.38×1.25=17 114.23（元）

②清单、控制价审核费。

工程量清单、招标控制价审核同时委托给一个单位，收费系数按审核招标控制价乘 1.25。

$$1\ 000\ 000 \times 3.6 \div 1\ 000 + （3\ 550\ 363.24 - 1\ 000\ 000）\times 3.4 \div 1\ 000 = 13\ 691.38 \text{（元）}$$

清单、控制价审核费：13 691.38×1.25=15 339.04（元）

③竣工结算审计费。

审核竣工结算时，所有基本审核费由委托单位负担。审减审核费中审减率在 5%以内（含 5%）的，由委托单位负担审核费用；审减率在 5%以上的，5%以内（含 5%）的审核费用由委托单位承担，超过部分由编制单位承担；审增部分审核费用由编制单位承担。

$$竣工结算审核费=基本审核费+审减审核费+审增审核费$$

基本审核费：1 000 000×5÷1 000+（3 550 363.24-1 000 000）×4.8÷1 000=17 241.74（元）

由于审减审核费 5%以内由委托方承担，也就是最高审减审核费应按 5%计算，故审减审核费：3 550 363.24×5%×5%=8 875.91（元）

审增审核费可能性一般不大，故勘查设计阶段一般不考虑该部分费用。

故竣工结算审核费为 17 241.74+8 875.91=26 117.65（元）

（3）招标代理服务费。

招标代理服务费实行市场调节价。为确保投资可控，招标代理服务费根据四川省的实际情况，参考《招标代理服务收费管理暂行办法》（计价格〔2002〕1980 号）、《国家发展改革委办公厅关于招标代理服务收费有关问题的通知》（发改办价格〔2003〕857 号）、《关于降低部分建设项目收费标准规范收费行为等有关问题的通知》（发改价格〔2011〕534 号）的规定计算，但不得突破上述标准。

①勘查、可行性研究、初步设计招标（比选）服务费。

勘查、可行性研究、初步设计招标（比选）服务费是指为确定勘查单位而组织进行的招标或比选工作所发生的费用。

勘查设计阶段该费用按计价格〔2002〕1980 号中服务招标计算，计算基数为勘查、可行性研究、初步设计费。

②施工图设计招标（比选）服务费。

施工图设计招标（比选）服务费是指为确定施工图设计单位而组织进行的招标或比选工作所发生的费用。

勘查设计阶段该费用按计价格〔2002〕1980 号中服务招标计算，计算基数为施工图设计费。

③工程施工招标（比选）服务费。

工程施工招标（比选）服务费是指为确定地质灾害治理工程施工单位而组织进行的招标或比选工作所发生的费用。

勘查设计阶段该费用按计价格〔2002〕1980 号中工程招标计算，计算基数为建筑工程费。

④监理单位招标（比选）服务费。

监理单位招标（比选）服务费是指为确定地质灾害治理工程监理单位而组织进行的招标或比选工作所发生的费用。

勘查设计阶段该费用按计价格〔2002〕1980 号中服务招标计算，计算基数为监理费。

（4）工程建设监理费。

工程建设监理费指在工程建设过程中聘任监理单位，对工程的质量、进度、安全和投资进行监理所发生的全部费用，包括监理单位为保证监理工作正常开展而必须购置的交通工具、办公及生活设备、检验试验设备以及监理人员的基本工资、辅助工资、工资附加费、劳动保护费、教育经费、办公费、差旅交通费、会议费、技术图书资料费、固定资产折旧费、零星固定资产购置费、低值易耗品摊销费、工具用具使用费、修理费、水电费、采暖费等。

监理工作主要包括勘查、设计和施工阶段的监理。工程建设监理费根据《四川省地质灾害治理工程概（预）算标准监理预算标准》中的规定计算，但不得突破该标准。

相关案例见第 8 章《监理预算标准》相关内容。

2. 科研勘查设计费

（1）工程科学研究试验费。

工程科学研究试验费指在工程建设过程中，为解决工程技术问题，而进行必要的科学研究试验所需的费用。

工程科学研究试验费按建筑工程费的 0.2% 计算。

【案例 4-16】某滑坡治理工程初步设计概算中主体建筑工程 3 317 163.38 元，施工临时工程 233 199.86 元，试计算工程科学研究试验费。

分析：

工程科学研究试验费按建筑工程费的 0.2% 计算，具体如下：

$$（3 317 163.38+233 199.86）×0.2\%=7 100.73（元）$$

（2）工程勘查设计费。

工程勘查设计费是指从项目进行勘查设计方案编制到勘查、可行性研究、初步设计、施工图设计所发生的费用。

① 勘查设计方案编制费。

达到招标要求的勘查设计项目，在勘查设计（勘查设计包括勘查、可行性研究、初步设计、施工图设计）招标前，如需要编制勘查设计方案，以满足勘查设计招标的需要，则编制招标用的勘查设计方案的费用为勘查设计方案编制费。不需招标的勘查设计项目，勘查设计方案编制费包含在勘查设计费中，不得重复编制勘查设计方案编制费。

勘查设计方案编制费根据表 4.31 按线性插入计算，计算基数为估算总投资。不需要招标的勘查设计项目不得计算此费用。

表 4.31　勘查设计方案编制费

单位：万元

估算投资额	1 000 万元以下	1 000 万~3 000 万元	3 000 万~1 亿元	1 亿~5 亿元
勘查设计方案编制费	2.0~3.6	3.6~9.6	9.6~22.4	22.4~60

备注：5 亿元以上按估算投资额的 0.1% 计算。

【案例 4-17】某地质灾害治理项目需要进行勘查设计招标，为确定勘查、可行性研究、初步设计、施工图设计费用的招标控制价，现委托某单位编制勘查设计方案，项目估算总投资 300 万元，试计算委托该单位编制勘查设计方案的费用。

分析：

勘查设计方案费的计算基数为项目估算总投资，根据规定按线性插入计算如下：

$$2+（3.6-2）÷（1 000-0）×（300-0）=2.48（万元）$$

② 勘查费。

勘查费是指为弄清地质灾害体及其危害对象等对地质灾害进行勘查所发生的费用。

相关内容详见第 6 章《勘查设计预算标准》。

③ 可行性研究和初步设计费。

对已确定采取工程治理的地质灾害体，必须编制可行性研究报告和初步设计报告。

可行性研究报告必须提供治理效果相同但治理思路或工程措施不同的两套或两套以上治理方案进行技术经济比选，对每个方案进行设计和投资估算，着重于大的、主要的分项工程。

初步设计是在可行性研究基础上，对优化组合后推荐的治理方案进行进一步深入研究，对技术可靠性、经济合理性、施工可行性、环境协调性进行分析，完善工程治理方案，细化分项设计，核定治理工程量，编制治理工程投资概算。初步设计阶段的投资概算直接作为投资依据。

完成上述工作所发生的费用为可行性研究和初步设计费。

相关内容详见第6章《勘查设计预算标准》。

④ 施工图设计费。

施工图设计就是在初步设计方案的基础上，充分考虑施工现场条件、环境限制因素、原材料来源及实际价格因素，合理选择施工方法、工艺，合理安排工序及工期。施工图设计分为治理工程布局设计、各类工程结构设计、施工组织设计、监测设计等，主要是进行细化、深化设计。

完成上述工作所发生的费用为施工图设计费。

相关内容详见第6章《勘查设计预算标准》。

3. 工程占地补偿费

工程占地补偿费指根据设计确定的永久、临时工程征占地所发生的占地补偿费用及应缴纳的耕地占用税等，主要包括征用场地上的林木、作物的赔偿，建筑物迁建及居民迁移费等，其中属于地质灾害治理工程永久建筑物或构筑物的占地部分的费用为永久占地及青苗补偿费。除永久建筑物或构筑物以外的部分为临时占地及青苗补偿费。如果发生少量建筑迁建及居民迁移等，则为拆迁补偿费。

工程占地补偿标准按照四川省人民政府批复的各市州占地青苗和地上附着物补偿标准执行，并严格区分工程永久性占地和临时性用地。工程设计中需提供占用地的土地性质、占地数量和土地附属物实物量等资料。

地质灾害治理工程属于民生工程，是为了保护人民的生命财产安全而实施的。因此，其费用，一般按工程占地计算，不按征地计算。征地就是把农民集体的土地转变为国有性质的，土地不再属于农民，而是属于国家。占地类似于租用或者借用，土地性质没有改变，仍然是集体土地。故该费用不涉及失地农民养老保险费用赔偿，仅计算工程占地补偿的费用（包括永久占用和临时占用补偿）。

4. 环境保护及水土保持费

环境保护及水土保持费是指防止由于地质灾害治理工程施工期产生的"三废"排放、噪声以及施工开挖、弃渣、占地等活动对地形、地貌、植被、水质的影响、破坏，产生噪声和大气污染，并对水土流失等生态环境带来影响，同时对土地资源利用、下游取水设施、社会经济等社会环境可能产生一定影响而增加的一次性费用（不含环境影响评价的费用，如政府环境保护相关部门要求进行环境影响评价，发生的费用按实计算）。

环境保护及水土保持按一至二部分建筑工程费的1%计算。

【案例4-18】某滑坡治理工程初步设计概算中主体建筑工程3 317 163.38元，施工临时工程233 199.86元，试计算环境保护及水土保持费。

分析：

环境保护及水土保持费按建筑工程费的1%计算，具体如下：

（3 317 163.38+233 199.86）×1%=35 503.63（元）

5. 其他

（1）工程保险费。

工程保险费指工程建设期间，为使工程能在遭受水灾、火灾等自然灾害和意外事故造成损失后得到经济补偿，而对建设工程保险所发生的保险费用。

工程保险费按工程一至二部分建筑工程费的 0.45% 计算。

【案例 4-19】某滑坡治理工程初步设计概算中主体建筑工程 3 317 163.38 元，施工临时工程 233 199.86 元，试计算工程保险费。

分析：

工程保险费按建筑工程费 0.45% 计算，具体如下：

$$（3\ 317\ 163.38+233\ 199.86）×0.45\%=15\ 976.63（元）$$

（2）工程质量检测费。

工程质量检测费指地质灾害治理工程从开工后至竣工验收前项目监管部门、建设单位、专家等对地质灾害治理工程质量检查、抽查过程中所发生的检测、检验费用（含第三方检测机构的检测费）。质量合格的，检测、检验费用由建设单位在独立费中的工程质量检测费中列支；质量不合格的，检测、检验费用由施工单位承担。

工程质量检测费按一至二部分建筑工程费的 0.6% 计算。

【案例 4-20】某滑坡治理工程初步设计概算中主体建筑工程 3 317 163.38 元，施工临时工程 233 199.86 元，试计算工程质量检测费。

分析：

工程质量检测费按建筑工程费的 0.6% 计算，具体如下：

$$（3\ 317\ 163.38+233\ 199.86）×0.6\%=21\ 302.18（元）$$

（3）监测费。

监测费指对地质灾害治理工程治理效果监测所需要的费用，由业主委托有地质灾害勘查甲级资质的单位实施。

监测费指效果监测所发生的费用，按一至二部分建筑工程费的 2% 计算。

【案例 4-21】某滑坡治理工程初步设计概算中主体建筑工程 3 317 163.38 元，施工临时工程 233 199.86 元，试计算监测费。

分析：

监测费按建筑工程费的 2% 计算，具体如下：

$$（3\ 317\ 163.38+233\ 199.86）×2\%=71\ 007.26（元）$$

4.7.1.2 应急、抢险救灾工程项目

1. 地质灾害抢险救灾工程项目

地质灾害抢险救灾工程项目主要针对若不立即采取抢险救灾措施，已发生的地质灾害灾情将进一步扩大，或者已发现的地质灾害隐患险情将进一步加剧，可能给社会公共利益或者人民生命财产造成不可挽回的损失的突发地质灾害点和地质灾害隐患。

地质灾害抢险救灾工程项目必须经县级及以上政府批准，在批准之前应有不少于 5 位专家的现场踏勘（其中有 1 ~ 2 名经济专家）。一般地，地质灾害抢险救灾工程项目中的一个或几个阶段直接委托，因此应按简化后的程序调减独立费中的无关费用，如招标代理服务费等。

2. 地质灾害应急项目

地质灾害应急项目参考地质灾害抢险救灾工程项目执行。

4.7.2　排危除险项目

排危除险项目一般指项目总投资较小的地质灾害治理项目。排危除险项目一般按施工图设计的深度编制排危除险实施方案，其内容应包括少量的勘查工作（如测量）和施工图设计。排危除险项目的工程投资应按施工图预算编制，独立费中勘查设计招标代理服务费、工程研究试验费、工程保险费、监测费、可行性研究和初步设计费等按项目简化后的管理程序调减。

4.8　预备费

4.8.1　基本预备费

基本预备费主要指解决在工程建设过程中，由于设计变更和有关技术标准调整而增加的投资以及工程遭受的一般自然灾害所造成的损失和预防自然灾害所采取的措施费用。

基本预备费可行性研究阶段按 12% 计取，初步设计阶段按 8% 计取，施工图设计阶段按 5% 计取。

基本预备费由业主按规定的程序使用。例如发生变更时，需要按规定完成变更程序的相关手续方可使用基本预备费。

4.8.2　价差预备费

由于地质灾害治理工程的工期较短，在工程项目建设过程中，人工工资、材料费上涨以及费用标准调整而增加的投资一般是能够预见的，因此，地质灾害治理工程不计算价差预备费。

4.9　设计各阶段投资差别

地质灾害治理工程的设计阶段包括可行性研究、初步设计、施工图设计。可行性研究必须提供治理效果相同但治理思路或工程措施不同的两套或两套以上治理方案进行技术经济比选，对每个方案进行设计和投资估算，着重于大的、主要的分项工程。初步设计是在可行性研究基础上，对优化组合后推荐的治理方案进行进一步深入研究，对技术可靠性、经济合理性、施工可行性、环境协调性进行分析，完善工程治理方案，细化分项设计，核定治理工程量，编制治理工程投资概算。施工图设计就是在初步设计方案的基础上，充分考虑施工现场条件、环境限制因素、原材料来源及实际价格因素，合理选择施工方法、工艺，合理安排工序及工期。施工图设计分为治理工程布局设计、各类工程结构设计、施工组织设计、监测设计等，主要是进行细化、深化设计。施工图设计阶段的投资为施工图预算。

可行性研究估算、初步设计概算、施工图预算差别如表 4.32 所示。

表 4.32　设计各阶段投资差别

名称	施工图预算	初步设计概算	可行性研究估算
基础单价	—	同预算	同预算
建筑工程单价扩大系数	0	5%	13%
其他细部结构工程	—	可视工程具体情况和规模按不超过主体建筑工程投资的3%控制	可视工程具体情况和规模按不超过主体建筑工程投资的5%控制
独立费	—	同预算	同预算
基本预备费	5%	8%	12%
设计阶段	施工图设计	初步设计	可行性研究
各阶段投资系数	1.05	1.13	1.27
各阶段投资差别	1.00	1.08	1.21

备注：（1）由于目前各阶段计算工作量一般按施工图设计深度计算，故一般未按比例计算其他细部结构工程（如反滤层、伸缩缝等），也不考虑设计工程量阶段系数（详见第 7 章《工程量计算规则》相关内容）。本表是在假设各阶段工程量相同的前提下测算的。

（2）假设施工图预算的主体建筑工程、施工临时工程、独立费之和为 1，在此基础上计算各阶段投资系数。

（3）可行性研究估算是指推荐方案的估算（比选方案的估算一般高于推荐方案的估算）。

从表 4.32 可见，在工程量相同的前提下，初步设计概算是施工图预算的 1.08 倍，可行性研究估算是施工图预算的 1.21 倍。当然，各个阶段工程量一般不会相同，各阶段投资差别需要综合考虑以下几个方面：

一是设计深度不同，各设计阶段图件粗细度不同，工程量计算的准确程度也就不同。

二是地质灾害治理工程各阶段设计与其他行业相比，相关规范还在制定过程中，设计理论还不够成熟，具有很大的不确定性，而且越是前期，不确定性越大。

三是前一阶段投资能控制后一阶段投资，这也是重要的原因。

4.10　投资估算指标的编制

针对地质灾害的勘查工作完成以后，往往需要选择两种治理方案，对其进行技术、经济比较，也就是对地质灾害治理进行可行性研究。投资估算就是在可行性研究阶段对地质灾害治理的两种方案的投资进行估算。投资估算的计算方法如下：

（1）由于目前概预算标准中治理工程定额只有预算定额，因此投资估算中清单项目的估算单价是在预算定额的基础上采用扩大系数来计算估算单价的。

（2）投资估算中清单项目的工程量计算是用图纸工程量乘以可行性研究阶段的设计工程量阶段系数得到设计工程量。以施工图设计深度计算的工作量不再使用设计工程量阶段系数。

（3）除了单价估算和工程量估算差别之外，可行性研究阶段投资估算的基本预备费要高于初步设计概算和施工图预算中的基本预备费，以确保投资可控。

上述投资估算计算方法与初步设计概算、施工图预算基本相同，计算过程复杂，且不能够对投资进行快速估算。特别是在有些抢险救灾项目中，在对地质灾害体的规模、灾情分析的基础上，确定合理的治理方案，调拨合理数量的资金显得非常重要。但在资金规模的估算上如果按照投资估算的计算方法，显然会严重影响抢险方案的决策，也不利于提高治理工程资金预算的规范性和资金使用效益。

可行性研究阶段投资估算为地质灾害确定合理的治理方案起关键作用，也是编制初步设计文件、控制初步设计概算的主要依据。同时，投资估算也可为抢险救灾项目及时安排救灾资金提供决策依据。但是，由于地质灾害治理工程是非标设计，需要根据地质灾害治理工程的实际情况设计，需要设计者不仅有一定的理论基础，还需有一定的经验积累。因此，投资估算可按单位工程造价指标来计算，但单位工程造价指标不能按照建筑行业来确定，例如挡土墙、排导槽、防护堤等不能单纯按长度估算，而是应按方量估算，其原因是不同的部位断面大小是不同的，且有可能差别很大。单位工程造价指标测算时还应充分考虑各地人工费、材料价格、海拔高程等地区差别。日常编制和审查工作中应积累各地区单位工程造价指标定额。造价指标应包括单位工程名称、工程量计算规则、指标单位、工作内容等，可参考表 4.33 编制。

表 4.33　投资估算单位工程造价指标参考表

单位工程名称	指标单位	工程量计算规则	工作内容
抗滑桩	元/m³	按桩芯混凝土方量计算	抗滑桩土石方开挖和运输、护壁混凝土、钢筋制安、桩芯混凝土、挡板混凝土、挡板土石方开挖和运输、模板等
混凝土挡土墙	元/m³	按挡土墙混凝土方量计算	土石方开挖和运输、土石方回填、混凝土、模板、伸缩缝、反滤层、泄水孔等
喷锚网支护	元/m²	按支护面积计算	坡面清理、喷射混凝土、锚杆、泄水孔、伸缩缝
混凝土防护堤	元/m³	按防护堤混凝土方量计算	土石方开挖和运输、土石方回填、混凝土、模板、伸缩缝、土石方回填等
混凝土排导槽	元/m³	按排导槽混凝土方量计算	土石方开挖和运输、土石方回填、混凝土、模板、伸缩缝等

投资估算时，可根据初步确定的治理方案估算单位工程的工程量，该工程量乘以单位工程造价指标即可得到该单位工程的投资估算。

4.11　概预算标准审查规定

4.11.1　概预算审查概述

地质灾害治理工程投资包括可行性研究估算、初步设计概算、施工图预算、招标控制价、投标报价、竣工结算，分别属于勘查阶段、施工图阶段、招投标阶段和竣工结算阶段。地质灾害治理工程各阶段投资构成、编制及审查单位具体见表 4.34。

表 4.34　地质灾害治理工程各阶段投资构成、编制单位及审查单位

名称	可行性研究估算	初步设计概算	施工图预算	招标控制价	投标报价	竣工结算
投资构成	主体建筑工程+施工临时工程+独立费+基本预备费			主体建筑工程+施工临时工程		主体建筑工程+施工临时工程
实施阶段	可行性研究	初步设计	施工图设计	招标阶段	投标阶段	竣工结算
审查组织单位	国土部门	国土部门	国土部门/财政部门	财政部门	国土部门	财政部门/审计部门
编制单位	勘查设计单位	勘查设计单位	设计单位	咨询单位/设计单位	投标人	施工单位

备注：（1）国土部门指的是国土资源主管部门，财政部门指的是各级财政投资评审中心，审计部门指的是各级审计局。国土部门一般组织经济专家审查。财政部门一般都是由财政投资评审中心或由其委托的造价咨询单位来审查。审计部门一般都是委托造价咨询单位审查。

（2）勘查设计费包含在独立费中，一般由国土资源主管部门组织经济专家审查或财政部门组织审查，审查的结果作为结算支付的依据。

（3）招标控制价、投标报价构成中各地区略有不同，主要区别就是是否包含基本预备费。如果包含了基本预备费，该基本预备费应由业主按规定程序使用。

上表中可行性研究估算、初步设计概算、施工图预算由国土资源主管部门组织经济专家组织审查，其中初步设计概算、施工图预算需要由经济专家经过测算并提出概算、预算的建议数。财政部门一般都是仅审查主体建筑工程和施工临时工程，其审查结果作为招标控制价。但也有部分地区，财政部门对施工图预算进行审查，审查后的投资中主体建筑工程和施工临时工程费之和作为招标控制价。

由于目前地质灾害治理工程还没有清单计价规范，因此招标控制价大多数都是采用设计单位编制的施工图预算中主体建筑工程和施工临时工程费作为送审招标控制价。这是目前需要进一步完善的地方。

4.11.2　对审查组织单位的要求

（1）本规定适用于四川省地质灾害治理工程初步设计概算和施工图预算。招标控制价、投标报价、竣工结算按审查部门的规定执行。

（2）根据地质灾害治理工程分级管理的规定，省自然资源厅和省财政厅负责组织专家对特大型地质灾害治理工程项目初步设计概算、施工图预算进行审查，市（州）国土资源局和财政局负责组织专家对大型、中型、小型地质灾害治理工程的初步设计概算和施工图预算进行审查。

（3）概（预）算审查专家原则上在"四川省国土资源项目概（预）算审查专家库"或省财政投资评审中心专家库中抽取，应注意抽取的专家回避审查本单位项目。招标控制价、投标报价、竣工结算审查人员按审查部门的规定执行。

（4）为强化地质灾害治理工程资金的管理、规范资金预算编制，未经审查的初步设计概算、施工图预算、勘查设计费用不得作为下一阶段工作的依据。初步设计概算、施工图预算

未经审查，不得支付初步设计概算审查费、施工图预算审查费。未经审查，勘查设计费不能直接支付，即使是固定价比选的项目也得审查是否完成勘查工作量，如未达到比选的固定价，需要进行扣减。

4.11.3 对审查专家的要求

（1）概（预）算审查专家应不断学习，日常注意收集、熟悉法律、法规和政策文件等资料，熟悉并掌握概预算标准，能够读懂勘查设计文件，了解地质灾害治理工程的相关技术规范、规程，尽可能到现场了解、熟悉施工方法、施工工艺及相关的辅助性工作，提高概（预）算审查的准确性，避免出现重大偏差，对所提出的审查意见承担责任。

（2）专家在审查过程中，发现概（预）算存在难以把握的问题时，应由概（预）算审查专家组集体讨论决定，必要时应咨询概预算标准编制、修订专家。

（3）如有专家所在单位的项目，审查专家应主动回避。

（4）审查中应严格按照勘查、设计资料进行，不得随意压低或抬高投资。

（5）打捆实施的项目如各个地质灾害隐患点治理工程等级均按照各个地质灾害隐患点的经济损失、威胁对象分别确定，则项目勘查设计文件及相应的技术审查意见按各个地质灾害隐患点提交，项目投资也相应按照各个地质灾害隐患点分别审核。

4.11.4 对被审查者的要求

（1）鉴于地质灾害治理工程的特殊性，被审查单位应积极配合专家审查，特别是地质灾害治理工程特殊的施工方式、材料运输状况、施工临时工程的必要性等。

（2）考虑到目前地质灾害治理工程造价编制水平参差不齐，技术和经济合并审查的项目（审查会以技术专家为主、经济专家为辅）虽然经济专家出具书面的修改意见，但未经复核的项目，概算或预算仍有差距较大的情况。为提高地质灾害治理工程预算资金编制的规范性，技术和经济合并审查的项目（审查会以技术专家为主、经济专家为辅），项目承担单位应将技术专家复核过的成果资料报经济专家复核投资，经济专家应按本审查规定出具审查意见书。

4.11.5 地质灾害治理工程审查内容

地质灾害治理工程概（预）算审查主要是对概（预）算与设计文件的相关性，选用的费用标准的合法性、合规性、合理性等内容进行审查。概（预）算审查的内容包括形式审查和内容审查。招标控制价、投标报价参照执行，竣工结算除参照此规定以外，还得按照实际施工情况结合施工合同约定、概预算标准规定等进行审查。

4.11.5.1 形式审查

形式审查包括送审材料、概（预）算书的说明和表格样式、责任人签字等是否齐全，是否符合规定要求。

1. 初步设计概算

（1）提交的资料是否齐全。编制单位应提交审查的资料包括项目勘查报告、可行性研究报告、初步设计报告、技术评审意见（通过技术审查且技术评审意见上有技术专家复核意见）、可行性研究估算书、初步设计概算书（含纸质版和电子版）等。如不齐全，则不通过。

（2）初步设计概算书是否独立成册。如不是独立成册，则不通过。

（3）初步设计概算书中编制说明、表格样式、相关附件是否齐全、规范。

（4）责任人签章是否齐全。如不齐全，则不通过。

（5）审查送审初步设计概算金额是否小于可行性研究估算金额。如果初步设计概算金额小于可行性研究估算金额，则通过，反之则不通过。

（6）由于形式审查不通过而重新审查的项目需要提供上次形式审查的审查意见表。

2. 施工图预算

（1）提交的资料是否齐全。编制单位应提交审查的资料包括施工图设计、施工图设计技术评审意见（通过技术审查且技术评审意见上有技术专家复核意见。委托施工图设计审查单位审核的，不需提供）、初步设计概算审查意见、施工图预算书（含纸质版和电子版）等。如不齐全，则不通过。

（2）施工图预算书是否独立成册。如不是独立成册，则不通过。

（3）施工图预算书中编制说明、表格样式、相关附件是否齐全、规范。

（4）责任人签章是否齐全。如不齐全，则不通过。

（5）审查送审施工图预算金额是否小于初步设计概算金额。如果施工图预算金额小于初步设计概算金额，则通过，反之则不通过。

（6）施工图变更设计预算是否提供投标文件、施工合同、监理合同以及设计变更的技术评审意见等。如不齐全，则不通过。

（7）由于形式审查不通过而重新审查的项目需要提供上次形式审查的审查意见表。

4.11.5.2 内容审查

地质灾害治理工程概（预）算内容审查主要是对概（预）算与设计文件的相关性，取费标准的合法性、合规性、合理性，选用定额的准确性等内容进行审查，具体包括概（预）算编制依据、编制方法、概（预）算内容、采用的预算标准、数据计算和钩稽关系等是否正确完整，项目各项费用构成不重不漏。根据审查的实际需要进行必要测算，并提出概（预）算建议数。

1. 初步设计概算审查要点

（1）初步设计概算书中主体建筑工程和施工临时工程工程量是否与技术专家复核后的初步设计报告一致。如果有重大缺项的内容或工程量有重大偏差，需要经过技术专家同意才能增加或调整。

（2）人工费按规定的标准和方法计算。

（3）材料费中信息价是否正确，调整的运杂费是否与初步设计、概算书编制说明中描述的运输方式和运输距离一致，选用的材料运输定额是否适当（注意：除非发生二次转运，否则超过材料信息价包含的距离只能用增运定额），坡度折算系数是否使用正确，各种运输方式超过适用距离以后是否乘以相应的调整系数，新材料是否提供相关的价格依据。

（4）初步设计概算的工程取费（措施费、间接费、利润、税金等）是否与相应工程类别规定的取费标准一致，同时还要注意冬、雨季施工增加费是否与工程所在地标准一致。对于施工条件复杂，且有两个及以上距离5 km以上交通距离的崩塌、滑坡治理工程可执行泥石流治理工程的费率标准。

（5）初步设计概算选用的扩大系数是否为 5%。

（6）海拔高程调整系数是否按照治理工程措施最高点与最低点的平均值选用。

（7）治理工程的清单项目套用定额是否准确，套用定额的适用范围、施工方法等与初步设计报告中的相关内容是否一致，治理工程的新技术、新方法、新工艺套用的定额是否有相关的依据和测算过程、测算说明，其单价是否合理。

（8）办公、生活及文化福利建筑和其他施工临时工程的费率是否与工程类型相对应。"其他施工临时工程"中大型的临时工程是否进行了单独设计，如未单独设计，则不予以认可。

（9）复核独立费用中的各项费用。

①复核独立费用中各项费用是否齐全（按简化程序调减的费用除外）。

②独立费用中以建筑工程费为基数计算的，其计算基数是否为主体建筑工程费与施工临时工程费之和。

③由于造价咨询各个阶段的造价工作一般都是委托给不同的单位，因此造价咨询费中注意各单项工作费用最低为 3 000 元。竣工结算审计费中除计算基本审核费外，注意审减审计费按审减额的 5%计算，审减额按一至二部分建筑工程费的 5%计算。

④招标代理服务费中工程施工招标（比选）服务费按工程招标计算，计算基数为一至二部分建筑工程费之和。勘查、可行性研究、初步设计招标（比选）服务费、施工图设计招标（比选）服务费、监理单位招标（比选）服务费按服务招标计算。

⑤勘查设计费：《四川省地质灾害综合防治体系建设项目和资金管理办法》中规定"项目管理实行分级负责制"，故独立费中的勘查设计费如单独列支，则在初步设计概算中不计算，委托方另有要求的除外。勘查设计方案编制费，达到招标要求的勘查设计项目（应急、抢险项目除外）方可编制，不需招标的勘查设计项目，勘查设计方案编制费包含在勘查设计费中，不得重复编制勘查设计方案编制费。未招标、未比选的应急项目（阶段）、抢险项目（阶段）按相关规定应有专家现场踏勘论证资料、县级及以上人民政府下发的文件作为依据，应急、抢险附加调整系数仅适用于野外工作。

⑥复核独立费用中的工程占地补偿费中的数量是否与技术专家复核后的初步设计报告一致，补偿标准是否符合规定。

⑦复核独立费用中其他各项费用计算是否正确。

（10）基本预备费计算是否按照主体建筑工程、施工临时工程、独立费之和的 8%计算。

2. 施工图预算审查要点

（1）施工图预算书中主体建筑工程和施工临时工程工程量是否与技术专家复核后的施工图设计报告一致。如果有重大缺项的内容或工程量有重大偏差，需要经过技术专家同意才能增加或调整。

（2）人工费编制是否按规定的标准和方法计算。

（3）材料费中信息价是否正确，调整的运杂费是否与施工图设计、预算书编制说明中描述的运输方式和运输距离一致，选用的材料运输定额是否适当，坡度折算系数是否使用正确，各种运输方式超过适用距离以后是否乘以相应的调整系数，新材料是否提供相关的价格依据。

（4）施工图预算中的工程取费（措施费、间接费、利润、税金等）是否与相应工程类别规定的取费标准一致，同时还要注意冬、雨季施工增加费是否与工程所在地标准一致。对于施工条件复杂，且有两个及两个以上距离 5 km 以上交通距离的崩塌、滑坡治理工程可执行泥石流治理工程的费率标准。

（5）施工图预算不应选用扩大系数。

（6）海拔高程调整系数是否按照治理工程措施最高点与最低点的平均值选用。

（7）治理工程的清单项目套用定额是否准确，套用定额的适用范围、施工方法等与初步设计报告中的相关内容是否一致，治理工程的新技术、新方法、新工艺套用的定额是否有相关的依据和测算过程、测算说明，其单价是否合理。

（8）办公、生活及文化福利建筑和其他施工临时工程的费率是否与工程类型相对应。"其他施工临时工程"中大型的临时工程是否进行了单独设计，如未单独设计，则不予以认可。

（9）复核独立费用中的各项费用。

①复核独立费用中各项费用是否齐全（按简化程序调减的费用除外）。

②独立费用中以建筑工程费为基数计算的，其计算基数是否为主体建筑工程费与施工临时工程费之和。

③由于造价咨询各个阶段造价工作一般都是委托给不同的单位，因此造价咨询费中注意各单项工作费用最低为 3 000 元。竣工结算审核费中除计算基本审核费外，注意审减审核费按审减额的 5% 计算，审减额按一至二部分建筑工程费的 5% 计算。

④招标代理服务费中工程施工招标（比选）服务费按工程招标计算，计算基数为一至二部分建筑工程费之和。勘查、可行性研究、初步设计招标（比选）服务费、施工图设计招标（比选）服务费、监理单位招标（比选）服务费按服务招标计算。

⑤勘查设计费：《四川省地质灾害综合防治体系建设项目和资金管理办法》中规定"项目管理实行分级负责制"，故独立费中的勘查设计费如单独列支，则在施工图预算中不计算，委托方另有要求的除外。勘查设计方案编制费，达到招标要求的勘查设计项目（应急、抢险项目除外）方可编制，不需招标的勘查设计项目，勘查设计方案编制费包含在勘查设计费中，不得重复编制勘查设计方案编制费。未招标、未比选的应急项目（阶段）、抢险项目（阶段）按相关规定应有专家现场踏勘论证资料、县级及以上人民政府下发的文件作为依据，应急、抢险附加调整系数仅适用于野外工作。

⑥复核独立费用中的工程占地补偿费中的数量是否与技术专家复核后的初步设计报告一致，补偿标准是否符合规定。

⑦复核独立费用中其他各项费用计算是否正确。

（10）基本预备费计算是否按照主体建筑工程、施工临时工程、独立费之和的 5% 计算。

4.11.6　审查结果评定

1. 形式审查

形式审查审查结果评定为通过、不通过，只有形式审查通过的才进行内容审查。对于形式审查没有通过的项目，需要在形式审查表中写明不通过的原因。形式审查中只要有一项不通过，则该项目形式审查不通过。形式审查不通过的，由编制单位补充、完善相关资料后重新提交组织审查单位进行审查。

2. 内容审查

内容审查除审查概（预）算与设计文件的相关性，取费标准的合法性、合规性、合理性，选用定额的准确性等外，还需要通过必要测算，提出地质灾害治理工程概（预）算的建议数。特别要注意的是初步设计概算的建议数原则上不能超过可行性研究估算和送审初步设计概算，施工图预算原则上不能超过初步设计概算建议数和送审施工图预算。如果审查的概（预）算建议数超过送审金额，则由编制单位复核送审金额并重新报组织审查单位审查。如果审查的初步设计概算建议数超过可行性研究估算或审查的施工图预算建议数超过初步设计概算建议数，审查专家需要在审查表中写明原因，同时市（州）国土部门应按相关规定向省国土资源部门报批。

4.12　施工图设计变更

4.12.1　施工图设计变更类型

施工图设计变更类型按照《四川省国土资源厅　四川省财政厅关于印发四川省地质灾害综合防治体系建设项目和资金管理办法的通知》（川国土资发〔2014〕80号）的规定划分，具体详见附录 8　四川省特大型地质灾害治理工程项目施工图设计变更类型划分。大型、中型、小型地质灾害治理工程一般参考特大型划分施工图设计变更类型。需要注意的是，各地方在实施过程中，技术方案变更属于Ⅱ-2 类设计变更，变更项目增减经费比例大于经财政部门核定的治理工程预算建安工程费的 10%（含 10%）或增减费用大于 30 万元（含 30 万元）的，一般划分为Ⅰ类设计变更。

4.12.2　施工图设计变更程序

地质灾害治理工程的设计变更程序如下：

（1）施工、设计、勘查单位提出设计变更合理建议。

（2）监理工程师审查属实后报项目业主单位审查。

（3）项目业主单位依照施工合同约定对设计变更的建议及理由进行认真审查核实，确定变更类型。

（4）现场踏勘会商。

Ⅰ类设计变更，须向省或市（州）国土资源局提出申请，并提交设计变更申请书。省或市（州）国土资源局邀请专家进行现场踏勘，勘查、设计、施工、监理单位参加，并形成治理工程设计变更方案会商意见。

Ⅱ类设计变更，项目业主单位经对设计变更的建议及理由进行审查核实签署同意后，向设计单位提出洽商函，必要时由项目业主单位组织监理、设计、勘查、施工单位进行会商并形成纪要作为变更设计的依据。其中，Ⅱ-1 类设计变更根据需要由项目业主单位邀请专家进行现场踏勘。

（5）设计变更补充勘查，编制设计变更文件。

（6）省或市（州）国土资源局组织审查，应邀参加现场变更设计踏勘的专家应为评审专家组成员，原则上应有原施工图审查专家组 1 名以上成员参加。

（7）设计单位根据专家评审意见对施工图设计变更报告修改完善并经专家复核后，提交省或市（州）国土资源局审批。涉及资金调整的，由省或市（州）国土财政部门审查确认。

4.12.3 设计变更文件编制

施工图设计变更文件按以下要求编制:

（1）施工图设计变更报告应符合国家现行地质灾害治理有关技术规范的要求，满足治理工程质量和使用功能的要求，并按施工图设计深度编制。

（2）施工图设计变更报告由设计变更说明、施工图、预算书、计算书四部分组成，其中，设计变更说明应重点阐明设计变更理由、范围、依据和标准，设计变更方案对原设计方案的调整情况、治理工程预期效果等。设计变更预算书应提交工程变更、工程费用增减对照表，明确预算编制依据和定额标准，并应附有施工合同和中标的工程量清单报价。

4.12.4 施工图设计变更预算

（1）施工图设计变更预算编制单价的执行。施工合同中已有适用于变更工程的价格，按施工合同已有的价格（中标人的中标单价）确定；施工合同中只有类似于变更工程的价格，可以参照类似价格（中标人的中标单价）确定；施工合同中没有适用或类似于变更工程的价格，依照施工合同约定确定。

（2）因设计变更发生的监理费的增减变化，结算时按照原监理合同约定执行。建设单位管理费等以项目竣工决算的建筑工程费为基数进行调整。

（3）变更中属于非勘查单位责任增加的补充勘查费和非设计单位责任增加的施工图设计费，按照合同和相关规定支付。因勘查、设计单位责任造成非正常变更而增加的补充勘查费、施工图设计费分别由勘查、设计单位承担。相关责任单位还应对因自身责任造成的治理施工责任承担一切后果。

（4）施工图设计变更仅限于主体建筑工程，施工临时工程、建设及施工场地征用费等采取包干管理，包干价均不得超过原审定的治理工程预算。

【案例 4-22】某滑坡治理工程威胁下部场镇居民区。该滑坡的治理范围包括 A 区和 B 区，其中 A 区在滑坡前缘采用抗滑桩治理措施，B 区处于稳定状态，故仅在后缘设置截水沟。因突发地震，B 区发生变形，故相关参建单位提出设计变更。经专家现场踏勘后会商结果，B 区采用抗滑桩治理，取消原后缘截水沟，初步估算增加工程投资 60 万元。假设施工图设计变更的程序符合相关规定，同时施工图设计变更不需要进行补充勘查，施工图设计合同明确无论是否变更，均按总价包干。施工单位中标清单报价如表 4.35、表 4.36、表 4.37 所示。

表 4.35 总预算表

单位：元

序号	工程或费用名称	建筑工程费	独立费用	合计	占一至三部分的百分率（%）
1	第一部分 主体建筑工程	2 025 031.29		2 025 031.29	
2	第二部分 施工临时工程	73 517.04		73 517.04	
3	第三部分 独立费				
3.1	一、建设管理费				
3.2	二、科研勘查设计费				
3.3	三、建设及施工场地征用费				

序号	工程或费用名称	建筑工程费	独立费用	合计	占一至三部分的百分率（％）
3.4	四、环境保护及水土保持费				
3.5	五、其他				
	一至三部分投资	2 098 548.33		2 098 548.33	
4	基本预备费			104 927.42	
5	静态总投资			2 203 475.75	
6	价差预备费				
7	建设期融资利息				
	总投资			2 203 475.75	

表 4.36　主体建筑工程预算表

序号	工程或费用名称	单位	数量	单价（元）	合价（元）
	第一部分 主体建筑工程				202 5031.29
1	抗滑桩				1 719 826.02
1.1	石方开挖	m³	704.79	335.36	236 358.37
1.2	桩芯混凝土 C30	m³	910.35	602.84	548 795.39
1.3	锁口护臂混凝土 C20	m³	93.24	646.37	60 267.54
1.4	钢筋制安	t	84.90	9 749.73	827 752.08
1.5	模板制安	m²	466.20	100.07	46 652.63
2	排（截）水沟				248 409.52
2.1	土方开挖	m³	150.13	16.28	2 444.17
2.2	石方开挖	m³	150.13	51.19	7 685.33
2.3	混凝土 C20	m³	243.00	684.83	166 413.69
2.4	模板	m²	1 233.33	58.27	71 866.33
3	土石方外运				56 795.75
3.1	土石方外运	m³	1 005.06	56.51	56 795.75

表 4.37　施工临时工程预算表

序号	工程项目及名称	单位	数量	单价（元）	合价（元）
	第二部分 施工临时工程				73 517.04
1	办公生活及文化福利建筑		1.50%	20 511 26.29	30 766.89
2	其他临时工程		0.80%	2 081 893.18	16 655.15
3	施工仓库	m²	50.00	387.34	19 367.00
4	临时便道	m	100.00	67.28	6 728.00

原施工图设计单位编制的设计变更文件中增加的抗滑桩工程量如表 4.38 所示。

表 4.38 施工图设计变更增加的工程量

序号	工程或费用名称	单位	数量
1	抗滑桩		
1.1	石方开挖	m³	352.40
1.2	桩芯混凝土 C30	m³	455.18
1.3	锁口护壁混凝土 C20	m³	46.62
1.4	钢筋制安	t	42.45
1.5	模板制安	m²	233.10

试确定施工图设计变更类型，计算施工图设计变更预算。

分析：

1. 施工图设计变更类型

根据背景资料，本次施工图设计变更属于原勘查工作范围内，因治理灾害体的变化而引起的工程治理范围的调整，初步估算增加工程投资 60 万元，故属于 I 类变更。

2. 施工图设计变更预算

根据背景资料，变更区域为 B 区，主要增加抗滑桩，调减后缘截水沟，故施工图设计变更预算如表 4.39 所示。

表 4.39 施工图设计变更预算

序号	工程或费用名称	单位	变更前			变更后			增减		
			数量	单价（元）	合价（元）	数量	单价（元）	合价（元）	数量	单价（元）	合价（元）
	第一部分主体建筑工程				2 025 031.29			2 639 480.55			614 449.26
1	抗滑桩				1 719 826.02			2 579 739.03			859 913.01
1.1	石方开挖	m³	704.79	335.36	236 358.37	1 057.19	335.36	354 537.56	352.40		118 179.19
1.2	桩芯混凝土 C30	m³	910.35	602.84	54 8795.39	1 365.53	602.84	823 193.09	455.18		274 397.70
1.3	锁口护臂混凝土 C20	m³	93.24	646.37	60 267.54	139.86	646.37	90 401.31	46.62		30 133.77
1.4	钢筋制安	t	84.90	9 749.73	827 752.08	127.35	9 749.73	1 241 628.12	42.45		413 876.04
1.5	模板制安	m²	466.20	100.07	46 652.63	699.30	100.07	69 978.95	233.10		23 326.32
2	排（截）水沟				248 409.52						-248 409.52
2.1	土方开挖	m³	150.13	16.28	2 444.17		16.28		-150.13		-2 444.17

续表

序号	工程或费用名称	单位	变更前			变更后			增减		
			数量	单价（元）	合价（元）	数量	单价（元）	合价（元）	数量	单价（元）	合价（元）
2.2	石方开挖	m³	150.13	51.19	7 685.33		51.19		-150.13		-7 685.33
2.3	混凝土C20	m³	243.00	684.83	166 413.69		684.83		-243.00		-166 413.69
2.4	模板	m²	1 233.33	58.27	71 866.33		58.27		-1 233.33		-71 866.33
3	土石方外运				56 795.75			59 741.52	52.13		2 945.77
3.1	土石方外运	m³	1 005.06	56.51	56 795.75	1 057.19	56.51	59 741.52	52.13		2 945.77

变更的清单项目单价按原施工单位清单报价中的单价计算，故增加投资 614 449.26 元，该投资需要得到财政部门的确认。

2. 施工图设计变更预算

表 4.39　施工图设计变更预算

序号	工程或费用名称	单位	变更前			变更后			增减		
			数量	单价（元）	合价（元）	数量	单价（元）	合价（元）	数量	单价（元）	合价（元）
	第一部分工程				2 639 450.55			2 025 001.29			614 449.26
1	坡面				2 579 759.03			1 719 826.02			859 913.01
1.1	石方开挖	m³	704.79	335.79	245 358.37	1 057.19	335.36	354 532.56	352.40		118 179.19
1.2	混凝土C30	m³	910.35	602.84	548 795.39	1 365.53	602.84	823 193.09	455.18		274 397.70
1.3	钢筋混凝土C20	m³	93.24	646.37	60 267.54	139.56	646.37	90 401.31	46.32		30 132.77
1.4	钢绞线锚索	t	84.90	9 749.73	827 752.08	127.35	9 749.73	1 241 628.12	42.45		413 876.04
1.5	锚垫墩	m²	466.20	100.07	46 652.63	699.30	100.07	69 978.95	233.10		23 326.32
2	排水工程										248 409.52
2.1	土方开挖	m³	150.13	16.28	2 444.17		16.28		-150.13		-2 444.17

第 5 章　《治理工程预算定额》

5.1　定额用数字表示的适用范围

（1）只用一个数字表示的，仅适用于该数字本身。

（2）当需要选用的定额介于两子目之间时，可用插入法计算。

定额参数（如建筑物尺寸、运距等）介于定额两子目之间，采用插入法（指直线内插法）调整定额，调整方法如图 5.1，其公式为：

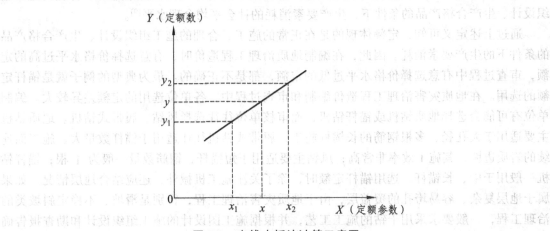

图 5.1　直线内插法计算示意图

$$y = y_1 + \frac{y_2 - y_1}{x_2 - x_1} \times (x - x_1)$$

备注：x_1、x_2 为定额中的定额参数；y_1、y_2 为对应于 x_1、x_2 的定额数；x 为介于 x_1、x_2 之间的定额参数，某区段间的插入值；y 为对应于 x 由插入法计算而得的定额数。

（3）数字用上下限表示的，如 2 000～2 500，适用于大于 2 000、小于或等于 2 500 的数字范围。

【案例 5-1】《治理工程预算定额》中海拔高程调整系数如表 5.1 所示。假设，某工程治理措施平均高程为 2 500 m，试确定其海拔高程调整系数。

表 5.1　高原地区人工、机械定额调整系数表

项目	海拔高程（m）					
	2 000～2 500	2 500～3 000	3 000～3 500	3 500～4 000	4 000～4 500	4 500～5 000
人工	1.10	1.15	1.20	1.25	1.30	1.35
机械	1.25	1.35	1.45	1.55	1.65	1.75

分析：

63

根据背景资料，治理措施平均海拔高程为 2 500 m。结合定额总说明中数字上下限表示的数字范围解释，从表 5.1 可知，本项目海拔调整系数应为 2 000～2 500 挡，故应选用的调整系数为人工 1.10、机械 1.25。

5.2 定额使用的基本原则

5.2.1 定额套用的依据

1. 定额

（1）定义。

地质灾害治理工程定额，就是在一定的生产力水平下，在地质灾害治理工程建设中单位产品上人工、材料、机械消耗的规定额度。这种数量关系体现出在正常施工、合理的施工组织设计、生产合格产品的条件下，生产要素消耗的社会平均合理水平[9]。

通过上述定义可知，定额体现的是在正常的施工、合理的施工组织设计、生产合格产品的条件下的生产要素消耗。因此，在编制地质治理工程造价时，有意选择价格水平过高的定额，审查过程中有意选择价格水平过低的定额，都是不正确的。最为典型的例子就是锚杆定额的选用。在地质灾害治理工程造价编制和审查过程中，各单位选用的定额差异较大。编制单位有可能会选择地质钻机或锚杆钻机，而审核单位往往选择风钻、履带式钻机。地质钻机主要适用于大孔径、多根钢筋的长锚杆施工；履带式钻机往往适用于锚杆数量大、施工面连续的岩质边坡，其施工效率非常高；风钻主要适用于短锚杆，钢筋数量一般为 1 根；锚杆钻机一般用于中、长锚杆。选用锚杆定额时，除了关注施工机械外，还应结合地层情况。如果属于地层复杂、容易垮孔的覆盖层，由于地质灾害治理工程，特别是滑坡、不稳定斜坡类的治理工程，一般要求采用干钻的施工工艺，并根据施工图设计的施工组织设计和勘查报告确定选用相应机械和相应地层结构的定额，如潜孔锤跟管钻进的定额。

（2）制定原则。

地质灾害治理工程定额按照平均先进水平、体现地质灾害特点、符合当前政策的原则制定。

地质灾害治理工程的特点[10]主要包括作业面狭小、运输难度大、隐蔽性强、危险性大、投资规模小、措施费高等特点。因此，地质灾害治理工程定额包括石方水磨钻开挖、人工清危、材料运输、安全措施等各类与其他行业不同的定额。相关人员在定额选用的过程中，也应遵循上述特点。

（3）约束性。

地质灾害治理工程定额在实施过程中必须严格遵守和执行，除定额规定外，不得随意改变其内容和水平。定额规定可以调整的一般通过定额的总说明、章节说明、定额的适用范围、工作内容、定额备注等进行区分。

2. 设计报告

定额套用最基础的依据就是设计文件。地质灾害治理工程的设计文件包括可行性研究、初步设计、施工图设计。各阶段投资应选用相应阶段的设计文件作为依据。施工图设计阶段除了作为施工图预算的依据外，还作为招标清单、招标控制价、投标报价以及竣工结算的依据。清单项目的材料构成、施工方法、施工工艺、施工机械等均应根据设计文件结构设计、施工组织设计、设计说明等确定。

【案例 5-2】某泥石流治理项目在居民区附近采用防护堤进行防护。施工图设计中防护堤结构示意图和相关设计说明如图 5.2 所示。

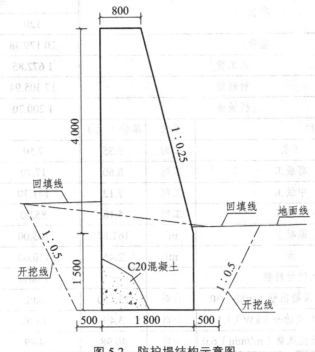

图 5.2　防护堤结构示意图

说明：

1. 图中尺寸除注明者外，其余均以毫米为单位；
2. 防护堤采用 C20 混凝土结构；
3. 防护堤基础按 1：0.5 坡开挖，局部地段根据实际情况调整；
4. 单侧防护堤边墙每隔 20 m 设置一道伸缩缝；
5. 回填：回填土应利用开挖产生的弃渣，分层回填并夯实，密实度在 87%以上；
6. 未尽事宜，严格按相关规范和标准执行。

由于防护堤断面较小，施工图设计文件的施工组织设计中明确采用防护堤浇筑，采用人工入仓。

分析：

从 0 可知，防护堤为类似墙的结构，同时，防护堤的材质为 C20 混凝土，因此应选用混凝土墙的定额。初步确定在《治理工程预算定额》（第二册）中四-10 墙选用定额。查阅适用范围可知，该部分定额适用于护坡墙、挡土墙、防护堤、桩间挡板等。因此，选用该部分定额是正确的。由于该部分定额按墙的厚度划分，本案例中防护堤顶部厚 0.8 m，底部厚 1.8 m，一般按平均厚度选用定额，故计算平均宽度为：

$$（0.8+1.8）÷2=1.3（m）$$

最终按照按厚度为 1.3 m 选用定额 D040046（厚度 1.2 m）、D040047（厚度 1.5m）并进行换算。选用的定额如表 5.2 所示。

表 5.2　四-10 墙定额

适用范围：护坡墙、挡土墙、防护堤、桩间挡板等。

单位：100 m³

定额编号				D040046	D040047
项目				厚（cm）	
				120	150
基价				20 179.48	20 047.80
其中	人工费			1 672.85	1 541.16
	材料费			17 305.94	17 305.94
	机械费			1 200.70	1 200.70
名称		单位	单价（元）	数量	
人工	工长	工时	9.35	7.50	7.00
	高级工	工时	8.60	17.70	16.30
	中级工	工时	7.12	141.30	130.10
	初级工	工时	5.18	85.80	79.00
材料	混凝土	m³	161.87	103.00	103.00
	水	m³	2.45	120.00	120.00
	其他材料费	—		2.00%	2.00%
机械	混凝土输送泵输出量（m³/h）30	台时	135.50	6.02	6.02
	振捣器插入式功率（kW）1.1	台时	3.49	18.00	18.00
	风（砂）水枪耗风量（m³/min）6.0	台时	40.98	4.49	4.49
	其他机械费	—		13.00%	13.00%
定额	混凝土拌制	m³		103.00	103.00
	混凝土运输	m³		103.00	103.00

注：1. 当墙厚大于 200 cm 时，则选四-9 墩定额。

2. 本节定额按混凝土泵入仓拟定。如果采用人工入仓，则按下表增加人工并取消混凝土输送泵：

单位：100 m³

项目	单位	墙厚（cm）					
		20	30	60	90	120	150
增加初级工	工时	171.8	165.1	158.5	151.8	145.2	138.6

根据背景资料和定额备注，混凝土输送泵调整为人工入仓，需要对初级工和混凝土输送泵的消耗量进行调整。具体调整如下：

D040046 定额调整：

初级工：85.8+145.2=231（工时）；混凝土输送泵输出量（m³/h）30：0 台时。

D040047 定额调整：

初级工：79+138.6=217.6（工时）；混凝土输送泵输出量（m³/h）30：0 台时。

调整后的定额消耗量如表 5.3 所示。

表 5.3　混凝土输送泵调整为人工入仓

定额编号			D040046	D040047
项目			厚（cm）	
			120	150
名称		单位	数量	
人工	工长	工时	7.50	7.00
	高级工	工时	17.70	16.30
	中级工	工时	141.30	130.10
	初级工	工时	231.00	217.60
材料	混凝土	m³	103.00	103.00
	水	m³	120.00	120.00
	其他材料费		2.00%	2.00%
机械	混凝土输送泵输出量（m³/h）30	台时	0.00	0.00
	振捣器插入式功率（kW）1.1	台时	18.00	18.00
	风（砂）水枪耗风量（m³/min）6.0	台时	4.49	4.49
	其他机械费		13.00%	13.00%
定额	混凝土拌制	m³	103.00	103.00
	混凝土运输	m³	103.00	103.00

根据 5.1 节定额用数字表示的适用范围规定，采用以下公式按线性插入进行定额消耗量的换算：

$$y = y_1 + \frac{y_2 - y_1}{x_2 - x_1} \times (x - x_1) = y_1 + \frac{y_2 - y_1}{1.5 - 1.2} \times (1.3 - 1.2) = y_1 + \frac{1}{3} \times (y_2 - y_1)$$

经过计算，线性插入后的定额消耗量如表 5.4 所示。

表 5.4　线性插入后的定额消耗量

定额编号			D040046	D040047	调整后定额
项目			厚（cm）		
			120	150	130
名称		单位	数量		
人工	工长	工时	7.50	7.00	7.33
	高级工	工时	17.70	16.30	17.23
	中级工	工时	141.30	130.10	137.57
	初级工	工时	231.00	217.60	226.53
材料	混凝土	m³	103.00	103.00	103.00
	水	m³	120.00	120.00	120.00
	其他材料费		2.00%	2.00%	2.00%
机械	混凝土输送泵输出量（m³/h）30	台时	0.00	0.00	0.00
	振捣器插入式功率（kW）1.1	台时	18.00	18.00	18.00

续表

定额编号		D040046	D040047	调整后定额
项目		厚（cm）		
		120	150	130
名称	单位	数 量		
机械	风（砂）水枪耗风量（m³/min）6.0	台时	4.49	4.49	4.49
	其他机械费		13.00%	13.00%	13.00%
定额	混凝土拌制	m³	103.00	103.00	103.00
	混凝土运输	m³	103.00	103.00	103.00

3. 勘查报告

土方开挖、石方开挖、锚杆、锚索等定额按岩土级别分类。例如土方开挖定额按岩土级别分为按Ⅰ~Ⅱ类土、Ⅲ类土、Ⅳ类土；石方开挖、锚杆、锚索定额按岩土级别分为Ⅴ-Ⅷ、Ⅸ-Ⅹ、Ⅺ-Ⅻ、ⅩⅢ-ⅩⅣ级。因此，在套用定额时，往往会涉及岩土级别的选择。

岩石级别选择是否正确，直接影响上述项目的单价。通过现场踏勘只能看到表层的现象，因此勘查设计阶段在确定岩土级别时需要根据勘查报告中钻探、槽探、井探以及土工试验报告、岩石试验报告等综合确定。施工过程中还可以结合实际开挖、钻孔地层的岩土级别确定。

详细介绍和案例具体见5.3.5节土质级别、5.4.6节岩石级别、5.8.3节钻孔灌浆及锚固工程岩石级别相关内容。

5.2.2 定额调整顺序

定额调整顺序如下：定额备注说明、定额章节说明、定额总说明，且以各类说明中说明顺序作为定额调整的顺序。

5.2.3 定额选用顺序

定额中有相关内容的，不允许借用其他行业定额；定额中有类似内容的，按类似内容的定额进行适当调整后使用；定额中缺项的可借用其他行业定额，并按以下顺序选用：

（1）有与设计内容相同的定额，选用相同内容定额（应附参照定额封面及选用的定额复印件）。

（2）没有与设计内容相同的定额，但有相类似内容的定额，按类似内容的定额进行适当调整后使用（应附参照定额封面及选用的定额复印件）。

（3）没有与设计内容相同的定额，也没有相类似内容的定额，有类似工程经验的，则参照类似工程经验采用，应附报价单或相关证明材料。

（4）没有与设计内容相同的定额，也没有相类似内容的定额，更没有类似工程经验的，应自行测算编制补充定额，并详细说明测算过程。补充定额的编制应尽量利用已有定额来组合，如无合适的定额来组合，则应详细测算消耗的人工、材料和机械等。

5.3　土方工程

5.3.1　土方工程的计量单位

计量单位是工程量计算的一个重要组成部分，采用不同的计量单位，工程量是不一样的。土方工程的计量单位及相关说明见表 5.5 所示。

表 5.5　土方工程计量单位及相关说明

序号	定额章节编号	定额内容	计量单位	说明
1	一—1	伐树	m²、棵	小树林按面积计算，较大树木或树根按棵计算
2	一—2～一—3	修整边坡	m²	仅适用于格构梁工程中边坡修整。修整边坡的厚度超过 20 cm 时按土方开挖方量计算。修整边坡定额不含土方运输
3	一—3～一—43	土石方挖运	m³	按自然方计算
4	一—43～一—48	土方回填压实	m³实方	按压实方计算
5	一—49	土隧洞支撑	延米	按长度计算

地质灾害治理工程的土方包括自然方、松方和实方。自然方指未经扰动的自然状态的土方。松方指自然方经人工或机械开挖而松动过的土方。实方指填筑（回填）并经过压实后的成品方。

土方工程的自然方、松方和实方按表 5.6 中松实系数进行换算。

表 5.6　土石方松实系数换算表

项目	自然方	松方	实方	码方
土方	1	1.33	0.85	
石方	1	1.53	1.31	
砂方	1	1.07	0.94	
混合料	1	1.19	0.88	
块石	1	1.75	1.43	1.67

备注：
1. 松实系数是指土石料体积的比例关系，供一般土石方工程换算时参考；
2. 块石实方指堆石坝坝体方，块石松方即块石堆方。

【案例 5-3】某滑坡治理工程采用下部支挡的治理方案，其支挡措施为混凝土挡土墙。为修建挡土墙，施工单位进行挡土墙沟槽开挖，挡土墙混凝土浇筑并达到凝固要求后，进行沟槽开挖面土方回填并夯实。根据设计图件中的开挖和回填轮廓线计算土方开挖和土方回填的工程量分别为 860 m³ 和 357 m³。根据施工组织设计，多余的土方外运至 5 km 外的弃渣场。试计算弃渣外运的数量。

分析：

由于定额中的土方回填按实方计算，开挖和运输均按照自然方计算，因此需要根据定额规定对回填的土方进行方量换算，即土方回填需要从实方换算到自然方。具体计算如下：

$$357 \div 0.85 = 420（m³）$$

弃渣外运的数量：$860 - 420 = 440（m³）$

注意不是按以下数量：860−357=503（m³）

5.3.2 土方定额选用注意事项

地质灾害治理工程的土方工程定额选用与水利行业有所不同，需要结合设计文件中的施工组织设计和现场实际情况选用相应的挖运定额。使用定额时，首先要认真阅读总说明、章说明及各节定额的工作内容及适用范围。只有理解定额、熟悉定额，才能正确使用定额。特别要注意区分人工开挖与机械开挖，基槽开挖、渠道开挖与一般开挖，边坡开挖与非边坡开挖，等。

【案例 5-4】某项目为小型滑坡治理工程，保护对象为当地老百姓房屋，采用边坡底部挡土墙治理。由于房屋距离边坡很近，空间十分狭窄，施工组织设计中明确挡土墙沟槽采用人工分段跳槽开挖，开挖出来的土方需要立即采用人工挑运的方式运出至施工场地外的中转渣场。严禁采用挖掘机等机械进行沟槽通长开挖，更不允许将开挖的土方堆放在沟槽上部边坡。假设，该挡墙沟槽上口宽度为 3 m，中转弃渣场距离开挖沟槽中心距离为 50 m，土类级别为Ⅲ级，中转渣场土方通过 1 m³ 挖掘机挖装土 5 t 自卸汽车运输 1 km 到指定的弃渣场。试确定沟槽开挖到中转弃渣场的定额并进行相关系数换算。

分析：

根据背景资料，沟槽上口宽度为 3 m，土类级别为Ⅲ级，故可选用定额如表 5.7 所示。

表 5.7　一-9 人工挖沟槽土方人力挑抬运输
（2）Ⅲ类土

工作内容：1. 挖土：挖土修底。2. 挖运：挖土、装筐、挑（抬）运、修底。

单位：100 m³

定额编号				D010087	D010088
项目				上口宽度（m）	增运 10 m
				2～4	
				挖运（10 m）	
基价				991.82	73.61
其中	人工费			972.37	73.61
	材料费			19.45	0.00
	机械费			0.00	0.00
	名称	单位	单价（元）	数量	
人工	工长	工时	9.35	3.71	—
	初级工	工时	5.18	181.02	14.21
材料	零星材料费	—	—	2.00%	

根据施工组织设计，结合现场实际情况，应选用 D010087、D010088 定额组合。由于人工挑运的距离为 50 m，D010087 中包含 10 m 运距，故定额换算如下：

D010087+D010088×4

本项目在实际实施过程中，委托的造价咨询机构未按照施工组织设计的要求，按照挖掘机通长开挖沟槽并运输到弃渣场，造成土方挖运单价过低。施工单位由于人工开挖单价过高，也相应采用挖掘机挖土方，由于场地限制，并堆放至沟槽上方边坡，最终造成边坡垮塌，使部分房屋受损，造成了严重的社会影响。

5.3.3 土方松方挖运

正如 5.3.1 节土方工程的计量单位所述，挖掘机、装载机挖装土料自卸汽车运输定额，系按挖装自然方拟定。因此，定额规定如挖装松土时，其中人工及挖装机械乘 0.85 系数。推土机的推土距离和铲运机的铲运距离是指取土中心至卸土中心的平均距离，其相关定额也是按照自然方拟定的。推土机推松土时，定额乘以 0.8 的系数。

此类情况在地质灾害治理工程中比较常见。例如不稳定斜坡等垮塌后的土方就应按松方计算。还有就是地质灾害治理工程经常会由于保护对象的影响，需要首先用人工挑运、胶轮车运输等以人力为主、低效率的运输方式将抗滑桩、挡土墙等支挡结构开挖的土方运输到附近中转堆渣点，然后再通过挖掘机、装载机挖装土料自卸汽车运输到指定的弃渣场。此时，如果土方按照中转弃渣场松方数量计量，就应按松方对套用相关定额进行系数调整，即人工及挖装机械乘 0.85 系数。

5.3.4 机械挖运定额的运距换算

挖掘机及装载机挖装土自卸汽车运输定额，根据不同运距，土方定额选用及计算方法如下：

1. **土方运距在 5 km 以内**

（1）土方运距是整数运距时，如 1 km、2 km、3 km，直接按表中定额子目选用。

（2）若遇到 0.5 km、1.5 km、2.4 km 时，按下列公式计算其定额值。

运距 0.5 km，1 km 定额值-（2 km 定额值-1 km 定额值）÷2

运距 1.5 km、2.4 km、3.7 km、4.3 km，按 5.1 节定额用数字表示的适用范围规定，采用插入法计算即可。

2. **土方运距在 10 km 以内**

5 km 定额值+（运距-5）×增运 1 km 定额值

3. **土方运距超过 10 km 时**

5 km 定额值+5×增运 1 km 定额值+（运距-10）×增运 1 km 定额值×0.75

5.3.5 土质级别

1. **常规定额**

本章按 Ⅰ ~ Ⅱ 类土、Ⅲ 类土、Ⅳ 类土设置定额（如表 5.8 所示）。

表 5.8 人工挖一般土方

工作内容：挖松、就近堆放。
适用范围：一般土方开挖。

单位：100 m³

定额编号		D010031	D010032	D010033
项目		土类级别		
		Ⅰ ~ Ⅱ	Ⅲ	Ⅳ
基价		162.36	316.72	530.64
其中	人工费	154.63	301.64	505.37
	材料费	7.73	15.08	25.27
	机械费	0.00	0.00	0.00

续表

名称		单位	单价（元）	数量		
人工	工长	工时	9.35	0.56	1.12	1.89
	初级工	工时	5.18	28.84	56.21	94.15
材料	零星材料费	一		5.00%	5.00%	5.00%

各类土按附录 6 一般工程土类分级表进行区分。相关人员根据表中土质名称、外形特征、开挖方法和勘查报告、现场实际情况一般都能区分土类，从而选用相应的定额。

2. 挖掘机、装载机挖装土（含渠道土方）自卸汽车运输

"第一章 土方工程"的章节说明中第十四条规定挖掘机、装载机挖装土（含渠道土方）自卸汽车运输各节（此类定额仅适用于明渠情况下的Ⅲ类土，即一-33 节至一-42 节定额），适用于Ⅲ类土。Ⅰ、Ⅱ类土和Ⅳ类土按表 5.9 所列系数进行调整。

表 5.9 土类级别调整系数

项目	人工	机械
Ⅰ、Ⅱ类土	0.91	0.91
Ⅲ类土	1	1
Ⅳ类土	1.09	1.09

【案例 5-5】某泥石流治理工程需要进行沟道清淤。根据勘查报告中照片和探槽揭示，清淤对象主要为砂卵石。施工图设计文件的施工组织设计提出采用 1 m³ 装载机挖装 5 t 自卸汽车运输 3 km 堆放。

分析：

本项目沟道清理的是砂卵石，根据《治理工程预算定额》第一章章节说明的第十一条"砂砾（卵）石开挖和运输，按Ⅳ类土定额计算"，故应按Ⅳ类土选用定额。施工图设计文件的施工组织设计提出采用 1 m³ 装载机挖装 5 t 自卸汽车运输 3 km 堆放。经查阅《治理工程预算定额》（第一册），应套用定额 D010785（如表 5.10 所示）。

表 5.10 D010785 定额（1 m³ 装载机挖装土自卸汽车运输）

工作内容：挖装、运输、卸除、空回。
适用范围：Ⅲ类土、露天作业。

单位：100 m³

定额编号			D010785
项目			运距（km）
			3
			5t 自卸汽车运输
基价			1 139.19
其中		人工费	45.58
		材料费	33.18
		机械费	1 060.43

续表

	名称	单位	单价（元）	数量
人工	初级工	工时	5.18	8.80
材料	零星材料费	—		3.00%
机械	装载机轮胎式斗容（m³）1.0	台时	62.09	1.66
	推土机功率（kW）59	台时	67.34	0.83
	自卸汽车载重量（t）5.0	台时	54.87	16.43

由于该定额适用范围为Ⅲ类土，故需要根据Ⅳ类土对定额的人工、机械消耗量乘 1.09 的系数，调整前后的人工、机械消耗量如表 5.11 所示。

表 5.11 调整前后人工、机械消耗量表

	名称	单位	定额数量（Ⅲ类土）	调整后数量（Ⅳ类土）
人工	初级工	工时	8.8	9.59
材料	零星材料费		3%	3%
机械	装载机轮胎式斗容（m³）1.0	台时	1.66	1.81
	推土机功率（kW）59	台时	0.83	0.90
	自卸汽车载重量（t）5.0	台时	16.43	17.91

5.3.6 夹有孤石的土方开挖

滑坡治理工程地层结构比较复杂，经常会遇到土层夹有孤石的情况。当滑坡治理工程采用抗滑桩的治理措施时，在土层中开挖时，如果遇到孤石，其开挖的难度非常大，特别是开挖桩孔壁遇到孤石时，开挖难度更大。为了解决此类问题，定额中规定，夹有孤石的土方开挖，大于 0.7 m³ 的孤石按石方开挖计算。

5.4 石方工程

5.4.1 石方工程计量单位及定额使用注意事项

石方工程计量单位，除注明外，均按自然方计。石方工程的计量单位及定额使用的注意事项详细见表 5.12 所示。

表 5.12 石方工程计量单位及定额使用注意事项

序号	定额章节编号	定额内容	计量单位	说明
1	二-1	坡面基岩面整修	m²	适用于在坡面有格构梁、护坡等治理措施的情况下进行的边坡坡面基岩面最后修整，控制平均厚度在 10 cm 以下。按面积计算
2	二-2	人工清除危岩	m³	适用于边坡上方以人工为主的危岩清除。按自然方计算

序号	定额章节编号	定额内容	计量单位	说明
3	二-3~二-5	石方特殊的开挖方式	m³	适用于有保护对象，不能采用爆破施工的部位，一般指除边坡以外的地面特殊的石方开挖。按自然方计算。如边坡上方采用静态爆破开挖石方时，相应承接石方的平台和安全措施未包括在定额中
4	二-6	漂（孤）石爆破分解	m³	一般适用于泥石流沟道较大的漂（孤）石分解。按自然方计算
5	二-7	水磨钻开挖石方	m³	适用于有保护对象影响、不能采用爆破施工的人工挖孔桩。如果地面的其他部位使用，则取消定额中的卷扬机，人工和机械消耗量分别乘0.7的系数
6	二-9~二-20、二-24~二-41	各类石方开挖运	m³	按自然方计算
7	二-21~二-23	预裂爆破	m²	按设计预裂爆破面积计算
8	二-42	隧洞钢支撑	t	按隧洞钢支撑重量计算
9	二-43	隧洞木支撑	延米	按长度计算
10	二-44	格栅拱架制作及安装	t	按重量计算
11	二-45~二-48	防震孔、插筋孔	m	按深度计算

由于距离保护对象较近，为确保保护对象的安全，尽最大可能减少对它的影响，地质灾害治理工程石方开挖往往不允许采取爆破、大型机械施工。这种情况一般会采取特殊的、效率较低的静态爆破、水磨钻开挖、小型机械破碎等施工方式。这是由周围环境条件决定的。因此，石方工程定额的选用也要充分结合施工组织设计和现场的实际情况。

5.4.2 预裂爆破的内涵及工程量计算

1. 预裂爆破内涵及定额

预裂爆破是沿开挖边界或设计轮廓线布置一排小孔距的预裂孔，采取不耦合装药或装填低威力炸药，在开挖区主爆破炮孔爆破前，首先起爆这些轮廓线上的预裂孔，从而在主爆区与保留区之间形成平整的预裂缝，以减弱主爆破对保留岩体的破坏作用，形成平整轮廓面的爆破作业。预裂爆破使爆破开挖的边界尽量与设计的轮廓线相符合，不出现超挖和欠挖现象，同时使开挖边界上的岩体能尽量地保持完整无损，保持其强度和稳定性，降低爆破地震的危害范围和破坏程度[11]，一般适用于有保护对象影响的（如房屋等）、有限的轮廓范围内进行的开挖爆破。

预裂爆破的定额有二-21预裂爆破——100型潜孔钻钻孔、二-22预裂爆破——150型潜孔钻钻孔、二-23预裂爆破——液压钻钻孔。本章预裂爆破定额与六-21预裂爆破定额适用范围不同，后者适用于地下连续墙漂石、孤石及坚硬岩石地层。

需要注意的是，预裂爆破与漂石、孤石等钻孔爆破分解不同，后者不需要形成平整的轮廓面，仅需要达到解小、破碎的目的，适用的定额有二-6漂（孤）石爆破分解等。

2. 预裂爆破工程量计算

预裂爆破的工程量按照设计预裂爆破面的面积计算。一般按钻孔深度与布置钻孔轮廓线的长度乘积计算预裂爆破的面积。漂（孤）石爆破分解按爆破分解的方量计算。

5.4.3 围岩类别较差的隧洞临时支护

隧洞围岩容易风化、剥落的地段，往往需要进行临时支护，如锚杆、喷射混凝土、挂钢筋网等，围岩稳定程度较差时，还需要钢支撑、木支撑、格栅拱架等。锚杆、喷射混凝土、挂钢筋网一般初期作为临时工程，后期兼作永久工程。钢支撑、木支撑、格栅拱架既可作为临时工程，也可以作为永久工程的一部分，只是作为临时工程时，其周转的次数较少。考虑到这种情况，定额中人工、材料、机械消耗量按永久工程的使用量拟定，如果拆除后周转使用，则材料和人工乘表5.13中的调整系数。

表5.13 隧洞临时支护周转摊销系数

定额章节	材料消耗量调整	人工
二-42 隧洞钢支撑	型钢、钢材乘0.5	0.7
二-43 隧洞木支撑	圆木、锯材乘0.6	0.7
二-44 格栅拱架制作安装	钢筋乘0.8、型钢乘0.5	0.7

5.4.4 机械挖运定额的运距换算

石方机械挖运定额的运距换算与土方机械挖运定额的运距换算方法基本相同，只是定额调整为挖运石渣的相关定额。其具体换算方法见5.3.4节机械挖运定额的运距换算。

5.4.5 挖运松方的情况

正如前文所述，石方工程计量单位，除注明外，均按自然方计。挖掘机、装载机挖装石方自卸汽车运输定额，系按挖装自然方拟定。如挖装松石方、沟道卵石时，其中人工及挖装、运输机械乘0.76系数。因此，当泥石流沟道、停淤场等有大量以石方为主的物源需要清运时，或者边坡下方崩塌堆积体清运时，就应根据定额规定按松方计算。

5.4.6 岩石级别

1. V-ⅩⅣ级岩石

本章按V-Ⅷ、Ⅸ-Ⅹ、Ⅺ-Ⅻ、ⅩⅢ-ⅩⅣ级岩石设置定额（如表5.14所示）。

各类岩石按附录7岩石类别分级表进行区分，根据表中岩石级别、岩石名称、实体岩石自然湿度时的平均容重、净钻时间、极限抗压强度、强度系数等来判断其岩石级别。岩石级别越高，钻孔的阻力越大，工效越低。岩石级别越高，对爆破的抵抗力也越大，所需的炸药也越多。只有科学地确定岩石级别，才能正确地选择岩石的爆破方法、合理选择爆破参数。极限抗压强度参考勘查报告成果资料（一般为岩石试验报告）中岩石抗压强度指标。岩石试验报告中提供的抗压强度指标有天然抗压强度和饱和抗压强度，一般选用天然抗压强度指标。

表 5.14 二-27 人工挖孔桩石方开挖——风钻钻孔

工作内容：钻孔、爆破、安全处理、翻渣、清面、修整。

单位：100 m³

定额编号				D020265	D020266	D020267	D020268
项目				开挖断面≤5 m²			
				岩石级别			
				V-Ⅷ	Ⅸ-Ⅹ	Ⅺ-Ⅻ	ⅩⅢ-ⅩⅣ
基价				14 921.87	21 548.05	28 722.91	39 314.17
其中	人工费			4 502.19	6 991.63	9 848.03	14 344.35
	材料费			5 477.84	7 088.43	8 140.18	9 168.54
	机械费			4 941.84	7 467.99	10 734.69	15 801.29
人工	工长	工时	9.35	14.64	22.93	32.26	46.74
	中级工	工时	7.12	345.84	528.94	741.74	1 053.23
	初级工	工时	5.18	367.36	581.31	823.40	1 237.13
材料	炸药	kg	5.00	351.69	468.33	528.53	575.77
	导爆管	m	3.00	832.00	974.00	1 075.00	1 150.00
	非电毫秒雷管	个	1.00	416.00	487.00	537.00	575.00
	合金钻头	个	45.00	13.26	23.67	31.61	42.49
	其他材料费			4.00%	4.00%	4.00%	4.00%
机械	风钻手持式	台时	29.83	79.44	142.18	229.91	369.12
	轴流通风机功率（kW）14	台时	39.71	58.85	70.62	84.76	101.71
	其他机械费		—	5.00%	6.00%	5.00%	5.00%

【案例 5-6】某项目为基岩滑坡治理工程，治理措施为抗滑桩，抗滑桩断面为 1.2 m×1.5 m。勘查成果资料中，勘查报告钻孔柱状图描述为中风化砂岩，岩石试验报告显示钻探取样的岩石天然抗压强度为 57.4 MPa。本项目是抢险项目，在项目预算审查过程中，施工单位坚持认为岩石级别为ⅩⅢ-ⅩⅣ。

分析：

附录 7 岩石类别分级表中极限抗压强度单位为 kg/cm²，由于 1 kg/cm² = 0.1 MPa，故本项目砂岩抗压强度为 574 kg/cm²。对照"附录 6 岩石类别分级表"，该类砂岩的岩石级别应为Ⅶ级。最终该施工单位认可按Ⅴ～Ⅷ级岩石选用人工挖孔桩定额。抗滑桩断面面积为 1.8 m²＜5 m²，岩石级别Ⅶ级，如表 5.14 所示，应选用定额 D020265。

2. ⅩⅤ-ⅩⅥ级岩石

当岩石级别大于ⅩⅣ级时，可按相应条章节ⅩⅢ-ⅩⅣ级岩石的定额乘以表 5.15 中的调整系数计算。

表 5.15 岩石级别调整系数

项目	人工	材料	机械
人工清除危岩	1.6	—	—
以挖掘机、风镐为主各章节定额	1.2	1.1	1.4
以水磨钻为主各章节定额	1.5	1.1	1.6
以风钻为主各章节定额	1.3	1.1	1.4
以潜孔钻为主各章节定额	1.2	1.1	1.3
以液压钻、多臂钻为主各节定额	1.15	1.1	1.15

5.5 砌石工程

5.5.1 砌石工程概述

砌石工程因施工设备简单、施工工艺简便、造价低等优点，被广泛应用于地质灾害治理工程中。砌石结构包括浆砌石结构和干砌石结构，由于灾害治理工程结构的特殊性，一般浆砌石结构使用较多，干砌石结构使用较少。石料一般使用块石、片石等，有少量有外观要求时才会使用条石。砌筑材料使用砖的情况一般都是涉及学校或老百姓房屋时。

5.5.2 砌石工程的计量单位

砌石工程的计量单位，除注明外，均按"成品方"计算。各节材料定额中石料计量单位：砂、碎石为堆方；块石、卵石为码方；条石、料石为清料方。

5.5.3 常用砌石结构及定额选用

滑坡治理工程中常用的挡土墙、护脚墙、护坡框格等，崩塌治理工程常用的拦石墙等，泥石流治理工程常用的防护堤、停淤墙、排导槽、谷坊坝、拦砂坝等，会使用浆砌石结构。挡土墙、护脚墙、护坡框格等可能会用干砌石结构。各类常用的砌石结构结合定额分类，选用定额大体如表 5.16 所示。

表 5.16 常见浆石结构及定额选用

常用结构名称	定额章节	定额号	备注
表面装饰	三-1 石料表面加工	D030001～D030004	场镇地质灾害治理
表面装饰	三-2 砌体开槽勾缝	D030005～D030006	
水沟	三-3 浆砌沟渠	D030007～D030016	
砌砖	三-4 砌砖	D030017	一般是在涉及学校或老百姓房屋时才会有使用
格宾石笼	三-5 石笼	D030018～D030020	
反滤层、垫层等	三-6 人工铺筑连砂石 三-7 人工铺筑砂石垫层	D030021～D030023	

续表

常用结构名称	定额章节	定额号	备注
防护堤、护脚墙、排导槽边墙、挡土墙、拦石墙、拦砂坝、谷坊坝、停淤墙等	三-9 干砌块石 三-11 浆砌块石	D030025 ~ D030029 D030036 ~ D030038	
护坡框格	三-11 浆砌块石	D030033 ~ D030034	
护坦、底板等	三-11 浆砌块石	D030035	

5.5.4 石料来源

由于地质灾害治理工程用量小，且砌石工程一般选用质地坚硬、不易风化之石料，对石料的块径、含泥量等要求较高，因此，砌石石料来源一般按外购计算。如果确实需要现场开采、收集使用，应对石料数量、质量等进行专项论证。未进行专项论证，不得主观臆断按现场收集使用石料。

5.6 混凝土工程

5.6.1 混凝土工程概述

混凝土工程是地质灾害治理工程最常用的工程结构。混凝土结构包括现浇混凝土和预制混凝土。这里仅介绍现浇混凝土，预制混凝土介绍详见 5.6.7 节预制混凝土。

（1）现浇混凝土定额工作内容包括：凿毛、冲洗、清仓、铺水泥砂浆、平仓浇筑、振捣、养护以及场内运输和辅助工作。

（2）现浇混凝土定额不含模板制作、安装、拆除、修整。模板需按模板工程章节内容计算。

（3）混凝土拌制及浇筑定额中，不包括加冰、骨料预冷、通水等温控所需的费用。由于地质灾害治理工程混凝土方量一般都较小，不需要采取温度控制措施，故定额中未列温度控制的相关内容。如果坝体混凝土体积较大，需要对混凝土进行温度控制，可以对需要实施温度控制部位的混凝土按设计文件中混凝土温度控制措施参考相关规定计算费用（一般参考水利定额[12]），如坝体混凝土内预埋冷却水管等。

（4）混凝土浇筑的仓面清洗及养护用水，地下工程混凝土浇筑施工照明用电，已分别计入浇筑定额的用水量及其他材料费中。

5.6.2 常用混凝土结构及定额选用

滑坡治理工程常用的混凝土结构有抗滑桩、挡土墙、护脚墙、护坡框格等；崩塌治理工程常用的混凝土结构有危岩凹腔嵌补、拦石墙、桩板墙等；泥石流治理工程常用的混凝土结构有防护堤、停淤墙、排导槽、谷坊坝、拦砂坝等。

各类常用的混凝土结构结合定额分类，选用定额大体如表 5.17 所示。

表 5.17　常见混凝土结构及定额选用

常用结构名称	定额章节	定额号	备注
防护堤、护脚墙、排导槽边墙、挡土墙、桩间板、拦石墙、拦砂坝、谷坊坝、停淤墙等	四-10 墙	D040042～D040047	厚度≤2 m
	四-9 墩	D040041	4 m≥厚度>2 m
	四-1 坝	D040001～D040003	厚度>4 m
抗滑桩、桩基础（护壁混凝土）	四-3 人工挖孔桩衬砌	D040021～D040024	人工挖孔桩
抗滑桩、桩基础（桩芯混凝土）	四-15 回填混凝土	D040070	人工挖孔桩
混凝土灌注桩（机械成孔）	六-25 灌注混凝土桩	D060191	
护坦、底板	四-6 底板	D040028～D040034	
护坡框格		D040072	
坝基础、肋槛等		71	
梁、板、柱、凹岩腔嵌补等		73	

5.6.3　混凝土的级配选择

混凝土的级配选择主要指的是对粗骨料的级配选择。粗骨料分为小石、中石、大石和特大石四级，粒径分别为 5～20 mm、20～40 mm、40～80 mm 和 80～150（120）mm，用符号分别表示为 D_{20}、D_{40}、D_{80}、D_{150}（D_{120}）。骨料最大粒径不应超过钢筋最小净间距的 2/3、构件断面最小尺寸的 1/4、素混凝土板厚的 1/2。对少筋或无筋混凝土，应选用较大的骨料最大粒径。受海水、盐雾或侵蚀性介质影响的钢筋混凝土面层，骨料最大粒径不宜大于钢筋保护层厚度。粗骨料宜采用连续级配[13]。除了上述结构上的要求外，地质灾害治理工程的粗骨料级配选择还得根据工程规模和施工机械来确定。地质灾害治理工程工程规模远小于水利工程，混凝土方量也很小，一般选用出料 1 m³以下的混凝土搅拌机即可，混凝土工程量较大时，会选用其他型号的混凝土搅拌机或混凝土搅拌楼。出料 1 m³以下的混凝土搅拌机适用的粗骨料最大粒径的 80 mm，正常情况下会选择 5～40 mm 的粗骨料。因此，地质灾害治理工程混凝土粗骨料一般选用二级配，需要细石混凝土的结构会选用的粗骨料级配为一级配。对于工程量较大的混凝土拦砂坝可能会选用 5～80 mm 的粗骨料，即三级配。当然，这需要结合设计文件的施工组织设计选择的施工搅拌等设备来确定。

需要注意的是，粗骨料级配的选择与埋块石混凝土中掺入块石是不同的概念。以往有不少编制和审核人员对于埋块石混凝土选择三级配或四级配粗骨料的混凝土。正如前文所述，粗骨料宜采用连续级配，而在二级配混凝土中掺入块石，显然级配是不连续的，不能主观选用三级配或四级配粗骨料的混凝土。

5.6.4　混凝土配合比材料换算

混凝土材料换算详细见 4.5 节混凝土材料单价相关内容。

5.6.5　埋块石混凝土消耗量换算

1. 混凝土和块石材料用量计算

进行工程单价计算时，埋块石混凝土用量，一般分成"混凝土"与"块石（以码方计）"

材料两项。

（1）混凝土用量计算：

每立方米块石混凝土中混凝土用量=1–埋块石率（%）

（2）块石：

地质灾害治理工程块石材料信息价及用量统计一般都是按码方计算，而掺入混凝土中为实体方。这是由于混凝土中掺入块石后，块石之间的空隙充填的是混凝土。在总方量不变的情况下，块石与混凝土均应按实体方计算。

1 m³ 块石实体方=1.67 码方

每立方米块石混凝土中块石用量（码方）=埋块石率（%）×1.67（码方）

2. 人工数量调整

因埋块石增加的人工见表 5.18。

表 5.18　埋块石增加的人工工时数量

埋块石率（%）	5	10	15	20
每 100 m³ 埋块石混凝土增加初级工人工工时	24.0	32.0	42.4	56.8

备注：不包括块石运输及影响浇筑的工时。

3. 计算案例

【案例 5-7】某泥石流治理工程，采用 C15 埋块石混凝土防护堤（图 5.3），埋石率为 20%，采用混凝土泵入仓。试计算材料和人工工时消耗量。

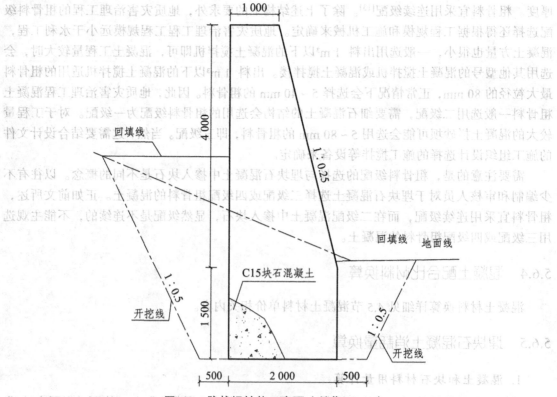

图 5.3　防护堤结构示意图（单位：mm）

分析：

从图 5.3 可知，防护堤平均厚度为：

$$（1+2）÷2=1.5（m）$$

故选用 D040047 定额（表 5.19）。

表 5.19　混凝土墙定额

单位：100 m³

定额编号					D040047
项目					厚（cm）
					150
基价					20 047.80
其中	人工费				1 541.16
	材料费				17 305.94
	机械费				1 200.70
	名称	单位	单价（元）		数量
人工	工长	工时	9.35		7.00
	高级工	工时	8.60		16.30
	中级工	工时	7.12		130.10
	初级工	工时	5.18		79.00
材料	混凝土	m³	161.87		103.00
	水	m³	2.45		120.00
	其他材料费	—			2.00%
机械	混凝土输送泵输出量（m³/h）30	台时	135.50		6.02
	振捣器插入式功率（kW）1.1	台时	3.49		18.00
	风（砂）水枪耗风量（m³/min）6.0	台时	40.98		4.49
	其他机械费	—			13.00%
定额	混凝土拌制	m³	0.00		103.00
	混凝土运输	m³	0.00		103.00

防护堤的材质为 C15 埋块石混凝土，埋石率为 20%。

C15 混凝土材料数量为：103×（1-20%）=82.4（m³）

块石数量（按码方计算）为：（103-82.4）×1.67=34.40（m³）

初级工人工工时数量为：79.00+56.8=135.8（工时）

由于本项目采用混凝土泵入仓，故不需要根据定额备注的要求进行其他消耗量的调整。

5.6.6　泵送混凝土距离换算

泵送混凝土是使用混凝土输送泵将混凝土输送到施工浇筑部位的混凝土。该混凝土一般要求流动性好、粗骨料优先选用卵石。泵送混凝土一般在工程量较大或是混凝土拌和料运输条件不佳的情况下使用。混凝土工程量较大时，选用混凝土输送泵输送是为了提高施工的工作效率。在运输条件不佳的情况下，特别是有保护对象的影响，选用混凝土输送泵输送主要是为了运输混凝土，同时也提高混凝土入仓的施工效率，这与其他行业有所不同。因此，《治理工程预算定额》的四-67泵送混凝土按350 m的水平输送长度编制。在一些运输特别困难的情况下，既会水平运输超过350 m，也会发生垂直运输的情况，定额的备注对上述情况作了如下规定：

（1）垂直高度1 m折算水平长度6 m。

（2）水平输送折算长度超过350 m时，每增加50 m，按水平输送折算长度350 m相应定额中人工和机械（混凝土输送泵）的消耗量乘1.05的系数。

【案例5-8】某不稳定斜坡治理工程，采用C20混凝土格构护坡。由于该格构距离老百姓房屋很近，且该老百姓的房屋与左右两侧邻居的房屋连接在一起，混凝土无法采用人工或胶轮车直接运到混凝土浇筑部位，必须从不稳定斜坡右侧第四户老百姓房屋外通过混凝土输送泵输送。假设，混凝土拌和料通过混凝土输送泵水平运输距离400 m，垂直运输距离12 m，采用混凝土泵（30m³/h）输送。试套用定额并进行运输距离的换算。

分析：

1. 水平输送折算长度

水平运输距离：300 m。

垂直运输距离：12 m；换算为水平运输距离：12×6=72（m）。

综合水平运输和垂直运输换算后的水平运输距离：300+72=372（m）。

2. 定额选用

由于372 m＞350 m，故应选用泵送混凝土定额D040322，具体如表5.20所示。

表5.20　泵送混凝土

单位：100m³

定额编号			D040322
项目			混凝土泵 30 m³/h
			水平输送折算长度（m）
			350
基价			1 523.08
其中	人工费		197.46
	材料费		253.85
	机械费		1 071.77
名称		单位	单价（元）	数量
人工	中级工	工时	7.12	11.00
	初级工	工时	5.18	23.00
材料	零星材料费		—	20.00%
机械	混凝土输送泵输出量（m³/h）30	台时	135.50	7.91

3. 定额换算系数计算

定额换算计算系数公式如下：

定额换算系数=1+（水平输送折算长度-350）÷50×0.05

故本案例定额换算系数为：1+（372-350）÷50×0.05=1.02，人工和混凝土输送泵消耗量乘1.02的系数。

5.6.7 预制混凝土

预制混凝土在地质灾害治理工程中使用较少，一般都是桥涵盖板、人行便桥盖板等使用。

预制混凝土定额工作内容包括：预制场冲洗、清理，混凝土的配料、拌制、浇筑、振捣、养护，模板制作、安装、拆除、修整，以及预制场内的混凝土运输，材料场内的运输和辅助工作，预制件场内的吊移、堆放。此工作内容中有两点需要注意：一是包括了模板制作、安装、拆除、修整，并考虑了周转和回收，而现浇混凝土定额不含模板制作、安装、拆除、修整；二是包括了预制场内的混凝土运输，材料场内的运输和辅助工作，但是预制场外、材料场外的运输是没有包括在定额工作内容中的，需要另外根据运输定额计算运输费用。

预制混凝土构件吊（安）装定额，仅系吊（安）装过程中所需的人工、材料、机械使用量。制作和运输的费用，包括在预制混凝土构件的预算单价中，另按预制构件制作及运输定额计算。

5.7 模板工程

5.7.1 模板工程概述

模板主要用于支撑具有塑流性质的混凝土拌和物的重量和侧压力，使其按设计要求凝固成型。模板制作、安装及拆除是混凝土施工中的一道重要工序，不仅影响混凝土的外观质量、制约混凝土的施工速度，对混凝土工程造价影响也很大。因此，为适应地质灾害治理工程建设管理的需要，将模板制作、安装定额单独列出一章，使模板与混凝土定额的组合更加灵活，适应性更强。

5.7.2 模板的计量单位及工程量计算

模板定额的计量单位"100 m²"为立模面面积，即混凝土与模板的接触面积。立模面面积的计量，除有其他说明外，应按满足建筑物体形及施工分缝要求所需的立模面计算。

在进行模板工程量计算过程中，一般根据设计文件中混凝土结构图分析计算混凝土与模板的接触面积。实际上，还需根据前文所述定额的规定，即按满足建筑物体形及施工分缝要求所需的立模面计算。

5.7.3 常用混凝土结构及模板定额选用

地质灾害治理工程中常用的混凝土结构见 5.6.2 节常用混凝土结构及定额选用。模板工程在套用模板定额时，需要根据不同的混凝土结构选用相应结构的模板定额。同一种结构可以选用多种类型模板定额时，一般按照节约投资的原则选用。

各类常用的混凝土结构选用模板定额大体如表 5.21 所示。

表 5.21　常见混凝土结构及模板定额选用

常用结构名称	定额章节	定额号	备注
拦砂坝、谷坊坝	五-1 悬臂组合钢模板 五-3 普通平面木模板	D050001～D050002 D050005～D050006	

常用结构名称	定额章节	定额号	备注
防护堤、护脚墙、排导槽边墙、挡土墙、桩间板、拦石墙、停淤墙、护坦、底板、护坡框格、坝基础、肋槛、梁、板、柱等	五-2 普通标准钢模板 五-24 复合模板	D050003~D050004 D050097~D050098	
抗滑桩、桩基础（护壁混凝土）	五-21 人工挖孔桩模板	D050089~D050090	
抗滑桩、桩基础（桩芯混凝土）	五-2 普通标准钢模板	D050003~D050004	地表以上
截、排水沟	五-20 明渠衬砌模板	D050083~D050088	
隧洞	五-12 圆形隧洞衬砌木模板 五-13 圆形隧洞衬砌钢模板 五-14 圆形隧洞衬砌针梁模板 五-15 直墙圆拱形隧洞衬砌钢模板 五-16 直墙圆拱形隧洞衬砌钢模台车	D050023~D050058	

5.7.4 模板材料消耗量及材料构成

模板的材料消耗量和材料构成是地质灾害治理工程造价编制初学者容易混淆的内容。

（1）模板材料均按预算消耗量计算，包括了制作、安装、拆除、维修的损耗和消耗，并考虑了周转和回收。

在地质灾害治理工程造价审查中，审查人员经常会遇到初学者在编制模板工程造价时不套用制作定额或对制作定额随意乘周转系数的情况，这都是不对的。因为模板的安装定额中未包括模板的制作，定额中对模板制作已经考虑了周转和回收。使用定额时，应同时套用模板制作及模板安装、拆除定额，两者相加，方为模板综合单价。

（2）模板定额中的材料，除模板本身外，还包括支撑模板的立柱、围囹、桁（排）架及铁件等。对于悬空建筑物（如渡槽槽身）的模板，计算到支撑模板结构的承重梁（或枋木）为止，承重梁以下的支撑结构未包括在本定额内。

本条规定也是对定额理解有分歧的地方，不少初学者在计算模板工程量的同时，会相应计算模板支撑用的脚手架（排架），显然是重复计算了包含在模板定额中的费用。

（3）滑模定额中的材料仅包括轨面以下的材料，即轨道和安装轨道所用的埋件、支架和铁件。钢模台车定额中未计入轨面以下部分，轨道和安装轨道所用的埋件等应计入其他临时工程。

滑模、针梁模板和钢模台车的行走机构、构架、模板及其支撑型钢，为拉滑模板或台车行走及支立模板所配备的电动机、卷扬机、千斤顶等动力设备，均作为整体设备以工作台时计入定额。

（4）坝体廊道模板，均采用一次性（一般为建筑物结构的一部分）预制混凝土模板。预制混凝土模板材料量按工程实际需要计算，其预制、安装直接套用相应的混凝土预制定额和预制混凝土构件安装定额。

5.7.5 复合模板

地质灾害治理工程中常用的模板有钢模板、木模板、复合模板等。复合模板指用木、竹胶合板、复合纤维板等制作而成的复合模板。由于复合模板重量轻、面积大、形状组合方便，主要用于坡面起伏较大的框格梁、高度不大的停淤墙、挡土墙等混凝土结构。地质灾害治理工程中的复合模板周转次数较少，因此其成本一般介于钢模板和木板门之间。使用复合模板会大大提高混凝土浇筑的施工效率，因此复合模板得到了广泛使用。

使用复合模板时，需要注意复合模板中周转使用的对拉螺栓摊销量按定额执行不作调整。

5.8 钻孔灌浆及锚固工程

5.8.1 钻孔灌浆及锚固工程概述

钻孔灌浆及锚固工程包括钻灌浆孔、帷幕灌浆、固结灌浆、回填灌浆、劈裂灌浆、高压喷射灌浆、防渗墙造孔及浇筑、振冲桩、冲击钻造灌注桩孔、全液压钻机钻覆盖层、管棚注浆、管棚制作及安装、微型组合抗滑桩钢管制作及安装、潜孔钻钻孔、液压潜孔钻机钻孔、旋挖桩、灌注混凝土桩、排水井（孔）、锚杆支护、预应力锚索、喷混凝土、喷浆、挂钢筋网、混凝土裂缝灌浆、混凝土面插筋、深层水泥搅拌桩、水泥粉喷桩、锚杆（索）超额灌浆等，地质灾害治理工程中比较常用的有泥石流工程的各类坝基钻孔灌浆工程、桩基工程（机械成孔）等，滑坡治理工程的锚杆、锚索、微型组合抗滑桩、抗滑桩（机械成孔）、喷射混凝土、钢筋网等，崩塌治理工程中的锚杆、锚索工程等。

5.8.2 常用钻孔灌浆及锚固工程的定额选用

地质灾害治理工程中常用的钻孔灌浆及锚固工程、定额选用建议如表 5.22 所示。

表 5.22　常用钻孔灌浆及锚固工程的定额选用

常用结构名称	定额章节	主要内容	定额号	备注
各类坝基钻孔灌浆	六-1～六-7	钻孔灌浆	D060001～D060041	
桩基工程（机械成孔）、抗滑桩（机械成孔）	六-24	冲击钻造灌注桩孔	D060184～D060190	
	六-25	混凝土	D060191	
		钢筋	D060192	
锚杆	六-28～六-37	锚杆	D060200～D060770	
	六-62	超额灌浆	D061112～D061117	
	六-47	钻机钻覆盖层	D060900～D060901	
	六-32	地面砂浆锚杆（利用灌浆孔）	D060468～D060482	覆盖层锚杆
锚索	六-38～六-39 六-54～六-57	锚索	D060771～D060806 D060964～D061047	
	六-62	超额灌浆	D061112～D061117	

续表

常用结构名称	定额章节	主要内容	定额号	备注
微型组合抗滑桩		详细见 5.8.5 微型组合抗滑桩		
喷射混凝土	六-43～六-44	喷射混凝土	D060865～D060894	
钢筋网	六-45	钢筋网制作及安装	D060895	
泥石流混凝土结构加固	六-58	混凝土裂缝灌浆	D061048～D061050	
	六-60	混凝土面插筋	D061053～D061109	

5.8.3 钻孔灌浆及锚固工程岩土级别

1. 基础处理工程

基础处理工程定额的地层划分如下：

（1）钻孔工程定额，按一般石方工程定额 16 级分类法中 V～XIV 级拟定，对大于 XIV 级的岩石，可参照有关资料拟定定额。

（2）冲击钻钻孔定额，按地层特征划分为 11 类。

（3）钻混凝土工程除节内注明外，一般按粗骨料的岩石级别计算。

详见《治理工程预算定额》（第三册）章节说明第二条说明，其中钻孔工程定额大于 XIV 级岩石情况极少。如发生，根据钻孔人工、材料、机械的消耗情况，参考 XIII～XIV 级岩石调整。

2. 锚杆

锚杆定额与前文钻孔工程定额相同。本定额均按岩石进行编制，但地质灾害治理工程的地层要复杂得多，特别是滑坡治理工程，其地层有可能全部是土层，也可能上部滑体是土层、下部滑床是岩层，也可能全部是岩层，如果遇到滑坡体结构松散，或钻孔缩径明显时，还需要增大孔径，其钻进方式一般采取无水干钻，如潜孔锤跟管钻进等[14]。为解决此问题，在定额的章节说明中规定：锚杆在覆盖层跟管钻进可选用六-32 地面砂浆锚杆（利用灌浆孔）、六-47 全液压钻机钻覆盖层相关定额组合套用，其中六-47 全液压钻机钻覆盖层相关定额乘 0.7 的系数。如钻孔中既有覆盖层，又有岩层，覆盖层仍按六-47 全液压钻机钻覆盖层乘 0.7 的系数，岩层钻孔按六-50 液压潜孔钻机钻孔、六-51 潜孔钻钻孔相关定额乘 0.7 的系数。

【案例 5-9】 某边坡治理工程采用锚杆格构治理，其中锚杆长 10 m，锚杆钢筋直径为 25 mm；钻孔覆盖层（砾石层）6 m，V 类岩层 4 m，孔径 110 mm。

分析：

根据定额中覆盖层钻孔的规定，结合本项目的实际情况，选用的定额如表 5.23 所示。

表 5.23 选用定额

定额编号	定额单位	定额章节
D060468	100 根	六-32 地面砂浆锚杆（利用灌浆孔）
D060900	100 m	六-47 全液压钻机钻覆盖层
D060919	100 m	六-51 潜孔钻钻孔

定额组合：D060468+D060900×6×0.7+D060919×4×0.7

3. 锚索

（1）锚索概述。

岩石级别不同，锚索施工的成本也不同，其影响的因素就是钻孔。由于锚索定额按 XI ~ XII 级岩石拟定，不同级别岩石需要对钻孔的人工、材料、机械消耗量进行调整。人工主要包括工长、高级工、中级工、初级工，材料主要包括钻头、扩孔器、岩心管、钻杆等，机械主要是各类钻机。此外，在岩层破碎或覆盖层钻孔，钻进方法一般采用目前比较常见的跟管钻进。跟管钻进对人工、材料、机械影响比较大，需要根据定额规定进行相应的调整。

锚索涉及以下定额章节：

六-38 岩体预应力锚索——无粘结型（地质钻机钻孔）

六-39 岩体预应力锚索——粘结型（地质钻机钻孔）

六-54 岩体预应力锚索——无粘结型（潜孔钻钻孔）

六-55 岩体预应力锚索——粘结型（潜孔钻钻孔）

六-56 岩体预应力锚索——无粘结型（液压潜孔钻机钻孔）

六-57 岩体预应力锚索——粘结型（液压潜孔钻机钻孔）

（2）定额规定不同岩石级别定额调整方法。

① 定额按 XI ~ XII 级岩石拟定，不同级别岩石定额乘以表 5.24 所列调整系数，人工按潜孔钻机增（减）数的 3.5 倍调整。

表 5.24　钻孔岩石级别换算系数

岩石级别	V ~ VIII	IX ~ X	XIII ~ XIV
人工（与钻孔相关，按钻孔定额各级人工分摊）	人工按钻机增（减）数的 3.5 倍调整		
材料（与钻孔相关，详见定额备注）	0.5	0.8	1.2
机械（钻机）	0.5	0.7	1.7

② 跟管钻进应按照实际的跟管钻进深度计算。每跟管钻进 1 m 材料增加偏心钻头 0.004 4 个，套管增加 0.106 m。按跟管钻进的孔深部分，当设计孔径为 110 mm 时，钻孔人工、机械定额分别乘 1.05 的系数，当设计孔径为 165 mm 时，钻孔人工、机械定额分别乘 1.1 的系数。

（3）调整方法解释及案例。

① 人工。

锚索钻孔各级人工工时数量之和是钻机台时数量的 3.5 倍。各级人工（工长、高级工、中级工、初级工）按相应岩石级别钻机钻孔定额（不是锚索定额）的比例分摊。锚索定额及相应钻机钻孔定额见表 5.25。

表 5.25　锚索定额及相应钻机的钻孔定额

序号	锚索定额编号	钻机类型	钻孔定额
1	D060771 ~ D060806	地质钻机 300 型	D060003
2	D060964 ~ D060969，D060982 ~ D060987	潜孔钻钻孔 OZJ-100B	D060921
3	D060970 ~ D060981，D060988 ~ D060999	潜孔钻钻孔 CM-351	D060925
4	D061000 ~ D061011，D061024 ~ D061035	液压潜孔钻机钻孔	D060913
5	D061012 ~ D061023，D061036 ~ D061047	液压潜孔钻机钻孔	D060917

锚索定额按 XI ~ XII 级岩石拟定，其他岩石级别的人工中钻孔部分应按相应级别的人工数

量调整。需要跟管钻进时，还需乘跟管钻进调整系数（跟管钻进的孔深部分，设计孔径为 110 mm 时，钻孔人工乘 1.05 的系数，设计孔径为 165 mm 时，钻孔人工乘 1.1 的系数）。

【案例 5-10】某边坡治理工程采用预应力 2 000 kN 级 60 m 长的锚索，其岩石级别为Ⅶ，但部分岩层属于强风化地层，极易破碎，故需要跟管钻进，钻孔孔径为 165 mm。施工过程中采用 CM-351 潜孔钻钻进，跟管钻进的长度为 45 m。

分析：

根据背景资料，应选用定额 D060975，如表 5.26 所示。

表 5.26　预应力 2 000 kN 级 60 m 长锚索（孔径 165 mm）定额

单位：束

定额编号				D060975
项目				预应力 2 000 kN 级
				孔径（mm）
				165
				锚索长度（m）
				60
基价				20 055.05
其中	人工费			2 987.02
	材料费			9 423.95
	机械费			7 644.08
	名称	单位	单价（元）	数量
人工	工长	工时	9.35	34.00
	高级工	工时	8.60	204.00
	中级工	工时	7.12	79.00
	初级工	工时	5.18	68.00
材料	波纹管 $\phi90$	m	7.00	63.00
	钢绞线带 PE 套管	kg	5.00	946.00
	锚具 OVM15-12	套	400.00	1.05
	混凝土	m³	161.87	1.40
	钢筋	kg	3.00	35.00
	钻杆 $\phi76$	kg	32.00	2.91
	潜孔钻头 $\phi165$	个	400.00	0.35
	灌浆管 $\phi25$	m	5.00	124.00
	水	m³	2.45	288.00
	水泥	t	300.00	1.44
	DH6 冲击器	套	9 380.00	0.03
	其他材料费			15.00%
机械	风镐（铲）手持式	台时	13.02	0.57
	潜孔钻型号 CM-351	台时	317.34	17.26

续表

	定额编号			D060975
机械	载重汽车载重量（t）5.0	台时	51.10	3.00
	汽车起重机起重量（t）8	台时	76.57	3.00
	张拉千斤顶 YCW-250	台时	1.67	3.00
	灰浆搅拌机	台时	29.25	10.00
	灌浆泵中低压砂浆	台时	54.19	10.00
	电动油泵 ZB4-500	台时	75.23	3.00
	电焊机交流（kVA）25	台时	40.07	2.00
	其他机械费	—		9.00%

首先进行岩石级别不同对人工工时数量换算。钻孔的人工工时数量需要根据钻机的台时数量计算，具体公式如下：

人工增（减）总量=Ⅶ级岩石钻孔人工工时数量-Ⅺ～Ⅻ级岩石钻孔人工工时数量

=Ⅺ～Ⅻ级岩石锚索定额中钻机台时数量×岩石级别换算系数×

3.5-Ⅺ～Ⅻ级岩石锚索定额中钻机台时数量×1×3.5

（备注：增加为正数，减少为负数）

锚索定额按Ⅺ～Ⅻ级岩石拟定，本项目岩石级别为Ⅶ，钻孔工时数量如下：

Ⅺ～Ⅻ级岩石钻孔人工工时数量=Ⅺ～Ⅻ级岩石锚索定额中钻机台时数量×

1×3.5=17.26×1×3.5=60.41（工时）

Ⅶ级岩石钻孔人工工时数量=Ⅺ～Ⅻ级岩石锚索定额中钻机台时数量×

岩石级别换算系数×3.5=17.26×0.5×3.5=30.205（工时）

由于岩石级别影响，人工工时数量调整如下：30.205-60.4=-30.205（工时）

得到因岩石级别影响而调整的总工时数量后，需进行各级人工分摊。分摊应按相应岩石级别、钻机的钻孔定额中的各类人工比例分摊。经查阅《治理工程预算定额》（第三册），CM-351潜孔钻钻孔（孔径165 mm，岩石级别Ⅺ～Ⅻ）定额应是D060925，详见表5.27。

表 5.27　CM-351 潜孔钻钻孔（孔径 165 mm）

单位：100 m

	定额编号	D060925
		孔径（mm）
项目		165
		岩石级别
		Ⅺ～Ⅻ
	基价	18 934.09
其中	人工费	1 826.83
	材料费	1 078.02
	机械费	16 029.24

名称		单位	单价（元）	数量
人工	工长	工时	9.35	31.00
	高级工	工时	8.60	60.00
	中级工	工时	7.12	51.00
	初级工	工时	5.18	127.00
材料	钻杆 ϕ76	kg	32.00	4.85
	潜孔钻头 ϕ165	个	400.00	0.59
	DH6 冲击器	套	9 380.00	0.06
	其他材料费	—		13.00%
机械	风镐（铲）手持式	台时	13.02	3.81
	潜孔钻型号 CM-351	台时	317.34	47.95
	其他机械费	—		5.00%

调整的人工按钻孔定额中各级人工分摊（即"增（减）人工分摊"），如表 5.28 所示。

表 5.28 因岩石级别调整的人工工时分摊表

人工级别	D060925 定额中 人工工时数量	D060925 定额中 各级人工比例	人工增（减） 总量	岩石级别调整增（减） 人工分摊
工长	31	11.52%	−30.205	−3.48
高级工	60	22.30%	−30.205	−6.74
中级工	51	18.96%	−30.205	−5.73
初级工	127	47.21%	−30.205	−14.26
合计	269	100.00%		−30.205

其次进行跟管钻进人工工时数量调整。跟管钻进调整系数：当设计孔径为 110 mm 时，人工、机械定额分别乘 1.05 跟管钻进调整系数，当设计孔径为 165 mm 时，人工、机械定额分别乘 1.1 跟管钻进调整系数。其计算公式如下：

跟管钻进增加的总人工工时数量

=跟管钻进深度÷钻孔总深度×锚索钻孔人工工时总数量×（跟管钻进调整系数−1）

本项目跟管钻进增加的总人工工时数量=45÷60×（17.26×0.5×3.5）×（1.1−1）

=2.265（工时）

得到跟管钻进影响而增加的总工时数量后，需进行各级人工分摊（具体分摊方法与因岩石级别不同人工工时数量分摊方法相同），具体如表 5.29 所示。

表 5.29 跟管钻进增加的人工工时数量分摊

人工级别	D060925 定额中 人工工时数量	D060925 定额中 各级人工比例	跟管钻进增加的 总人工工时数量	跟管钻进增加 人工分摊
工长	31	11.52%	2.265	0.26
高级工	60	22.30%	2.265	0.51
中级工	51	18.96%	2.265	0.43
初级工	127	47.21%	2.265	1.07
合计	269	100.00%		2.27

最后对人工因各种因素而调整后的数量进行合计。合计后的人工工时数量如表 5.30 所示。

表 5.30　人工工时数量表（考虑岩石级别、跟管钻进）

人工级别	单位	XI～XII级岩石锚索 定额工时数量	岩石级别调整增（减） 人工分摊	跟管钻进增加 人工分摊	合计
工长	工时	34.00	−3.48	0.26	30.78
高级工	工时	204.00	−6.74	0.51	197.77
中级工	工时	79.00	−5.73	0.43	73.70
初级工	工时	68.00	−14.26	1.07	54.81
合计		385.00	−30.21	2.27	357.07

② 材料。

【案例 5-11】背景资料同【案例 5-10】。

分析：

对材料数量进行岩石级别、跟管钻进调整，具体如表 5.31 所示。

表 5.31　材料数量表（考虑岩石级别、跟管钻进）

材料规格名称	单位	定额数量	调整后数量	备注
波纹管 $\phi90$	m	63.00	63.00	
钢绞线带 PE 套管	kg	946.00	946.00	
锚具 OVM15-12	套	1.05	1.05	
混凝土	m³	1.40	1.40	
钢筋	kg	35.00	35.00	
钻杆 $\phi76$	kg	2.91	1.46	定额数量×0.5，岩石级别VII
潜孔钻头 $\phi165$	个	0.35	0.18	定额数量×0.5，岩石级别VII
灌浆管 $\phi25$	m	124.00	124.00	
水	m³	288.00	288.00	
水泥	t	1.44	1.44	
DH6 冲击器	套	0.03	0.02	定额数量×0.5，岩石级别VII
其他材料费		15.00%	15.00%	
偏心钻头	个		0.20	0.004 4 个/m×45 m，跟管钻进 45 m
套管	m		4.77	0.106 m/米×45 m，跟管钻进 45 m

③ 机械。

【案例 5-12】背景资料同【案例 5-10】。

分析：

由于岩石级别和跟管钻进影响的仅有钻机,本项目中就是潜孔钻型号 CM-351 的台时数量（表 5.32）。钻机因岩石级别和跟管钻进影响的台时数量计算公式如下：

实际岩石级别的钻机台时数量+实际岩石级别的钻机台时数量×跟管钻进深度÷钻孔总深度×（跟管钻进调整系数−1）=XI～XII级岩石锚索定额中钻机台时数量×岩石级别换算系数+XI～XII级岩石锚索定额中钻机台时数量×岩石级别换算系数×跟管钻进深度÷钻孔总深度×

（跟管钻进调整系数-1）

即：17.26×0.5+（17.26×0.5）×45÷60×（1.1-1）=9.28（台时）

表 5.32　机械数量表（考虑岩石级别、跟管钻进）

机械名称	单位	定额数量	调整后数量	备注
风镐（铲）手持式	台时	0.57	0.57	
潜孔钻型号 CM-351	台时	17.26	9.28	详细计算见计算式。
载重汽车载重量（t）5.0	台时	3	3	
汽车起重机起重量（t）8	台时	3	3	
张拉千斤顶 YCW-250	台时	3	3	
灰浆搅拌机	台时	10	10	
灌浆泵中低压砂浆	台时	10	10	
电动油泵 ZB4-500	台时	3	3	
电焊机交流（kVA）25	台时	2	2	
其他机械费		9%	9%	

5.8.4　1 000 kN 以下的锚索

1 000 kN 以下的锚索，电动油泵、张拉千斤顶按预应力 1 000 kN 级锚索线性插入计算，人工中中级工按电动油泵的调整数量的 2 倍进行调整。其计算公式如下：

电动油泵、张拉千斤顶台时数量

=锚索预应力÷1 000×锚索定额电动油泵、张拉千斤顶台时数量

中级工工时数量=定额中级工工时数量-2×（1000-锚索预应力）÷1000×

锚索定额电动油泵台时数量

【案例 5-13】某地质灾害治理项目选用 40 m 长 800 kN 粘结型预应力锚索，岩石级别为Ⅺ级，施工组织设计建议采用地质钻机钻孔。锚索为 6 根 1 860 MPa、公称直径 15.20 mm 的钢绞线（7×φ5 mm）。

分析：

根据背景资料，锚索应选用定额 D060792，如表 5.33 所示。

表 5.33　六-39 D060792 岩体预应力锚索——粘结型（地质钻机钻孔）

单位：束

定额编号		D060792
项目		预应力 1 000 kN 级
		锚索长度
		40 m
基价		18 822.71
其中	人工费	2 858.30
	材料费	8 741.43
	机械费	7 222.98

续表

	名称	单位	单价（元）	数量
人工	工长	工时	9.35	20.00
	高级工	工时	8.60	121.00
	中级工	工时	7.12	141.00
	初级工	工时	5.18	121.00
材料	钻杆接头	个	12.00	1.80
	波纹管 $\phi70$	m	6.00	42.00
	锚具 OVM15-7	套	300.00	1.05
	混凝土	m³	161.87	1.20
	钢筋	kg	3.00	30.00
	灌浆管 $\phi25$	m	5.00	82.00
	钢绞线 $7\times\phi5$ mm	kg	8.50	328.00
	水	m³	2.45	192.00
	水泥	t	300.00	0.88
	金刚石钻头	个	1 000.00	1.92
	扩孔器	个	500.00	1.32
	岩心管	m	80.00	1.88
	钻杆	m	40.00	1.64
	其他材料费	—		15.00%
机械	风镐（铲）手持式	台时	13.02	1.00
	载重汽车载重量（t）5.0	台时	51.10	2.00
	汽车起重机起重量（t）8	台时	76.57	3.00
	张拉千斤顶 YCW-150	台时	1.36	2.00
	地质钻机 300 型	台时	76.06	63.00
	灰浆搅拌机	台时	29.25	9.00
	灌浆泵中低压砂浆	台时	54.19	9.00
	电动油泵 ZB4-500	台时	75.23	2.00
	电焊机交流（kVA）25	台时	40.07	2.00
	其他机械费	—		18.00%

该定额的锚索预应力为 1 000 kN，而背景资料为 800 kN；定额中钢绞线根数为 7 根，而背景资料为 6 根。现对定额的消耗量根据背景资料进行调整。

1. 钢绞线消耗量

钢绞线消耗量计算公式如下：

钢绞线消耗量=原定额钢绞线消耗量÷（1.101×定额钢绞线根数×

定额锚索长度）×（1.101×实际钢绞线根数×实际锚索长度）

钢绞线消耗量=328÷（1.101×7×40）×（1.101×6×40）=281.14（kg）

注意钢绞线的消耗量应包含锚索体钢绞线、按规定应留的外露部分（如规定预留的张拉段、锚墩中的部分等）及加工过程中的损耗等，不能仅计算嵌入岩石的设计有效长度锚索体钢绞线。

2. 电动油泵、张拉千斤顶台时数量

电动油泵、张拉千斤顶台时数量=800÷1 000×2=1.6（台时）

3. 中级工工时数量

中级工工时数量=141-2×（1 000-800）÷1 000×2=140.2（工时）

5.8.5 微型组合抗滑桩

微型组合抗滑桩又称小口径组合抗滑桩，是利用小口径桩、桩顶连系梁及桩间岩土体构成共同承载体，以充分调动和利用岩土体自身承载能力进行滑坡防治的一种组合抗滑结构。微型组合抗滑桩特别适用于沿基岩顶面滑移的堆积层（土质）滑坡或碎裂岩体滑坡的加固，在中小型滑坡治理工程中也得到了广泛应用。由于微型组合抗滑桩桩位布置灵活，可采用轻型施工机具，施工简便，可以快速施工并承载，因此，在众多滑坡抢险项目应急处治阶段经常采用该技术。微型组合抗滑桩的单桩桩径一般为 90~300 mm，最大不超过 500 mm，钻机成孔后在钻孔中放入钢筋束、钢筋笼或无缝钢管、工字钢、钢轨等，然后灌入 C30 细石混凝土或 M30 水泥砂浆成桩[15]。

微型组合抗滑桩施工工序主要包括钻孔、桩体制作与安装、浇灌细石混凝土或注浆等（表5.34）。

表 5.34 微型组合抗滑桩套用定额

序号	施工工序	参考定额	说明
1	钻孔	六-1 钻机钻岩石层灌浆孔——自下而上灌浆法	应结合钻进地层情况选用钻孔定额
		六-46 潜孔钻钻灌浆孔	
		六-47 全液压钻机钻覆盖层	
		六-50 液压潜孔钻机钻孔	
		六-51 潜孔钻钻孔	
2	桩体制作与安装	六-52 微型组合抗滑桩钢管制作及安装	桩体为无缝钢管
		四-61 型钢制作与安装	桩体为工字钢、钢轨等
		六-25 灌注混凝土桩	桩体为钢筋束、钢筋笼
3	注浆	六-7 基础固结灌浆	一般为 M30 水泥砂浆
4	浇灌细石混凝土	六-25 灌注混凝土桩	一般为 C30 细石混凝土

需要注意的是，六-52 微型组合抗滑桩钢管制作及安装定额是按照丝扣连接编制的。这是因为微型组合抗滑桩钢管一般每根为 2 m，采用丝扣连接时，丝扣长度一般为 5 cm，同时考虑切割损耗，故每吨钢管桩体的钢管消耗量为 1.03 t。但采用丝扣连接的桩体，加工要求高、周期长，往往需要到城镇中大型加工厂才能加工，而抢险项目往往时间紧、任务重，采用丝扣连接显然是不能满足抢险项目紧迫性要求的。为此，抢险项目大量使用的是桩体钢管内插

入小口径钢管焊接，插入的小口径钢管长度一般为 60 cm。安装过程一般为首先将小口径钢管插入下部桩体钢管中，然后进行堆焊，然后再将上部桩体钢管套住外露的小口径钢管，并在接头处堆焊。由于插入的小口径钢管占桩体钢管比重过大，故定额规定设计按桩体钢管内插入小口径钢管焊接，则钢管工程量应增加所插入的小口径钢管重量。

【案例 5-14】某滑坡抢险项目采用微型组合抗滑桩。抗滑桩桩体钢管为 $\phi108\times6$ 无缝钢管，桩体钢管连接采用焊接连接，即 $\phi108\times6$ 的无缝钢管中插入 $\phi89\times6$ 无缝钢管。微型组合抗滑桩钢管焊接连接具体见图 5.4 所示。假设本项目微型组合抗滑桩深度均为 16 m，共 100 根。

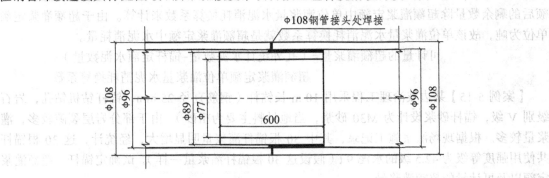

图 5.4　微型组合抗滑桩钢管焊接连接示意图

试根据定额规定计算无缝钢管工程量。

分析：

根据背景资料，抗滑桩桩体深度为 16 m，共 100 根，桩体材料为 $\phi108\times6$ 无缝钢管。

$\phi108\times6$ 无缝钢管单位重量为 15.093 kg/m，故图示抗滑桩桩体钢管重量为：

$$16\times15.093\div1\,000\times100=24.15（\text{t}）$$

桩体无缝钢管按 2 m/根计算，$\phi89\times6$ 无缝钢管单位重量为 12.281 kg/m，则插入的小口径无缝钢管重量为：

$$12.281\times（16\div2-1）\times0.6\div1\,000\times100=5.16（\text{t}）$$

故无缝钢管重量为：24.15+5.16=29.31（t）

通过上述案例可见，插入小口径无缝钢管重量占桩体无缝钢管重量的 21%。因此定额中规定，桩体连接按桩体无缝钢管内插入小口径无缝钢管焊接，则钢管工程量应为桩体无缝钢管重量与所插入的小口径无缝钢管重量之和。

5.8.6　锚杆（索）超额灌浆

1. 定义及计算公式

锚杆、锚索超额灌浆是指实际灌浆量超过定额中的理论数量时，超过的灌浆数量。其计算公式如下：

$$超额灌浆量=实际灌浆量-定额理论灌浆量[16]$$

2. 超额灌浆定额选用及工程量计量

水利水电工程需要灌浆的有坝基帷幕灌浆、固结灌浆、锚杆、锚索灌浆等，灌浆的工程量远比地质灾害治理工程大得多。随着新技术的发展，水利水电工程一般都要求配备灌浆自动记录仪，以便核实实际的灌浆量。地质灾害治理工程灌浆量较小，一般通过灌浆施工记录，最直接的方法就是通过统计使用的水泥用量来核实。因此，超额灌浆的定额按水泥重量编制，砂、水等其他材料的费用综合折算到其他材料费中。超额灌浆量的计量方法也就按水泥重量计算。超额灌浆的定额选用是根据单位长度灌浆量来确定的。定额中的单位长度灌浆量应按实际灌浆量进行计算，而不是按超额灌浆量进行计算。需要注意的是，超额灌浆的工程量计量方法与其他工程有所不同，该部分工程量无法根据图纸测算，仅能根据实际的灌入数量计算，而实际工作中往往会通过统计孔外水泥数量来计量。该水泥数量未考虑水泥运输、砂浆搅拌和运输、灌浆施工等损耗，故最终可计量的工程量应按孔外统计的水泥数量扣除锚杆定额后的剩余数量除超额灌浆定额中单位灌浆量水泥消耗换算系数来计算。由于超额灌浆定额单位为吨，故该单位灌浆量水泥消耗换算系数就是超额灌浆定额中水泥消耗量。

可计量的超额灌浆量=（孔外统计水泥数量−锚杆定额水泥数量）÷
超额灌浆定额单位灌浆量水泥消耗换算系数

【案例 5-15】某边坡治理工程采用 10 m 长锚杆（钢筋直径 25 mm，锚杆钻机钻孔，岩石级别 V 级，锚杆砂浆设计为 M30 砂浆，当地材料主要为粗砂）。由于部分岩层裂隙较多，灌浆量较多。根据现场灌浆施工记录，其中 30 根锚杆灌浆量明显增大，经统计，这 30 根锚杆共使用强度等级为 42.5 级的水泥 9 t（假设这 30 根锚杆灌浆量一样）。试确定锚杆、超额灌浆定额以及可计量的超额灌浆量。

分析：

根据背景资料，锚杆应选用定额 D060408，如表 5.35 所示。

表 5.35　六-31 地面长砂浆锚杆——锚杆钻机钻孔

工作内容：钻孔、锚杆制作、安装、制浆、灌浆、封孔等。

适用范围：露天作业。

单位：100 根

定额编号				D060408
项目				锚杆长度 10 m
				岩石级别
				V ~ Ⅷ
				钢筋
				ϕ 25
基价				69 025.00
其中	人工费			13 412.92
	材料费			24 796.01
	机械费			30 816.07
	名称	单位	单价（元）	数量
人工	工长	工时	9.35	100.00
	高级工	工时	8.60	304.00
	中级工	工时	7.12	716.00
	初级工	工时	5.18	920.00
材料	钻头	个	90.00	10.00
	水泥砂浆	m³	156.38	3.80

续表

定额编号				D060408
	钢筋 ϕ 25	kg	3.00	3 927.00
	DH6 冲击器	套	9 380.00	1.00
	钻杆	m	40.00	24.00
	其他材料费	—		5.00%
机械	锚杆钻机 MZ65Q	台时	87.74	236.00
	风（砂）水枪耗风量（m³/min）6.0	台时	40.98	48.00
	灰浆搅拌机	台时	29.25	80.00
	灌浆泵中低压砂浆	台时	54.19	80.00
	其他机械费	—		5.00%

　　从表 5.35 可知，单根锚杆所消耗的砂浆为 3.8 m³÷100 根=0.038 m³/根，砂浆应选用 M30 接缝砂浆，该砂浆配合如表 5.36 所示。10 m 长单根锚杆灌浆材料数量计算表见表 5.37，单位长度灌浆量和超额灌浆量计算表见表 5.38。

表 5.36　M30 接缝砂浆配合比

单位：m³

定额编号				PH00159
项目				接缝砂浆 M
				30
基价				255.26
其中	人工费			0.00
	材料费			255.26
	机械费			0.00
	名称	单位	单价（元）	数量
材料	砂	m³	70.00	0.98
	水	m³	2.45	0.27
	水泥 32.5	t	300.00	—
	水泥 42.5	t	300.00	0.62

表 5.37　10 m 长单根锚杆灌浆材料数量计算表

名称		单位	1 m³砂浆中材料数量	单根锚杆中 M30 砂浆数量（m³/根）	单根锚杆灌浆材料数量	单位锚杆长度灌浆量
A	B	C	D	E	F=D×E	G=F÷10
材料	砂	m³	0.98	0.038	0.037	0.004
	水	m³	0.27	0.038	0.010	0.001
	水泥 42.5	kg	620	0.038	23.560	2.356

表 5.38　单位长度灌浆量和超额灌浆量计算表

名称	单位	数量	说明
灌浆水泥数量	kg	9 000.00	
锚杆数量	根	30.00	
单根锚杆水泥用量	kg/根	300.00	单根锚杆水泥用量=灌浆水泥数量÷锚杆数量=9 000÷30=300
单位锚杆长度灌浆量	kg/m	30.00	单位锚杆长度灌浆量=单根锚杆水泥用量÷锚杆长度=300÷30=30，选用超额灌浆定额的依据
单根锚杆超额灌浆量	kg/根	276.44	单根锚杆超额灌浆量=单根锚杆水泥用量−定额灌浆量=300−23.56=276.44
锚杆超额灌浆量	kg	6 969.08	根据定额规定，按水泥数量统计，276.44÷1.19×30=6 969.08

根据上表计算，本案例中 30 根锚杆实际单位长度水泥用量为 30 kg/m，锚杆超额灌浆量 6 969.08 kg。超额灌浆定额如表 5.39 所示，故应套用定额 D061113。

表 5.39　六-62 锚杆（索）超额灌浆

工作内容：简易工作平台搭拆、钻孔冲洗、简易压水试验、制浆、灌浆、封孔、记录等。

适用范围：锚杆（索）超额灌浆。

单位：t

定额编号			D061112	D061113	D061114	D061115	D061116	D061117
项目			单位注入量（kg/m）					
			≤10	30	50	70	100	200
基价			1 017.42	912.89	886.99	817.10	735.65	667.70
其中	人工费		86.00	74.01	73.87	64.91	53.29	42.06
	材料费		545.21	524.06	510.85	497.54	484.62	476.48
	机械费		386.21	314.82	302.27	254.65	197.75	149.16
名称	单位	单价（元）	数量					
人工	工长	工时	9.35	0.84	0.77	0.65	0.51	0.51	0.26
	高级工	工时	8.60	2.84	2.30	2.15	1.79	1.54	1.02
	中级工	工时	7.12	3.69	3.07	3.01	2.56	1.79	1.54
	初级工	工时	5.18	5.30	4.86	5.38	5.12	4.35	3.84
材料	水	m³	2.45	65.00	58.00	56.00	52.00	50.00	48.00
	水泥 32.5	t	300.00	1.20	1.19	1.18	1.17	1.16	1.15
	其他材料费		—	5.00%	5.00%	4.00%	4.00%	3.00%	3.00%
机械	载重汽车载重量（t）5.0	台时	51.10	0.16	0.13	0.12	0.10	0.08	0.06
	灌浆自动记录仪	台时	24.99	2.70	2.21	2.12	1.78	1.38	1.04
	灰浆搅拌机	台时	29.25	3.18	2.59	2.49	2.10	1.63	1.23
	灌浆泵中低压泥浆	台时	61.54	3.18	2.59	2.49	2.10	1.63	1.23
	其他机械费		—	6.00%	6.00%	6.00%	6.00%	6.00%	6.00%

备注：1. 本定额计量按水泥重量计算。

　　　2. 实施过程如有压水试验资料，则按压水试验资料选用定额，如无压水试验资料，则按单位注入量 200 kg/m 套用定额。

3. 勘查设计阶段超额灌浆计算的问题

勘查设计阶段如果有钻孔灌浆的试验资料或压水试验，可按该工程的勘查地层情况估算超额灌浆的投资，估算的投资应合理、可信。如果没有试验资料则不应估算该部分投资。

5.8.7 固结灌浆与超额灌浆消耗量定额的区分

锚杆（索）超额灌浆定额如表 5.39 所示。从表中可见，超额灌浆的灌浆量的计量单位为吨，且以灌浆水泥重量作为进行超额灌浆量的计量依据。单位长度注浆量越少，超额灌浆的单价越高。其原因是每注入 1 t 水泥，单位长度注入量越小，灌浆的难度越大，所花费的时间就越长，人工、机械的消耗量越大，成本也就相应越高，因此基价也就越高。超额灌浆的定额适用于锚杆（索）超额灌浆造价的计算。

固结灌浆的相关定额如表 5.40 所示。

表 5.40　六-7 基础固结灌浆

工作内容：冲洗、压水、制浆、灌浆、封孔、孔位转移。

单位：100 m

定额编号			D060035	D060036	D060037	D060038
项目			透水率（Lu）			
			≤2	2～4	4～6	6～8
基价			12 001.80	12 573.06	13 316.39	14 534.88
其中	人工费		2 497.64	2 527.42	2 623.89	2 746.72
	材料费		1 868.41	2 311.33	2 668.17	3 375.26
	机械费		7 635.76	7 734.31	8 024.33	8 412.90
	名称	单位	单价（元）	数量		
人工	工长	工时	9.35	20.00	20.00	21.00	22.00
	高级工	工时	8.60	32.00	32.00	34.00	35.00
	中级工	工时	7.12	120.00	122.00	126.00	132.00
	初级工	工时	5.18	228.00	231.00	239.00	251.00
材料	水	m³	2.45	406.00	453.00	490.00	535.00
	水泥	t	300.00	2.10	3.00	3.80	5.50
	其他材料费		—	15.00%	15.00%	14.00%	14.00%
机械	胶轮车	台时	0.77	12.00	16.00	21.00	30.00
	灰浆搅拌机	台时	29.25	80.00	81.00	84.00	88.00
	灌浆泵中低压泥浆	台时	61.54	80.00	81.00	84.00	88.00
	其他机械费		—	5.00%	5.00%	5.00%	5.00%

从上表中可见，固结灌浆的计量依据为钻孔灌浆的深度。如果灌浆地层的透水率越大，越容易注入，则每米耗费的水泥浆就越多，消耗的人工和机械数量也越大，因此相应的基价也就越高。

表 5.39 中超额灌浆定额与表 5.40 固结灌浆定额虽然在定额划分上理念基本相同（前者以单位长度灌浆量、后者以透水率来划分定额），但定额单位、计量依据不同，因此定额基价变

化情况也相应不同。对定额的理解不能单纯从定额划分依据来区分，而应从定额单位、计量依据、适用范围、工作内容等方面来综合分析理解。

5.9 其他工程

5.9.1 其他工程概述

其他工程包括主被动防护网、引导式防护网、泄水管、塑料薄膜铺设、复合柔毡附上土工膜铺设、土工布铺设、天然砂石料开采及加工、人工砂石料开采及加工、石料开采加工、地面贴块料、景观小品、混凝土路面及路缘（沿）石，混凝土植树框、嵌草砖铺装、栏杆（木、混凝土、石、钢材）制安等。其中最常用的主要是主被动防护网、引导式防护网、泄水管、塑料薄膜铺设、复合柔毡附上土工膜铺设、土工布铺设、栏杆制安等。

5.9.2 常用定额使用注意点

（1）塑料薄膜、土工膜、复合柔毡、土工布铺设 4 节定额，仅指这些防渗（反滤）材料本身的铺设，不包括其上面的保护（覆盖）层和下面的垫层砌筑。其定额单位 100 m² 是指设计有效防渗面积。

（2）泄水管使用八-3 泄水管中的定额。需要注意的是定额中包括了 100 cm 以内的浅孔，如果不需要钻孔则电钻 1.5 kW 消耗量为 0，如果深度超过 100 cm，则电钻 1.5 kW 消耗量为 0，并参考第六章选用钻孔定额。

（3）柔性防护网

由于柔性防护网工程量和定额套用比较复杂，后面详细介绍。

5.9.3 柔性防护网

5.9.3.1 柔性防护网类型

地质灾害治理工程中常用的柔性防护网包括主动防护网、被动防护网和引导防护网。主动防护网是采用系统化排列布置的锚杆和支撑绳固定方式，将金属柔性网覆盖在具有潜在危岩落石的斜坡上，实现危岩加固或将危岩落石约束在其原位附近的一种防护网，简称主动网。被动防护网是采用锚杆、钢柱、支撑绳和拉锚绳等固定方式，将金属柔性网以一定角度安装在坡面上，形成栅栏形式的拦石网，实现对危岩落石拦截的一种防护网，简称被动网。引导防护网是采用锚杆、钢柱、支撑绳等构件将金属柔性网覆盖或支撑在坡面上，以引导或控制危岩落石运动轨迹和停积范围的柔性防护系统，分为覆盖式引导防护网和张口式引导防护网[17]。

5.9.3.2 柔性防护网的定额分类及选用

1. 主动防护网

主动防护网定额按网型分为钢丝绳网（钢绳锚杆矩阵排列）、高强度钢丝格栅（钢筋锚杆梅花排列）、绞索网（钢绳锚杆矩阵排列）、绞索网（钢筋锚杆梅花排列）。

2. 被动防护网

被动防护网定额按网型和标称能级划分表 5.41 所列的几类。

表 5.41 被动防护网种类

序号	网型	标称能级（kJ）
1	钢丝绳网	250
2		500
3		750
4	高强度钢丝格栅	500
5		1 000
6	绞索网	2 000
7		3 000
8	环形网	250
9		500
10		750
11		1 000
12		1 500
13		2 000
14		3 000
15		5 000

3. 引导式防护网

引导式防护网定额，包括覆盖式和张口式两种。由于引导式防护网未专门编制相关定额，所以应根据定额说明的规定参考主动防护网和被动防护网通过消耗量调整使用，具体如下：

（1）引导式防护网（覆盖式）将主动防护网中钢筋、合金钻头、砂浆和风钻的消耗量取为 0，工长、中级工、初级工分别乘 0.91 的系数，并根据锚固章节单独计算上部锚杆。

（2）引导式防护网（张口式）：上部张口部分按相应冲击能量、材质的被动网规定计算（不包括基础土石方开挖、基础混凝土及其配筋，其计算可参照相关章节定额），其高度以型钢立柱为准；下部网体将主动防护网中钢筋、合金钻头、砂浆和风钻的消耗量取为 0，工长、中级工、初级工分别乘 0.91 的系数。

在使用过程中，相关人员应根据设计文件中柔性防护网的网型和标称能级选用相应类型的柔性防护网定额。

5.9.3.3 柔性防护网工程量计算

1. 规范中柔性防护网的布置要求

《危岩落石柔性防护网工程技术规范》[17]对柔性防护网的布置有以下规定：

（1）主动防护网。

根据勘查报告提供的危岩或潜在危岩落石分布区域，主动防护网布置范围应分别向上缘和两侧缘外延伸不小于 2 m。

（2）被动防护网。

①除主要用于将危岩落石导入邻近的沟谷或者是需要跨越局部陡坎或沟槽外，单道被动防护网宜沿同一高程附近直线延伸布置。

②除危岩落石威胁区域两侧边界为陡壁或沟谷外，被动防护网的走向两端应向所在高程危岩落石威胁区域两侧边界外延伸至少 5 m。安全等级为 I 级且预期危岩落石频率很高（年度危岩落石次数 $n>5$）的防护工程，则宜延伸至少 10 m。

③当受地形条件限制而使单道被动防护网局部走向变化过大（包括水平面和铅直面内的变化），或需要留设维护通道、当地居民行人通道或便于动物迁徙的通道时，宜沿同一高程附近分段设置相互交错的两道或两道以上的被动防护网，其中相邻两道被动防护网间的重叠长度不应小于 5 m。当相邻两道被动防护网的重叠段顺坡向间距较大时，尚应根据危岩落石可能的运动方向增大重叠长度。

（3）引导式防护网。

勘查报告建议的坡面危岩或危岩落石威胁区域采用覆盖式引导防护网时，布置范围宜向上缘外延伸不小于 3 m，向两侧缘外延伸不小于 2 m，距坡脚 0.5 m 高范围内不宜布置引导防护网，且不应将柔性网延伸布置到坡脚以外的平缓地面上；采用张口式引导防护网时拦截部分可设置在危岩落石弹跳高度相对较低位置处，布置范围向两侧缘外延伸不小于 5 m。

2. 工程量计算

柔性防护网工程量根据工程量计算规则计算，但同时应充分考虑规范的上述规定。工程量计算规则的规定如下：

（1）柔性主动防护网按设计图图示防护坡面展开面积计算，其中长度在 3m 以内的锚杆、防护网的搭接等已经包含在定额内，长度超过 3 m 的锚杆按锚杆工程量计算规则计算。

（2）柔性被动防护网按网高度乘以长度计算。柔性被动防护网的混凝土基础按相关章节的内容单独计算。

（3）引导式防护网（覆盖式）按防护坡面展开面积计算，并根据锚固章节单独计算上部。

（4）引导式防护网（张口式）按上部张口部分和下部防护部分分别计算。上部张口部分按被动网规定计算工程量，下部防护部分按防护坡面展开面积计算。

需要注意的是，主动防护网和引导式防护网（坡面覆盖部分）按坡面展开面积计算。计算过程中需要充分考虑边坡坡面起伏变化因素，注意既不是按立面面积计算，也不是按平面面积计算，这是特别需要注意的地方。以往曾经遇到部分项目由于未考虑坡面起伏，导致最终实际工程量与设计工程量差别为 20% ~ 80%，造成投资不可控。

5.10 复绿工程

5.10.1 复绿工程概述

地质灾害治理工程中的绿化工程属于辅助性质的复绿工程，是指除天然植被以外的，按照设计要求，种树、栽花、植草，并使其成活，为改善环境而进行的人工绿化的种植，是保护生态环境、改善生活环境的重要措施。

5.10.2 定额中种植土回填的区分

《治理工程预算定额》第七章中的"七-1 栽种乔木""七-2 栽种灌木"包含了挖坑、栽种（扶正、回土、提苗、捣实、筑水围）、浇水、覆土保墒、整形、清理等工作内容，也就是包含了坑内种植土回填费用。"七-10 种植土回填"主要指成片场地的种植土回填，与"七-1 栽种乔木""七-2 栽种灌木"中回填种植土不同。上述种植土均未包含购买和运输的费用，发生时，应计算实际购买费用，并按第一章土方工程中相关内容计算运输费用。

5.10.3 植树定额挖坑费用

《治理工程预算定额》第七章的章节说明规定：定额按 I 、II 类土拟定，若为III类或IV类土时，在使用定额时其人工消耗数量应分别乘以 1.25 或 1.45 的调整系数。

植树一般都在土层内进行，但是当在岩层内种树时，应根据种树部位的树坑岩石级别计算的开挖费用扣减同样尺寸土方挖坑费用（按 I 、II 类土计算）后作为应计算的挖坑费用。

5.10.4 养护费用计算

《治理工程预算定额》第七章的章节说明规定：

（1）定额中包括种植前的准备、栽植时的用工用料和机械使用费以及栽植后一个月以内的成活养护工作。

（2）苗木养护分为成活保养期和保存保养期，种植期满后第 1～3 个月为成活保养期，第 4 个月及以上为保存保养期。保存保养期绿化工程养护按绿化成活期养护定额的 50%计算。

因此，养护费用的计算应根据设计文件中规定的养护时间、养护的树木数量按照上述规定进行计算。

需要注意的是，养护工作所需要的养护设施，如水池、管道等未包含在上述养护费用中，应单独进行计算。

【案例 5-16】九寨沟景区某泥石流治理工程采用拦砂坝的治理措施。根据景区相关要求，需要采用 8 株胸径 8～10 cm 的乔木对拦砂坝进行遮挡，减少坝体工程对景观的影响。设计文件规定养护时间为 3 年。试选用定额，按养护时间进行定额换算，并按定额规定计算养护工程量。

分析：

1. 计算养护费的时间

由于栽种定额中已经包含栽植后一个月以内的成活养护工作，总养护时间为 3 年，需要进行计算养护费用的时间计算如下：

$$3 \times 12-1=35（月）$$

2. 定额选用

根据背景资料，乔木的胸径为 8～10 cm，如表 5.42 所示，应选用绿化成活养护定额 D070045。

表 5.42　七-7 绿化成活期养护

工作内容：浇水、松土施肥、杀虫、刷白、修剪等。

单位：表列单位

定额编号			D070045	D070046	D070047	D070048	D070049
项目			乔木			灌木	绿篱、地被
			胸径（cm）				
			10 以下	20 以下	20 以上		
			100 株·月				1 000 m²·月
基价			51.39	100.28	171.15	51.39	256.93
其中	人工费		41.44	82.88	145.04	41.44	207.20
	材料费		9.95	17.40	26.11	9.95	49.73
	机械费		0.00	0.00	0.00	0.00	0.00
名称		单位	单价（元）		数量		
人工	初级工	工时	5.18	8.00	16.00	28.00	8.00	40.00
材料	零星材料费	—		24.00%	21.00%	18.00%	24.00%	24.00%

备注：零星材料费含成活期、养护期间发生的浇水、松土施肥、喷药除虫等费用。

3. 定额换算

苗木养护分为成活保养期和保存保养期。种植期满后第 1~3 个月为成活保养期，第 4 个月及以上为保存保养期。保存保养期绿化工程养护按绿化成活期养护定额的 50% 计算。由于栽种定额中包含 1 个月以内的成活养护，故成活保养期仅能计算 2 个月，其余的养护时间为保存保养期。

保存保养期：35-2=33（月）

定额换算如下：

D070045×2+D070045×（35-2）×0.5

4. 养护工程量

结合以上分析，养护工程量应按照乔木的株数计算，而不是以株·月计算，故养护工程量为 8 株。

5.11　临时工程

5.11.1　临时工程概述

四川省地质灾害治理工程投资规模普遍较小[10]。但俗话说"麻雀虽小，五脏俱全"，无论地质灾害治理工程投资有多小，运输道路、供电线路、安全措施等是每个地质灾害治理工程实施所必需的，只是这些临时工程建设规模、建设标准要低于水利工程，但这些临时工程的投资占整个治理工程投资的比例较高，为 15%~50%[14]。地质灾害治理工程中常用的临时工程包括围堰、公路、脚手架、供电线路、房屋、临时围护等。

5.11.2 临时工程的周转摊销

临时工程与永久工程的区别就是临时工程所用的材料需要周转使用，因此应根据定额的规定进行周转摊销的调整。

除特别说明外，临时工程定额中的材料数量，均系备料量，未考虑周转回收。周转及回收量可按该临时工程使用材料使用寿命及残值进行计算。为方便计算，考虑地质灾害治理的特殊性，定额中的相应材料消耗乘以表 5.43 中参考周转摊销系数。

表 5.43 地质灾害治理工程临时工程材料参考周转摊销系数

材料名称	参考周转摊销系数
钢板桩	0.16
钢轨	0.08
钢丝绳（吊桥用）	0.10
钢管（风水管道用）	0.23
钢管（脚手架用）	0.18
阀门	0.19
卡扣件（脚手架用）	0.04
导线	0.18

需要注意的是，九-10 架空运输道、九-23 施工临时围护的定额中的钢管及扣件已经考虑周转摊销，不应重复乘周转摊销调整系数。

5.11.3 常用临时工程及定额选用

地质灾害治理工程中常用的临时工程及定额选用详细见表 5.44。

表 5.44 常用临时工程及定额选用

常用临时工程名称	定额章节	主要内容	定额号	备注
围堰	九-1	袋装土方围堰	D090001～D090006	拆除定额按就地拆除拟定，如需外运可参照土方运输定额另计运输费用
公路工程	九-5	公路基础	D090011～D090016	
	九-6	公路路面	D090017～D090024	
	九-7	简易公路	D090025～D090027	未包括土石方，挖填路面宽度不同时应按设计换算
	九-8	修整旧路面	D090028～D090031	
架空运输道	九-10	架空运输道	D090037～D090038	
脚手架	九-18	钢管脚手架	D090131～D090133	按章节说明周转，应扣除定额中包含的部分，具体详见 5.11.4 节脚手架

续表

常用临时工程名称	定额章节	主要内容	定额号	备注
供电线路	九-18～ 九-21	供电线路	D090134～D090169	应注意区分施工临时工程中应计算的部分
仓库	九-22	临时房屋	D090170～D090186	
施工临时围护	九-23	施工临时围护	D090187～D090188	已经考虑周转

5.11.4 脚手架

5.11.4.1 脚手架概述

地质灾害治理工程中，脚手架一般有两个方面的作用：一是作为保证各施工过程顺利进行而搭设的工作平台；二是作为确保保护对象不受落石等影响，而采取的拦挡保护措施，一般搭设在边坡下方的保护对象附近，还会辅以竹跳板等封闭措施。地质灾害治理工程中的脚手架是否应单独计量计价，又该如何计量计价，一直是编制和审查过程中分歧较大的地方。这里将标准中所有涉及脚手架的相关内容进行总结，并通过案例来说明脚手架的计量计价方法。

5.11.4.2 标准中涉及脚手架的相关内容

1. 定额总说明第九条（脚手架计算范围的内涵）

定额总说明第九条明确：其他材料费和零星材料费，是指完成一个定额子目的工作内容，所必需的未列量材料费，如工作面内的脚手架、排架、操作平台等的摊销费，……以及其他用量较少的材料。

上述内容的核心内涵是必需的、用量较少、无须列量的材料，而且该脚手架仅仅是工作面范围内的。

地质灾害治理工程脚手架的主要用途是安全防护、操作平台、模板支撑等。操作平台、模板支撑的脚手架一般都与实体工程紧密联系在一起，也就是属于工作面范围内的脚手架。安全防护脚手架一般布置在工程实体之外，最常见的就是边坡上部清危、下部保护对象进行安全防护搭设的脚手架。

【案例 5-17】 如图 5.5 所示，某危岩治理项目，保护对象为危岩下部的房屋，采用的治理措施是清除上部松动的危石。设计文件的施工组织设计提出在下部设置脚手架拦挡结构，防止清理的危石滚落下来损坏房屋。设计图件在有此脚手架拦挡结构的图件。

分析：

这类脚手架布置在工程实体之外，以避免清理的危石砸坏房屋，不属于包含在定额中的脚手架摊销费，应单独计算该脚手架的搭拆费用。

脚手架的种类有单排脚手架、双排脚手架、满堂脚手架等。单排脚手架常用于边坡格构混凝土施工时的模板支撑。单排脚手架搭设高度不应超过 24 m[18]。满堂脚手架一般用于棚洞、桥涵盖板等工程的混凝土浇筑模板的支撑。地质灾害治理工程中最常用的脚手架是双排脚手架，主要用于边坡坡面锚杆、锚索施工、各类坝体、挡土墙、桩板墙混凝土浇筑等。各类坝体、挡土墙、桩板墙混凝土浇筑等使用的脚手架，应认为包含在定额中的其他材料和零星材料费中。边坡上的脚手架，需要区分是否属于工作面范围内的、用量较少的材料。双排脚手架搭设高度不宜超过 50 m[18]。地质灾害治理工程中，边坡较高时，会有三排及以上脚手架，这类脚手架往往需要通过安全监督部门组织的专项论证审查，且搭拆脚手架投资也较高。如果脚手架摊销费仍按包含在定额中用量较少的材料计算，这是与定额中该部分说明的内涵不一致的。

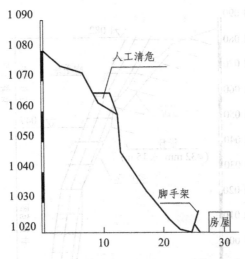

图 5.5 安全防护脚手架示意图（单位：m）

【案例 5-18】如图 5.6 所示，某治理工程采取边坡上部采用长锚杆加固的治理措施。由于边坡较陡，且无平台，故设计文件的施工组织设计中明确脚手架仅能从边坡底部开始搭设，设计文件中有相应的脚手架布设的图件。

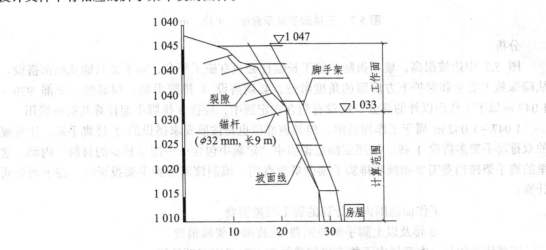

图 5.6 双排脚手架示意图（单位：m）

分析：

图 5.6 中包含在定额内的其他材料和零星材料中的脚手架摊销费是有锚杆的部位，即图中标注的"工作面"范围，高程为 1 033 ~ 1 047 m。高程为 1 010 ~ 1 033 m，即标注"计算范围"的部分，是属于工作面以外的部分，没有包含在定额中，应单独计算该部分脚手架的拆

除费用。

【案例 5-19】如图 5.7 所示，某高位危岩治理项目，从边坡的底部到边坡顶部高差达112 m。该危岩治理项目治理措施是针对边坡上部的危岩体采用长锚杆加固。由于边坡既陡又高，中部无任何平台，故按照设计文件中的施工组织设计和安全监督部门的要求，需要搭设 3 排脚手架。上述脚手架在设计文件中有相应的图件。

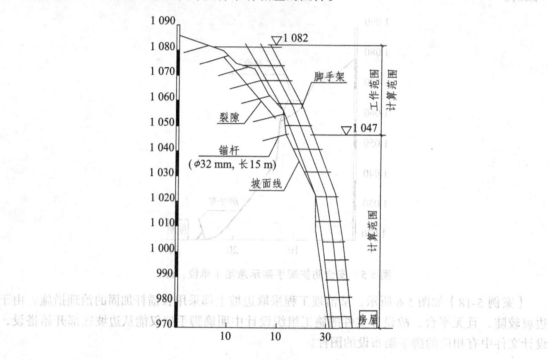

图 5.7　三排脚手架示意图（单位：m）

分析：

图 5.7 中边坡很高，坡度很陡，施工长锚杆必须有施工平台，脚手架只能从底部搭设。从确保施工安全和保护下方房屋的角度考虑，必须搭设 3 排脚手架。很显然，下部 970～1 047 m 属于工作面以外的部分，故没有包含在定额中，应按 3 排脚手架计算其搭拆费用。

1 047～1 082 m 属于工作面范围，但是该部位也是按照要求搭设的 3 排脚手架，比常规的双排脚手架多搭设 1 排。按照定额总说明中"定额中包含……用量较少的材料"内涵，这里的脚手架摊销费需要扣减双排脚手架的搭拆费用。编制该部分脚手架投资时，按下列公式计算：

工作面范围内应计算的脚手架摊销费

=3 排及以上脚手架摊销费-双排脚手架摊销费

需要注意的是，本案例中不能直接按单排脚手架套用定额计算。

2. 第九章定额章节说明第三条（周转摊销系数）

定额中脚手架的材料数量，为备料量，未考虑周转和回收。周转及回收量按脚手架使用寿命及残值进行计算。为方便计算，考虑地质灾害治理工程使用的脚手架损耗大的情况，按直线折旧和规定的残值率计算脚手架周转摊销系数。定额中的脚手架消耗量乘以周转摊销系数（表 5.45）。

表 5.45 脚手架周转摊销系数

材料名称	参考周转摊销系数
钢管（脚手架用）	0.18
卡扣件（脚手架用）	0.04

在以往脚手架搭拆费用编制和审查中，相关人员经常会遇到未考虑周转摊销系数的现象，这会造成工程投资差别过大。

3. 第九章脚手架定额

钢管脚手架的定额如表 5.46 所示。定额中的钢管、扣件为备料量，需要按定额规定，考虑周转和残值回收。因此，在套用定额以后，定额中的钢管、扣件需要乘周转摊销系数。定额中的其他材料费包括连墙件、脚手板、安全网等。

表 5.46 钢管脚手架定额

工作内容：脚手架及脚手板搭设、维护、拆除。

单位：100 m²（100 m³）

定额编号			D090131	D090132	D090133
项目			单排脚手架	双排脚手架	满堂脚手架
			100 m²		100 m³
基价			6 611.66	11 766.60	10 724.53
其中	人工费		253.88	366.07	383.73
	材料费		6 357.78	11 400.53	10 340.80
	机械费		0.00	0.00	0.00
名称	单位	单价（元）		数量	
人工	工长	工时	9.35	2.00	3.00	3.00
	高级工	工时	8.60	8.00	11.00	12.00
	中级工	工时	7.12	11.00	16.00	18.00
	初级工	工时	5.18	17.00	25.00	24.00
材料	钢管 ϕ 50 mm	kg	4.50	1 053.00	1 853.00	1 886.00
	卡扣件	kg	5.00	158.00	315.00	101.00
	其他材料费	—		15.00%	15.00%	15.00%

4. 第九章定额章节说明第四条（三排及以上脚手架定额套用方法）

坡面脚手架如果采用 3 排及以上脚手架，超过两排脚手架以外的部分按双排或单排脚手架的 90%累加计算（累加选择的顺序为双排脚手架、单排脚手架，如 5 排脚手架单价=双排脚手架单价+双排脚手架单价×90%+单排脚手架单价×90%）。

3 排及以上脚手架有一部分钢管是公用的，比如剪刀撑、小横杆等。因此，3 排及以上脚手架不能用单排脚手架、双排脚手架直接累加，应考虑一定的折减系数。

脚手架定额套用及换算方法见表 5.47。

表 5.47 钢管脚手架定额套用及换算

序号	类型	套用定额及换算	说明
1	单排	D090131	直接套用
2	双排	D090132	直接套用
3	3排	D090132+D090131×0.9	3 排及以上的主定额为双排脚手架定额，累加的顺序为双排脚手架、单排脚手架
4	4排	D090132+D090132×0.9	
5	5排	D090132+D090132×0.9+D090131×0.9	
6	6排	D090132+D090132×0.9×2	

5.《工程量计算规则》中第九章

坡面单排、双排钢管脚手架按设计坡度的坡面面积计算，满堂脚手架按体积计算，安全防护脚手架按搭设面积计算。坡面脚手架、满堂脚手架的面积应扣除定额中包含的脚手架。

坡面脚手架要按照坡面面积计算，而不是按照搭设脚手架的垂直投影面积计算。这是与工民建行业有所区别的。工民建的脚手架往往是垂直的、紧靠房屋墙面，脚手架的搭设面积按垂直投影计算面积也是符合其搭设特点的。但是，地质灾害治理工程坡面搭设的脚手架都是紧贴边坡坡面的，边坡往往有一定的坡度，搭设的面积大于按垂直投影的面积，特别是边坡较缓时，面积更大。也就是说，地质灾害治理工程坡面脚手架的搭设面积与边坡的坡度、高度等是紧密相关的。因此，按坡面面积计算是符合地质灾害治理工程脚手架搭设的特点的。

5.11.4.3 脚手架计算综合案例

【案例 5-20】背景资料与【案例 5-19】相同。经过现场测量，上部有长锚杆部位（即 1 047 ~ 1 082 m）的坡面综合坡度为 1：0.5，下部没有工程的部位（即 970 ~ 1 047 m）坡面综合坡度为 1：0.3。假设搭设脚手架长 20 m。

分析：

1. 脚手架面积

下部脚手架：$(1\ 047-970)\times\sqrt{1^2+0.3^2}\times20=1\ 067.8\ (m^2)$

上部脚手架：$(1\ 082-1\ 047)\times\sqrt{1^2+0.5^2}\times20=782.6\ (m^2)$

2. 套用定额及换算

（1）下部脚手架。

由于下部没有工程，搭设的脚手架在工作面范围外，故属于应该计算的 3 排脚手架，套用定额如下：D090132+D090131×0.9。

（2）上部脚手架。

由于上部有锚杆工程，属于工作面范围内的脚手架，同时脚手架搭设 3 排，超过常规的定额中包含的脚手架摊销量，因此应按搭设的 3 排脚手架扣除定额中包含的脚手架（按双排脚手架）来计算。故套用定额及换算如下：D090132+D090131×0.9-D090132=D090131×0.9。

5.12 材料运输

5.12.1 材料运输概述

四川省地质灾害治理工程材料经常采用小型载重汽车、自卸汽车进行材料运输，到达治理工程点的"最后一千米"，往往采用拖拉机、胶轮车、骡马、人工背运或挑运等一种或多种方式转运。这是由于四川地质灾害治理工程都在偏远的山区，一般道路都比较狭窄，甚至没有道路。

地质灾害治理工程的材料预算价按工程所在地的政府造价信息部门颁布的材料信息价与调整的运杂费之和计算。调整的运杂费包括少于信息价中包含距离的运杂费、超远运距的运杂费和转运的运杂费，其中超远运距的运杂费和转运的运杂费就是根据材料的运输方式套用相应的材料运输定额，并根据实际道路宽度、路面状况和坡度等选用相应的调整系数，从而成功解决"最后一千米"材料运杂费的计算问题。材料计算方法既反映了市场的真实价格水平，又体现了地质灾害治理工程材料运输特点[14]。

5.12.2 材料运输定额的分类及定额选用

1. 定额分类

材料运输定额按照材料种类、运输方式、运输机械进行分类。材料种类包括水泥、钢材、火工产品、砂（包括粗砂、中砂、细砂和特细砂）、碎（砾、卵）石、块（片、毛、大卵）石、条石（包括毛条石、粗条石、清料石及拱石）等七类。

定额的运输方式和运输机械包括人工运输、人工挑（抬）运、骡马运输、人工装胶轮车运输、简易龙门式起重机吊运、装载机运输、人工装三轮卡车（机动翻斗车、手扶式拖拉机、载重汽车）运输、装载机（挖掘机）装自卸汽车运输、缆索吊运等。

2. 定额选用

材料运输定额的选用应根据材料种类、运输方式、运输机械和材料的运输距离共同确定。

材料种类不同，其运输方式、运输机械等存在较大的差别，相应材料运输费用差别也较大。因此，应根据材料种类选用相应的材料运输定额。

由于地质灾害治理工程一般都位于偏远的山区，道路状况较差，材料运输方式、运输机械的选择需要根据道路状况和材料运输的种类来选择。道路状况越差，往往选用运输效率低的运输方式，运输机械也是载重量较低的，甚至有可能由于运输条件的限制，选用骡马或人工运输。这种情况下的运输费用很高。因此，运输方式和运输机械的选择应充分结合周围的环境条件。

5.12.3 总说明第十五条（坡度折平系数）

地质灾害治理工程由于其特殊性，施工过程中经常会发生往山坡上或山坡下运输的情况。由于人力搬、背、挑运、骡马以及人力胶轮车运输的难度很大，本定额采用坡度折平系数进行调整，即按实际斜距乘坡度折平系数调整折算为该段水平距离长度。坡度折平系数如表 5.48 和表 5.49 所示[19]。

表 5.48　人力搬、背、挑运、骡马运输坡度折平系数

项目	上坡度数（%）		下坡度数（%）	
	5～30	>30	16～30	>30
系数	1.8	3.5	1.3	1.9

表 5.49　人力胶轮车运输坡度折平系数

项目	上坡度数（%）		下坡度数（%）	
	3～10	>10	≤10	>10
系数	2.5	4.0	1.0	2.0

有以下几点需要注意：

（1）坡度计算（图 5.8）。

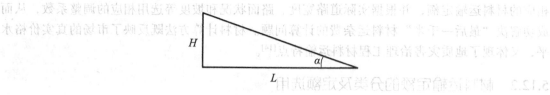

图 5.8　坡度示意图

坡度计算公式：坡度（%）=$H \div L \times 100\%$

（2）这里的坡度指的是道路的坡度，不是边坡坡面的坡度。

（3）设计文件中如果给的是道路的度数 α（°），则需要换算成坡度（%）。Excel 中需要将度数换算成弧度，采用以下公式计算：

坡度（%）=tan（度数×3.14÷180）×100%

【案例 5-21】假设某工程需要通过下坡道路人力挑运材料，道路的坡度度数为 20°，试确定运输坡度折平系数。

分析：

由于背景资料中道路坡度为度数（°），故需要换算成坡度（%）。换算计算过程如下：坡度（%）=tan（20°）×100%=36.40%>30%，根据总说明第十五条表 0-2，人力挑运按下坡运输折算系数 1.9 计算，相应搬运定额的人、材、机乘以 1.9 的系数。

5.12.4　第十章章节说明第四条（适用距离调整系数）

地质灾害治理工程的材料运输方式较为复杂，往往是几种运输方式组合使用。各种运输方式运输距离较长时，运输效率提高，因此设置适用距离，超过的适用距离的部分乘相应调整系数。地质灾害治理工程常用材料运输方式适用距离、调整系数及计算运杂费种类如表 5.50所示。

表 5.50　常用材料运输方式适用距离、调整系数及计算运杂费种类

运输方式	适用距离	超过适用距离乘以下系数	计算运杂费种类
人力搬、背、挑运、胶轮车	1 km 以内	0.75	转运的运杂费
装载机	2 km 以内	0.75	转运的运杂费
机动翻斗车、三轮卡车、拖拉机	5 km 以内	0.75	转运的运杂费

续表

运输方式	适用距离	超过适用距离乘以下系数	计算运杂费种类
载重汽车、自卸汽车、搅拌车	10 km 以内	0.75	超远运距运杂费
简易龙门式起重机	200 m 以内	如果超过 200 m，应选用其他型号机械	转运的运杂费
缆索吊运	460 m	如果超过 460 m，应选用其他型号机械	转运的运杂费
骡马运输	5 km 以内	0.75	转运的运杂费

由于《编制与审查规定》明确材料信息价中钢材、水泥、商品混凝土包含 20 km 运杂费，其他材料包含 10 km 运杂费，适用距离的起点是材料购买点，不是超远运距的起点，故计算超远运距的运杂费时均应考虑适用距离调整系数。

5.12.5 第十章章节说明第五条（路况调整系数）

材料运输定额使用时根据工程施工组织设计所确定的路况条件，采用表 5.51、表 5.52 按道路面层类型和宽度，采取加权平均法求出整条道路的路况调整系数，调整定额数量[19]。表 5.51、表 5.52 仅适用于汽车运输，不适用于其他运输方式。

表 5.51 道路面层

类别	面层类型	面层路况调整系数
1	水泥混凝土路面	1.00
	沥青混凝土路面	
	沥青油渣贯入式碎（砾）石路面	
2	泥结碎（砾）石	1.05
	级配碎（砾）石路面	
3	土石渣简易路面	1.08

表 5.52 路面宽度

行车车道	宽度路况调整系数
双车道	1.00
单车道	1.05

四川省的地质灾害治理工程大部分在山区，道路面层状况较差，甚至经常遇到单车道。由于道路的状况对材料运输的效率影响特别大，特别是一些泥石流治理工程，一些拦挡工程可能会布置在泥石流沟道的上游，只能修建简易的施工便道，由于道路状况很差，运输效率大幅度下降，运输成本大幅度上升，为此采用路况调整系数对不同的道路状况进行调整。由于材料运输定额按不同的运输机械设置，因此路况调整系数一般根据运输机械种类计算，计算每一种运输机械的加权平均的路况调整系数（简称"综合路况调整系数"）。

1. 综合路况调整系数

按运输机械的种类分别计算路况调整系数，假设是两种路况，路况 1 距离+路况 2 距离=

运输距离，综合路况调整系数计算公式如下：

（1）路况 1 距离＞信息价中包含的距离。

综合路况调整系数=（路况 1 距离-信息价中包含的距离）÷（运输距离-信息价中包含的距离）×（面层路况调整系数 1×宽度路况调整系数 1）+路况 2 距离÷（运输距离-信息价中包含的距离）×（面层路况调整系数 2×宽度路况调整系数 2）

套用定额为：[增运定额×（路况 1 距离-信息价中包含的距离）×适用距离调整系数+增运定额×路况 2 距离×适用距离调整系数]×综合路况调整系数

【案例 5-22】某地质灾害治理工程需用的碎石先用人工装 5 t 自卸汽车运输 18 km，最后用拖拉机运输 1 km。其中汽车运输 12 km 为混凝土双车道，6 km 为 3.5 m 宽泥结石路面机耕道，最后拖拉机运输 1 km 为 2 m 宽土石渣简易路面。

分析：

汽车运输综合路况调整系数：（12-10）÷（18-10）×（1×1）+6÷（18-10）×（1.05×1.05）=1.08

拖拉机运输路况调整系数：路况调整系数仅适用于汽车运输，故为 1。

汽车运输套用定额及换算系数：[D100168×（12-10）×0.75+D100168×6×0.75]×1.08=D100168×6.46

拖拉机运输套用定额及换算系数：D100104×1

（2）路况 1 距离＜信息价中包含的距离，且运输距离＞信息价中包含的距离。

综合路况调整系数=[路况 2 距离-（信息价中包含的距离-路况 1 距离）]÷（运输距离-信息价中包含的距离）×（面层路况调整系数 2×宽度路况调整系数 2）=面层路况调整系数 2×宽度路况调整系数 2

套用定额为：增运定额×（运输距离-信息价中包含的距离）×适用距离调整系数×综合路况调整系数

【案例 5-23】某地质灾害治理工程需用的碎石先用人工装 5 t 自卸汽车运输 18 km，最后用拖拉机运输 1 km。其中汽车运输 6 km 为混凝土双车道，12 km 为 3.5 m 宽泥结石路面机耕道，最后拖拉机运输 1 km 为 2 m 宽土石渣简易路面。

分析：

汽车运输路况调整系数：1.05×1.05=1.10

拖拉机运输路况调整系数：路况调整系数仅适用于汽车运输，故为 1。

汽车运输套用定额及换算系数：D100168×（18-10）×0.75×1.10=D100168×6.62

拖拉机运输套用定额及换算系数：D100104×1

（3）运输距离＜信息价中包含的距离。

不需要计算路况调整系数，直接扣减单位重量与少于信息价中包含的距离的乘积。

2. 不同的路况直接使用路况调整系数

除了使用综合路况调整系数，也可以针对不同的路况直接使用路况调整系数，并套用材料运输定额。

（1）路况 1 距离＞信息价中包含的距离。

【案例 5-24】假设背景资料与【案例 5-22】相同。

分析：

汽车运输套用定额及换算系数：D100168×（12-10）×0.75×（1×1）+D100168×6×0.75×（1.05×1.05）=D100168×6.46

拖拉机运输套用定额及换算系数：D100104×1

（2）路况 1 距离＜信息价中包含的距离，且运输距离＞信息价中包含的距离。

【案例 5-25】假设背景资料与【案例 5-23】相同。

分析：

汽车运输套用定额及换算系数：D100168×[12-（10-6）]×0.75×1.05×1.05= D100168×6.62

拖拉机运输套用定额及换算系数：D100104×1

5.12.6 第十章章节说明第六条（材料运输定额选用原则）

超远运距的运杂费仅能选用增运定额，转运的运杂费选用装运卸相关的定额。

5.12.7 第十章章节说明第七条（商品混凝土）

如工程项目的混凝土采用的是商品混凝土，则材料运输定额参考第四章相关内容。运输设备适用距离详见表 5.50。

需要注意的是仅商品混凝土选用第四章的运输设备时适用距离使用第十章的规定，其他章节的运输设备仍按各自章节和定额总说明的规定选用适用距离及调整系数。

第 6 章　《勘查设计预算标准》

6.1　阶段附加调整系数

阶段附加调整系数报告包括应急阶段附加调整系数、抢险阶段附加调整系数。阶段调整系数仅适用于野外勘查工作。适用阶段系数的项目应根据《四川省国土资源厅关于进一步规范地质灾害抢险救灾工程项目管理工作的通知》（川国土资发〔2018〕23 号）的规定，有专家现场踏勘论证资料（不少于 5 名专家，其中包括 1～2 名经济专家）、县级及以上人民政府下发的文件作为依据。

6.2　气温附加调整系数

气温附加调整系数仅适用于野外工作手段。地质灾害防治项目预算在编制和审查过程中需要当地气象台、站的气象报告，同时要提供业主单位现场签证认可野外工作的内容和时间，以便验证是否使用气温附加调整系数。

气温附加调整系数的计算公式如下：

$$气温附加调整系数 = 1 + \frac{野外工作期间气温 \geq 35\,℃或者 \leq -10\,℃天数}{野外工作天数} \times 0.2\,^{[20]}$$

【案例 6-1】某泥石流治理项目最终提交的勘查成果资料中有气象台提供的资料，其中项目勘查工作期间温度如表 6.1 所示。

表 6.1　项目勘查工作期间温度

日期	温度（℃）	日期	温度（℃）	日期	温度（℃）	日期	温度（℃）
8 月 10 日	36	8 月 20 日	35	8 月 30 日	36	9 月 9 日	35
8 月 11 日	37	8 月 21 日	36	8 月 31 日	35	9 月 10 日	36
8 月 12 日	38	8 月 22 日	37	9 月 1 日	36	9 月 11 日	37
8 月 13 日	36	8 月 23 日	37	9 月 2 日	36	9 月 12 日	37
8 月 14 日	35	8 月 24 日	38	9 月 3 日	36	9 月 13 日	38
8 月 15 日	33	8 月 25 日	39	9 月 4 日	36	9 月 14 日	39
8 月 16 日	34	8 月 26 日	36	9 月 5 日	35	9 月 15 日	35
8 月 17 日	35	8 月 27 日	34	9 月 6 日	34	9 月 16 日	34
8 月 18 日	33	8 月 28 日	34	9 月 7 日	33	9 月 17 日	34
8 月 19 日	34	8 月 29 日	33	9 月 8 日	34	9 月 18 日	33

项目业主签认的勘查工作量及相关工作时间显示：8 月 10 日至 9 月 8 日进行野外勘查工作，9 月 9 日至 9 月 18 日进行室内试验及报告编写工作。完成的勘查工作如表 6.2 所示。

表 6.2 完成的勘查工作

序号	项目	单位	工作量	备注
一	工程勘查取费基准价			
（一）	工程测量			
1.1	控制测量			
（1）	GPS 控制测量（E 级）	点	3	不造标
1.2	地形测量			
（1）	1：500 地形测量	km²	1.8	
（2）	1：5 000 地形测量	km²	5.8	测量全流域汇水面积
1.3	剖面测量			
（1）	1：500 剖面测量	km	6.6	
（2）	1：5 000 剖面测量	km	4.8	
1.4	定点测量（勘探点）	组日	1	
（二）	岩土工程勘查			
2.1	工程地质测绘			
（1）	1：500 工程地质测绘	km²	1.8	
（2）	1：5 000 工程地质测绘	km²	5.8	
2.2	工程勘探与原位测试钻探			
2.2.1	钻探			
（1）	$D \leq 10$ m	m	156	
（2）	10 m$<D \leq 20$ m	m	155	
（3）	20 m$<D \leq 30$ m	m	26	
2.2.2	槽探			
（1）	$D \leq 2$ m	m³	142	
2.2.3	取土、水试样			
（1）	取土	件	6	
（2）	取水	件	2	
（三）	室内试验			
3.1	土工试验			
（1）	常规	组	6	
（2）	天然含水率	项	6	
（3）	湿密度（环刀法）	项	6	
（4）	比重	项	6	
（5）	颗粒分析	项	6	
3.2	水质简分析			
（1）	水质简分析	件	2	

分析：

本项目勘查工作时间为 8 月 10 日至 9 月 18 日，计 40 d。其中：野外勘查工作为 8 月 10 日至 9 月 8 日，计 30 d，室内工作时间为 9 月 9 日至 9 月 18 日，计 10 d。野外工作期间，气温≥35 ℃的天数为 20 d（表 6.1 中灰色部分）。气温附加调整系数计算如下：

$$气温附加调整系数 = 1 + \frac{20}{30} \times 0.2 = 1.13$$

由于气温附加调整系数仅适用于野外工作，故野外勘查工作气温调整系数为 1.13，室内工作气温调整系数为 1。本项目勘查工作气温调整系数如表 6.3。

表 6.3 勘查工作气温调整系数表

序号	项目	单位	工作量	气温附加调整系数
一	工程勘查取费基准价			
（一）	工程测量			
1.1	控制测量			
（1）	GPS 控制测量（E 级）	点	3	1.13
1.2	地形测量			
（1）	1：500 地形测量	km²	1.8	1.13
（2）	1：5 000 地形测量	km²	5.8	1.13
1.3	剖面测量			
（1）	1：500 剖面测量	km	6.6	1.13
（2）	1：5 000 剖面测量	km	4.8	1.13
1.4	定点测量（勘探点）	组日	1	1.13
（二）	岩土工程勘查			
2.1	工程地质测绘			
（1）	1：500 工程地质测绘	km²	1.8	1.13
（2）	1：5 000 工程地质测绘	km²	5.8	1.13
2.2	工程勘探与原位测试钻探			
2.2.1	钻探			
（1）	$D \leqslant 10$ m	m	156	1.13
（2）	10 m$< D \leqslant 20$ m	m	155	1.13
（3）	20 m$< D \leqslant 30$ m	m	26	1.13
2.2.2	槽探			
（1）	$D \leqslant 2$ m	m³	142	1.13
2.2.3	取土、水试样			
（1）	取土	件	6	1.13
（2）	取水	件	2	1.13

序号	项目	单位	工作量	气温附加调整系数
（三）	室内试验			
3.1	土工试验			
（1）	常规	组	6	1.0
（2）	天然含水率	项	6	1.0
（3）	湿密度（环刀法）	项	6	1.0
（4）	比重	项	6	1.0
（5）	颗粒分析	项	6	1.0
3.2	水质简分析			
（1）	水质简分析	件	2	1.0

6.3 勘查区和工程区高程调整系数选用依据的区别

高程越高，人工、机械由于空气含氧量降低而使工作效率越低。因此，高程附加调整系数的判别应根据勘查工作布置点的高程来判断，而不是根据拟布置的工程治理措施来判别。这是因为勘查工作是为了判别地质灾害的危害性、治理的必要性以及选用技术可行、经济合理的治理措施，因此其工作布置的范围往往会大于拟布置工程，受高程影响的范围也就大于拟布置治理工程。

《勘查设计预算标准》中总则的 1.0.10 条规定高程附加调整系数按工程实施区间平均海拔选用调整系数。这里的工程实施区间指的是勘查工程的实施区间。高程附加调整系数适用于野外勘查手段。《治理工程预算标准》中总说明第三条规定，高程调整系数按地质灾害治理工程中的治理措施平均高程选用高程调整系数。高程调整系数是对消耗定额的人工和机械消耗量进行调整。同一个项目，勘查工程的平均高程与地质灾害治理工程中的治理措施平均调整高程是不同的。四川省常见地质灾害勘查工程实施区间表见表 6.4。

表 6.4 四川省常见地质灾害勘查工程实施区间表

序号	灾种	勘查工程实施区间
1	泥石流	包括沟谷至分水岭的全部地段和可能受泥石流影响的地段
2	滑坡	包括滑坡后缘壁至前缘剪出口及两侧缘壁之间的整个滑坡，并外延到滑坡可能影响的一定范围
3	崩塌	包括危岩体和崩塌堆积体以及可能造成危害影响的地区，一般要到边坡的顶部

【案例 6-2】某崩塌治理工程典型剖面示意图如图 6.1 所示。该崩塌项目的边坡上部有危岩体，危害对象为下部房屋，边坡较陡。勘查工程主要有测量、工程地质测绘、钻探、槽探、试验等，其中测量和工程地质测绘工作范围是整个坡面和下部危害对象，钻探和槽探布置在设置工程措施的位置。选用两种治理方案：方案一对危岩体采用被动治理方案——"桩板墙"，方案二为针对危岩体的主动治理方案——"主动网+加强锚杆"。经过技术和经济的对比，最终推荐"桩板墙"为治理方案。

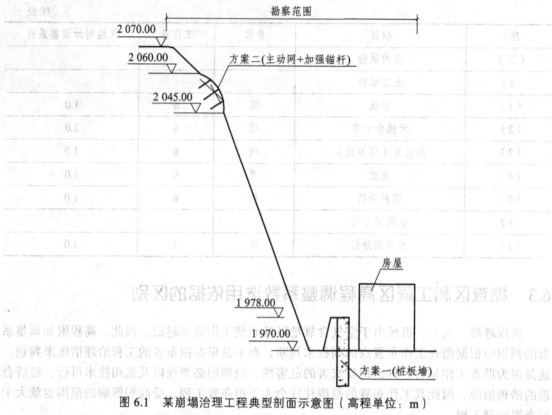

图 6.1　某崩塌治理工程典型剖面示意图（高程单位：m）

分析：

在计算勘查费、治理工程投资时，选用高程调整系数的平均海拔高程分别如下：

1. 勘查费

勘查工作平均海拔高程

＝（勘查工作最高高程＋勘查工作最低高程）÷2

＝（2 070.00＋1 970.00）÷2

＝2 020.00（m）

根据《勘查设计预算标准》，海拔高程位于 2 000 ～ 3 000 m 的高程附加调整系数为 1.1，故勘查工作中野外工作手段的基价适用 1.1 的高程附加调整系数。

2. 方案一治理工程投资

方案一治理工程平均海拔高程

＝（方案一治理工程最高高程＋方案一治理工程最低高程）÷2

＝（1 978.00＋1 970.00）÷2

＝1 974.00（m）

根据《治理工程预算定额》，海拔高程低于 2 000 m，故不适用高程调整系数。

3. 方案二治理工程投资

方案二治理工程平均海拔高程

＝（方案二治理工程最高高程＋方案二治理工程最低高程）÷2

$$= （2\ 060.00+2\ 045.00）÷2$$
$$= 2\ 052.50（m）$$

根据《治理工程预算定额》，方案二海拔高程位于 2 000~2 500 m，适用高程调整系数（人工、机械分别乘 1.10、1.25 的高程调整系数）。

6.4 地面测量的复杂程度

测量基价的复杂程度不是根据其中某一项达到复杂，则基准价按复杂计算，而是应综合考虑地形、通视、通行、地物四个方面的因素，采用赋分计算来确定复杂程度[20]，赋分情况见表 6.5。这四种因素一般通过现场踏勘或勘查报告中的照片来判别其复杂程度。

表 6.5 测量复杂程度赋分表

类别	简单	中等	复杂
地形	1	2	3
通视	1	2	3
通行	1	2	3
地物	1	2	3

复杂程度的赋分值之和≤5 为简单，6~9 为中等，≥10 为复杂。

【案例 6-3】假设【案例 6-1】中泥石流治理项目处于比高≤80 m 的丘陵地，通视条件困难，隐蔽地区面积>70%，地物较少。确定测量工作的取费基价。

分析：

根据背景资料分析，本项目的测量复杂程度如表 6.6 所示。

表 6.6 本案例测量复杂程度赋分表

类别	复杂程度	复杂程度类别	赋分
地形	起伏大但有规律，或比高≤80 m 的丘陵地	中等	2
通视	困难，隐蔽地区面积>70%	复杂	3
通行	一般，植物较高，比高较大的梯田	中等	2
地物	较少	中等	2

复杂程度的赋分值之和为 9，故本项目测量的复杂程度为中等。

本项目地面测量工作取费基价表见表 6.7。

表 6.7 地面测量工作取费基价

序号	项目	单位	工作量	取费基价
一	工程勘查取费基准价			
（一）	工程测量			
1.1	控制测量			
（1）	GPS 控制测量（E 级）	点	3	5 213.75
1.2	地形测量			
（1）	1:500 地形测量	km²	1.8	104 837

续表

序号	项目	单位	工作量	取费基价
（2）	1：5 000 地形测量	km²	5.8	5 693
1.3	剖面测量			
（1）	1：500 剖面测量	km	6.6	2 303
（2）	1：5 000 剖面测量	km	4.8	1 058
1.4	定点测量（勘探点）	组日	1	2 500

6.5　地面测量实物工作取费附加调整系数适用范围

地面测量实物工作取费附加调整系数选用特别混乱，特别是隐蔽程度、带状地形测量、地形图修测等系数。其具体适用范围详细见表 6.8。

表 6.8　地面测量实物工作取费附加调整系数及适用范围表

序号	项目	附加调整系数	备注
1	二、三、四等三角（边）不造标	0.6	控制测量中相应三角（边）点
2	连接原有三角点	0.5	控制测量中相应三角（边）点
3	房顶标志、墙上水准	0.5	房顶标志控制测量中相应三角(边)点，墙上水准控制测量中相应水准测量
4	三角高程	1.2	控制测量中导线测量
5	GPS 测量 C 级、D 级、E 级不造标	0.6	控制测量中 GPS 测量
6	建立施工方格网的导线点	0.6	控制测量中四等三角（边）点。取费基价为表 2.2-2 四等三角点
7	检验施工方格网导线点的稳定性	0.48	
8	航测、陆测地形图	0.7	地形测量
9	汇水面积测量	0.4	地形测量
10	带状地形测量（图面宽度＜20 cm）	1.3	地形测量，一般图面宽度＜20 cm，长宽比一般在 3 以上
11	地形图修测	1.1	地形测量，即以实际修测面积乘以 1.1 的调整系数
12	覆盖或隐蔽程度＞60%	1.2～1.5	地形测量，是覆盖、隐蔽面积占全测区面积比例大于 60% 的调整系数，计算公式：0.75+0.75×隐蔽程度比例。隐蔽程度比例取值为 60%～100%
13	绘制 1：200 大样图	1.6	地形测量

【案例 6-4】结合【案例 6-3】中背景资料，确定【案例 6-1】中泥石流治理项目的地面测量实物工作调整系数。

分析：

根据背景资料，地面测量实物工作调整系数见表 6.9。

表 6.9　地面测量实物工作附加调整系数表

序号	项目	单位	工作量	实物工作调整系数	说明
一	工程勘查取费基准价				
（一）	工程测量				
1.1	控制测量				
（1）	GPS 控制测量（E 级）	点	3	0.6	不造标
1.2	地形测量				
（1）	1:500 地形测量	km²	1.8	1.3	隐蔽程度调整系数 =0.75+0.75×0.7=1.3
（2）	1:5 000 地形测量	km²	5.8	1.7	隐蔽程度调整系数 1.3，汇水面积测量 0.4，实物工作调整系数=1.3+0.4-2+1=1.7
1.3	剖面测量				
（1）	1:500 剖面测量	km	6.6	1	
（2）	1:5 000 剖面测量	km	4.8	1	
1.4	定点测量（勘探点）	组日	1	1	

6.6　岩土级别

《勘查设计预算标准》中涉及岩土级别的内容有"3 地质灾害治理工程勘查"和"6 水文地质勘查"。这两章对岩土级别的区分上所依据的规范有所差别，确定岩土级别的标准也有所差别，相关人员在使用过程中应充分注意这个问题，否则会影响勘查设计费。现简要介绍如下。

6.6.1　地质灾害治理工程勘查

本章涉及岩土级别的工作手段有钻探、井探、槽探、洞探、原位测试等。岩土级别分类如表 6.10 所示。

表 6.10　岩土工程勘探与原位测试复杂程度表

岩土类别	Ⅰ	Ⅱ	Ⅲ	Ⅳ	Ⅴ	Ⅵ
松散地层	流塑、软塑、可塑黏性土，稍密、中密粉土，含硬杂质≤10%的填土	硬塑、坚硬黏性土，密实粉土，含硬杂质≤25%的填土，湿陷性土，红黏土，膨胀土，盐渍土，残积土，污染土	砂土，砾石，混合土，多年冻土，含硬杂质>25%的填土	粒径≤50 mm、含量>50%的卵（碎）石层	粒径≤100 mm、含量>50%的卵（碎）石层，混凝土构件、面层	粒径>100 mm、含量>50%的卵（碎）石层、漂（块）石层
岩石地层		极软岩	软岩	较软岩	较硬岩	坚硬岩

备注：岩土的分类和鉴定见国标《岩土工程勘察规范》。[21]

松散地层的分类如表 6.10 所示，一般根据钻孔柱状图、槽（井）展示图的描述进行分类。

岩石地层的分类需要《岩土工程勘察规范》（GB 50021—2001，2009 版）[21]中岩石坚硬程度分类进行区分，具体详见表 6.11。

表 6.11　岩石坚硬程度分类

坚硬程度	坚硬岩	较硬岩	较软岩	软岩	极软岩
饱和单轴抗压强度（MPa）	$R_c>60$	$60≥R_c>30$	$30≥R_c>15$	$15≥R_c>5$	$R_c≤5$

备注：

1. 当无法取得饱和单轴抗压强度数据时，可用点荷载试验强度换算，换算方法按现行国家标准《工程岩体分级标准》（GB 50218）执行。

2. 当岩体完整程度为极破碎时，可不进行坚硬程度分类。

【案例 6-5】假设【案例 6-1】泥石流治理工程设置拦砂坝，由于坝体高，需要对坝基地层情况进行勘查，故在坝基部位设置钻孔，其中一个钻孔如图 6.2 所示，在该钻孔中取样进行试验，岩石试验报告如表 6.12 所示。试确定该钻孔各地层岩土级别。

表 6.12　岩石试验成果表

×××检测中心

委托单位：×××　　　　　　　　　　　　　　　　　收样日期：××年××月××日
工程名称：×××　　　　　　　　　　　　　　　　　报告日期：××年××月××日

室内编号	野外编号	取样深度	野外定名	比重	含水量	吸水率	饱水率	孔隙率	受力方向	试样状态	抗压强度（MPa）				密度	抗剪断强度						变性试验	
																应力	受力角度（°）			内摩擦角φ	凝聚力	弹性模量	泊松比
											Ⅰ	Ⅱ	Ⅲ	平均值			50	60	70				
		m			%	%	%	%							g/cm³	MPa				度	MPa	MPa	
S10101	ZK10-1	23.7-24.0	花岗岩						⊥	天然	48.6	52.3	42.9	47.9	2.6	σ	17	6.8	2.5	42°10′	5.1	—	—
																τ	20.3	11.9	6.9				
										饱和	37	34	30.2	33.7	2.7	σ	10.5	4.5	1.7	41°44′	3.4	—	—
																τ	12.6	7.8	4.6				

分析：

根据背景资料，该钻孔地层分为三种情况，即 0 ~ 8.6 m、8.6 ~ 22.6 m、22.6 ~ 30.8 m，分别为松散地层、松散地层、岩石地层，详细见表 6.13。

表 6.13　地质灾害勘查钻孔各地层岩土级别表

序号	层底深度（m）	厚度（m）	岩土级别	岩土类别	说明
1	8.6	8.6	Ⅴ	松散地层	满足Ⅴ类（粒径≤100 mm、含量>50%），不满足Ⅵ类（粒径>100 mm、含量>50%）
2	22.6	14.0	Ⅵ	松散地层	满足Ⅵ类（粒径>100 mm、含量>50%）
3	30.8	8.2	Ⅴ	岩石地层	根据岩石试验成果表，花岗岩的饱和单轴抗压强度为 33.7 MPa，根据《岩土工程勘察规范》[21]，属于较硬岩。结合《勘查设计预算标准》，属于Ⅴ类岩石

工程名称	××××			钻孔编号	ZK10			
孔口标高	×× m	坐标	X=××	开孔直径	×× mm		套管深度	22.4 m
钻孔深度	×× m		Y=××	中孔直径	×× mm		静止水位	

时代成因	地层编号	层底深度 (m)	层底高程 (m)	分层厚度 (m)	柱状图 1：200	RQD (%) 40 80 20 60	取样	初见水位 (m) 和水位日期	稳定水位 (m) 和水位日期	岩土名称及其特征	动探土 N63.57.0　14.0　21.0　28.0 (击)
Q_4^{sef}	①₁	8.60	898.90	8.60						碎石土，褐色~灰白色，碎石含量50%~60%，粒径6~8 cm块石含量10%~20%，粒径20 cm，分选一般，次棱角状，碎块石成分为灰白色花岗岩。含少量粉质黏土	
Q_4^{col}	②₁	22.60	885.20	14.00						块石，灰白色，块石含量占50%~60%，块石粒径一般为20 cm，部分岩芯成柱状，节长可达50 cm，可推测部分块石粒径最小可达50 cm；碎石含量30%~40%，粒径一般为6 cm棱角状，分选性差；碎块石成分均为灰白色花岗岩	
70 2(4)	③₁	30.80	876.70	8.20						花岗岩，中粒结构，强风化，可见主要造岩矿物长石、石英、云母，节理裂隙发育，岩心较破碎，多呈饼状~短柱状，少量呈柱状，岩质坚硬，锤击声清脆	

图 6.2　钻孔柱状图

6.6.2 水文地质勘查

本章涉及岩土级别的只有水文地质钻探，也就是表 6.14 中的水文地质钻探复杂程度，注意其岩土分级与"3 地质灾害治理工程勘查"不同。

表 6.14 水文地质钻探复杂程度表

岩土类别	I	II	III	IV	V	VI	VII
松散地层	粒径≤0.5 mm 含量≥50%、含圆砾（角砾）及硬杂质≤10%的各类砂土、黏性土	粒径≤2.0 mm 含量≥50%、含圆砾（角砾）及硬杂质≤20%的各类砂土	粒径≤20 mm 含量≥50%、含圆砾（角砾）及硬杂质≤30%的各类碎石土	冻土层，粒径≤50 mm 含量≥50%、含圆砾（角砾）及硬杂质≤50%的各类碎石土	粒径≤100 mm 含量≥50%的各类碎石土	粒径≤200 mm 含量≥50%的各类碎石土	粒径>200 mm 含量≥50%的各类碎石土
岩石地层	极软岩	软岩	较软岩	较硬岩	坚硬岩		

备注：土的分类见国标《供水水文地质勘查规范》，岩石的分类和鉴定见国标《岩土工程勘察规范》。

【案例 6-6】假设【案例 6-5】中的钻探资料为水文地质钻探的钻孔。试确定该钻孔各地层的岩土级别。

分析：

根据背景资料，该钻孔地层同样分三种情况，详细见表 6.15。

表 6.15 水文地质勘查钻孔各地层岩土级别表

序号	层底深度（m）	厚度（m）	岩土级别	岩土类别	说明
1	8.6	8.6	VI	松散地层	满足VI类（粒径≤200 mm 含量≥50%的各类碎石土）
2	22.6	14	VII	松散地层	满足VII类（粒径>200 mm 含量≥50%的各类碎石土）
3	30.8	8.2	IV	岩石地层	饱和单轴抗压强度为 33.7 MPa，根据《岩土工程勘察规范》（GB 50021-2001，2009 版），属于较硬岩。根据《勘查设计预算标准》中"水文地质钻探复杂程度表"，属于IV类岩石

6.7 工程勘查取费基准价以外列支费用

工程勘查取费基准价以外列支费用：办理工程勘查相关许可，以及购买有关资料费；拆除障碍物，开挖以及修复地下管线费；修通至作业现场道路，接通电源、水源以及平整场地费；勘查材料以及加工费；水上作业用船、排、平台费；勘查作业大型机具搬运费；青苗、树木以及水域养殖物赔偿费等。

上述费用中电源、水源为接通费用，不是用电量和用水量的费用。增印报告的份数也应在此列入。审核过程中应复核是否有提供合同（或协议）及合法支付凭证，其中有正规发票的，附正规发票复印件并加盖单位公章；没有正规发票的，须有领款人签字签章（或手印）的收条（附收款人身份证复印件），支付凭证应有委托单位或监理单位签署情况属实的意见。

增印报告数量是指按合同约定最终提交的正式成果资料份数扣除预算标准中包含的 8 份后的报告份数。

6.8 零星工程勘查组日、台班取费基价适用范围

《勘查设计预算标准》中第 1.0.14 条有关的零星工程勘查组日、台班取费基价，通常用于计算停工、窝工损失费或作为少量工程勘查的最低收费标准。2013 年版《勘查设计预算标准》[22]在试用过程中，比较常见的是对岩土工程验槽单独进行计算，实际上此项内容应属于勘查单位后期服务工作内容，不应再进行计费。

6.9 技术工作费的特殊情况

结合地质灾害治理工程的实际情况，技术工作是指由工程勘查技术人员负责完成的编制勘查设计书、指导监督现场勘查作业、汇总分析勘查成果、编制工程勘查文件等工作。综合考虑技术工作的工作量、智力劳动成本和最终责任等因素，技术工作收费按照实物工作收费的一定百分比计算收费[20]。技术工程费的特殊情况主要是指定点测量、室内试验、利用原有资料勘查的技术工作费与常规工作计算技术工作费不同的情况。

1. 定点测量

定点测量是指各种勘探点定点、放点测量工作，如钻探、槽探、井探等工程勘查点的定位等。因此，定点测量技术工作收费按照工程勘查的技术工作取费比例（工程勘查等级甲级 100%、乙级 80%、丙级 60%）计算。

2. 室内试验

地质灾害治理工程的室内试验工作一般都是要求委托给有相应资质的检测单位完成，提交的成果资料都是独立成篇的室内试验报告。因此，室内试验的技术工作费收费比例为 10%。

3. 利用已有勘查资料提出勘查报告

近几年，我省经常发生极端天气，地质灾害治理工程，特别是泥石流工程会超过设计标准运行，不可避免地发生了部分毁损的情况。对于毁损的工程需要进行修复。原来的项目一般都进行了勘查工作，因此就没有必要再次部署大量的勘查工作（泥石流沟道在降水等作用下发生地形变化时会有地形图修测等少量的勘查工作）。由于没有进行勘查作业，技术工作收费无法按照工程勘查实物工作量的一定比例计费。在此情况下，应先计算获取已有勘查资料的工程勘查实物工作量，再以该实物工作量为基础，按照取费标准计算相应的实物工作收费额，以此为计算技术工作费的基数。但计算工程勘查收费时，不将已有勘查资料的实物工作费计算在内。

6.10 可行性研究、初步设计、施工图设计费

根据《四川省地质灾害综合防治体系建设项目和资金管理办法》[23]的规定，四川省地质灾害治理工程勘查设计分为勘查和施工图设计两大阶段，其中勘查阶段包括勘查、可行性研究、初步设计工作，这与其他行业不同。这里介绍可行性研究、初步设计和施工图设计费用。

6.10.1　计算基数

《四川省地质灾害综合防治体系建设项目和资金管理办法》规定，概算由国土资源主管部门负责组织审查，预算由财政主管部门负责审查。实际工作中，国土资源主管部门对预算也要组织经济专家审查。因此，可行性研究、初步设计、施工图设计费用以经济专家或财政投资评审中心审核的建筑工程费为基数计算。如委托内容仅包括可行性研究、初步设计，则以经济专家审定的初步设计概算中建筑工程费为基数计算，如委托内容包括可行性研究、初步设计、施工图设计，则以财政投资评审中心审定的施工图预算中建筑工程费为基数计算（如未提供财评中心评审的预算书，则以经济专家审定的概算书和经济专家审定的预算书中较低建筑工程费计算）。

6.10.2　计算步骤

可行性研究、初步设计、施工图设计费计算必须按以下步骤进行，否则会产生错误：

（1）根据地质环境复杂程度和危害对象等级确定设计复杂程度分级，从而选用相应等级的取费基价。

（2）根据建筑工程费通过线性插入法计算取费基价。需要注意的是建筑工程费在 200 万元以下时，也需要通过线性插入计算取费基价。

（3）线性插入计算的取费基价乘地质灾害治理工程的灾种类别复杂系数（崩塌为 1.3、滑坡为 1、泥石流为 1.1、其他地质灾害为 0.9）。

（4）可行性研究、初步设计、施工图设计取费基价分别按上述取费基价的 30%、30%、40%计算。

（5）将可行性研究、初步设计取费基价与 5.4 万元比较，取其中的较高者（如果仅委托可行性研究或初步设计，则与 2.7 万元比较，取其中较高者）；将施工图设计取费基价与 4.5 万元比较，取其中的较高者。

（6）计算技术审查费。

项目预算在 100 万元以下时，初步设计及以前阶段按 5 000 元计算，施工图设计按 6 000元计算，以项目个数为计费基础；项目预算在 100 万元及以上则按规定的比例计算。

（7）计算经济审查费。

初步设计概算和施工图预算分别按 2 500 元计算。

（8）计算地质灾害治理工程设计取费。

按以下公式计算地质灾害治理工程设计取费：

地质灾害治理工程设计取费 = 设计取费基价×灾种类别调整系数+设计审查费

【案例 6-7】某崩塌采用桩板墙进行治理。该项目地质环境复杂程度为复杂，危害对象为坡脚安置点，该安置点 20 户 147 人，威胁财产约 3 000 万元。本项目各阶段造价如表 6.16 所示。

表 6.16　勘查设计单位最终提交各阶段工程造价表

设计阶段	投资种类	单位	建筑工程费	独立费	基本预备费	总投资
可行性研究	估算（推荐方案）	万元	484.32	72.65	66.84	623.80
可行性研究	估算（比选方案）	万元	600.00	90.00	82.80	772.80
初步设计	概算	万元	450.03	67.50	41.40	558.94
施工图设计	预算	万元	428.60	64.29	24.64	517.53

其中，初步设计概算、施工图设计预算经国土资源主管部门组织的经济专家审查。县财政投资评审中心仅对施工图设计预算中的建筑工程费进行财政投资评审，评审后的金额为 420 万元。本项目通过公开招标确定勘查设计单位，委托的内容包括勘查、可行性研究、初步设计、施工图设计。假设勘查费为 32 万元，试计算该拨付给勘查设计单位的勘查设计费（含勘查、可行性研究、初步设计、施工图设计费）。

分析：

（1）地质环境条件复杂程度为复杂。

（2）灾害危害等级。

危害对象为坡脚安置点，该安置点 20 户 147 人，威胁财产约 3 000 万元，如表 6.17 所示。

表 6.17 灾害危害对象等级分级表

危害（潜在危险性）对象等级	一级	二级	三级
直接威胁人数（人）	>1 000	500～1 000	<500
直接经济损失（万元）	>1 0000	10 000～5 000	<5 000

备注：灾害的两项指标不在一个级次时，按照从高原则确定灾害等级，泥石流灾害等级将中型及小型统一划为三级。

由于直接威胁人数<500 人，直接经济损失<5 000 万元，故灾害危害等级三级。

（3）设计复杂程度。

地质环境复杂程度为复杂，危害对象等级为三级，根据表 6.18 可知设计等级为Ⅱ级。

表 6.18 地质灾害治理工程设计复杂程度分级表

危害对象等级	地质环境复杂程度		
	复杂	中等	简单
一级	Ⅲ	Ⅲ	Ⅱ
二级	Ⅲ	Ⅱ	Ⅰ
三级	Ⅱ	Ⅰ	Ⅰ

（4）可行性研究、初步设计、施工图设计费计算基数应为财政投资评审中心评审的建筑工程费金额，即 420 万元。通过线性插入计算得到设计取费基价。

$$11.4+（27-11.4）÷（500-200）×（420-200）=22.84（万元）$$

（5）考虑灾种类别调整系数后的设计取费基价。

由于本项目为崩塌治理工程，故应按 1.3 选用灾种类别调整系数。

$$22.84×1.3=29.69（万元）$$

（6）计算可行性研究、初步设计、施工图设计取费基价。

① 可行性研究、初步设计取费基价：

$$29.69×（30\%+30\%）=17.81（万元）$$

17.81 万元>5.4 万元，故应按 17.81 万元计算。

② 工图设计取费基价：

$$29.69×40\%=11.88（万元）$$

11.88 万元>4.5 万元，故应按 11.88 万元计算。

（7）计算技术审查费。

由于建筑工程费＞100万元，故应按比例计算技术审查费。

初步设计及以前阶段：420×0.5%=2.10（万元）

施工图设计：420×0.6%=2.52（万元）

（8）计算经济审查费。

概算审查费2 500元，预算审查费2500元。

（9）计算勘查设计费。

勘查费：32（万元）

可行性研究、初步设计及相应审查费：17.81+2.10+0.25=20.16（万元）

施工图设计及相应审查费：11.88+2.52+0.25=14.65（万元）

勘查设计费：32+20.16+14.65=66.81（万元）

故应拨付的勘查设计费应为66.81万元。

6.11 监测费

6.11.1 监测费概述

监测在地质灾害防治工作中是非常重要的一项工作。一般对于重要的地质灾害隐患点，如果无法治理，需要采取专业监测工作，对地质灾害进行监测预警，避免对人民群众生命财产造成损失。采取治理措施的地质灾害，在治理过程中，需要通过施工监测安全人员和设备等的安全；治理完成后，需要对治理工程的治理效果进行监测。因此，监测贯穿地质防治工作的始终。

近年来，随着新技术、新设备的快速发展，监测的自动化程度越来越高，数据采集由原来的人工采集更新为仪器自动采集，获取监测数据的难度变小，获取的数量大幅度增加，所以如果仍然采用人工监测的基价是明显不合理的。为了解决此问题，《勘查设计预算标准》中监测费计算实际包括两种计算方法：计算方法一是在工程勘查设计收费标准[24]的基础上按监测手段编制，其费用由基价和技术工作费构成，其中基价中包含了现场监测等费用，技术工作费是对监测数据进行计算、处理及分析，并出具相应的成果报告，未包含仪器设备购买费、观测点标志埋设及材料费、埋设传感器及传感器等；计算方法二是参考《水电工程安全监测系统专项投资编制细则》[24]的规定按设备、设备安装、观测及维护、资料整理及分析、专项工程巡视检查等计算监测费。计算方法一适用于以人工为主的监测，同时考虑到原有监测手段采用的自动化监测仪器进行监测，故规定以标准中工程监测实物工作取费基价表为基础，数据采集、分析与数据提交每更新一次按取费基价的20%计取，监测基准网建设取费基价不变。计算方法二适用于新的监测技术、监测设备，采用原有监测手段已经不适用的情况。这两种计算方法差别很大，但不能同时计算。如果同时计算，有可能存在监测相关工作重复计算的情况[14]。

6.11.2 按监测手段计算监测费（计算方法一）

地质灾害监测，特别是滑坡监测最常见的监测手段有地表位移监测和深部位移监测等，现以滑坡监测为例说明监测费的计算。

【案例 6-8】某土质滑坡需要在汛期进行专业监测,为当地政府在主汛期滑坡变形危及人民群众生命财产安全时做出决策提供科学依据。监测的内容有地表位移监测和深部位移监测。

1. 监测工程布置

根据该滑坡专业监测预警方案,地表位移监测设置基准点 3 个、位移监测点 15 个、深部位移监测设置钻孔 5 个。深部位移监测孔利用原有勘查钻孔,监测孔编号及深度如表 6.19 所示。

表 6.19　深部位移监测孔编号及深度表

钻孔编号	深度 D（m）
1	26
2	36
3	40
4	32
5	24
合计	158

2. 监测等级及监测复杂程度

根据工程需要及监测等级,观测工程中基准网水平位移和垂直位移单测等级为二等,地表变形监测点水平位移和垂直位移观测等级为三等,深部位移的监测方法为双向。监测的复杂程度为复杂。

3. 监测周期及监测频率

监测周期 3 个月,监测频率 1 次/d,变形加剧、降雨 3 次/d。经统计,监测次数为 108 次。

4. 监测设备

该滑坡治理工程所用检测设备情况见表 6.20。

表 6.20　监测设备情况表

序号	名称及规格	单位	数量	合同价格	备注
1	三角棱镜	个	15	450.00	国产,不回收,监测点观测墩侧面安装
2	强制对中基座	个	3	500.00	国产,不回收,基准点监测墩顶部安装
3	测斜管（含接头）	m	158	70.00	国产,不回收,深部位移监测孔内安装
4	测量机器人	台	1	366 000.00	国产,折旧年限 8 年,残值按 5%考虑
5	测斜仪	套	1	105 000.00	折旧方法为直线折旧

5. 土建工程

基准点监测墩 1 200 元/个,监测点观测墩 300 元/个。

6. 其他

假设监测仪器设备费、运杂费、安装费等均按下限计算,基准网垂直位移为 2 km,平均海拔高程为 1 200 m。

试按《四川省地质灾害治理工程概（预）算标准》计算本次专业监测费用。

分析：

1.建筑工程费用

该项目所需建筑工程费用见表 6.21。

表 6.21　建筑工程费用

序号	工程或费用名称	单位	数量	单价（元）	合价（元）
1	基准点监测墩	个	3.00	1 200.00	3 600.00
2	监测点观测墩	个	15.00	300.00	4 500.00
	合计				8 100.00

深部位移监测利用原有勘查孔，故不计算钻孔的费用。

2. 监测设备与安装工程费

（1）监测设备原价。

根据背景资料，监测设备中测量机器人、测斜仪应作为固定资产使用，本项目使用时间较短（3 个月），故设备原价应按其折旧费计算。折旧费计算公式如下（使用时间的单位为月）：

折旧费=（设备原价−设备原价×残值回收率）÷（折旧年限×12）×使用时间

（2）设备综合运杂费。

监测仪器设备均为国产设备，故国产设备运杂费按设备原价的 3%计算，运输保险费按设备原价的 0.5%计算；采购及保管费按设备原价、运杂费和运输保险费之和的 1%计算。

设备综合运杂费费率=1×（3%+0.5%）+[1+1×（3%+0.5%）]×1%=4.54%

设备综合运杂费=设备原价×设备综合运杂费率

（3）设备费。

设备费=设备原价+设备综合运杂费

（4）安装工程费。

根据背景资料，棱镜、强制对中基座均为结构表面安装，故设备安装工程费率按下限 30%计算；测斜管（含接头）为深部位移监测孔内安装，故设备安装工程费率按下限 35%计算。测量机器人、测斜仪不涉及安装，故不计算设备安装工程费。

安装工程费的计算公式如下：

安装费=设备费×设备安装工程费率

经过计算，监测设备与安装工程费如表 6.22 所示。

表 6.22　监测设备与安装工程费

编号	名称及规格	单位	数量	单价（元）				小计（元）	
				设备原价	综合运杂费	设备费	安装费	设备费	安装费
1	棱镜	个	15.00	450.00	20.43	470.43	141.13	7 056.45	2 116.94
2	强制对中基座	个	3.00	500.00	22.70	522.70	156.81	1 568.10	470.43
3	测斜管（含接头）	m	158.00	70.00	3.18	73.18	25.61	11 562.12	4 046.74
4	测量机器人	台	1.00	10 865.63	493.30	11 358.92		11 358.92	
5	测斜仪	套	1.00	3 117.19	141.52	3 258.71		3 258.71	
	合计							34 804.31	6 634.11

3. 观测工程费用

（1）地表位移监测工作量。

根据地表位移监测的点数和观测次数计算地表位移监测工作量如表6.23所示。

表6.23 地表位移监测工作量

编号	名称及规格	单位	数量	观测次数	工作量
1	基准网水平位移（二等、复杂、单测）	点	3		3
2	基准网垂直位移（二等、复杂、单测）	km	2		2
3	水平位移观测（三等、复杂、双向）	点·次	15	108	1 620
4	垂直位移观测（三等、复杂）	点·次	15	108	1 620

（2）深部位移监测工作量。

根据背景资料，对5个监测孔的深度按勘查设计预算标准分区间进行统计，具体见表6.24所示。

表6.24 钻孔各区间深度分类统计

钻孔编号	深度 D（m）			
	总深度	$D \leqslant 20$	$20 < D \leqslant 40$	$40 < D \leqslant 60$
1	26.00	20.00	6.00	
2	36.00	20.00	16.00	
3	40.00	20.00	20.00	3.00
4	32.00	20.00	12.00	
5	24.00	20.00	4.00	
合计	158.00	100.00	58.00	3.00

根据背景资料，监测次数为108次，故按照勘查设计预算标准对深部位移监测工作量进行计算，具体如表6.25所示。

表6.25 深部位移监测工作量

各区间深度（m）		监测次数（次）	深部位移监测工作量（m·次）
$D \leqslant 20$	100.00	108.00	10 800.00
$20 < D \leqslant 40$	58.00	108.00	6 264.00
$40 < D \leqslant 60$	3.00	108.00	324.00

备注：深部位移监测工程量=区间深度×监测次数。

（3）观测工程费用。

根据地表位移监测和深部位移监测工作量，结合勘查设计预算标准的规定，计算观测工程费如表6.26所示。

表6.26 观测工程费用

编号	名称及规格	单位	工作量	单价	预算费用（元）
1	地表位移监测				467 828.52
（1）	基准网水平位移（二等、复杂、单测）	点	3.00	3 062.00	9 186.00
（2）	基准网垂直位移（二等、复杂、单测）	km	2.00	1 650.00	3 300.00

编号	名称及规格	单位	工作量	单价	预算费用（元）
（3）	水平位移观测（三等、复杂、双向）	点·次	1 620.00	167.00	270 540.00
（4）	垂直位移观测（三等、复杂）	点·次	1 620.00	62.00	100 440.00
（5）	技术工作费	元	383 466.00	22.00%	84 362.52
2	深部位移监测				538 107.84
（1）	$D \leqslant 20$	m·次	10 800.00	23.00	248 400.00
（2）	$20 < D \leqslant 40$	m·次	6 264.00	29.00	181 656.00
（3）	$40 < D \leqslant 60$	m·次	324.00	34.00	11 016.00
（4）	技术工作费	元	441 072.00	22.00%	97 035.84
	合计				1 005 936.36

备注：海拔高程 2 000 m 以下，故不考虑高程附加调整系数。

4. 专业监测费用

本次专业监测费用汇总如表 6.27 所示。

表 6.27　专业监测费用汇总表

序号	项目	费用（元）	备注
1	监测设备及安装工程费用	41 438.41	
2	土建工程费用	8 100.00	
3	观测工程费用	1 005 936.36	
	合计	1 055 474.77	

按《四川省地质灾害治理工程概（预）算标准》计算后，本次专业监测费用为 1 055 474.77 元。

6.11.3　按设备费计算监测费（计算方法二）

【案例 6-9】某大型滑坡发生变形，严重威胁下部居民房屋、河流、国道安全。为了掌握该滑坡变形迹象，为后期治理措施提供支撑，同时为当地政府决策提供科学依据，对该滑坡采用专业监测。监测的内容有地表位移监测和深部位移监测等。由于该滑坡危险性大，故采用多种先进的监测手段。

1. 建筑工程

根据该滑坡专业监测预警方案，建筑工程工程量如表 6.28 所示。

表 6.28　建筑工程工程量

编号	工程或费用名称	单位	数量
1	监测点观测墩（含棱镜）	个	12.00
2	基准点监测墩（含棱镜）	个	4.00
3	活动式测斜管钻孔	m	160.00
4	固定式测斜管钻孔	m	42.00
5	多点位移计钻孔	m	240.00

2. 监测等级及监测复杂程度

根据工程需要及监测等级，观测工程中基准网水平位移和垂直位移复测等级为二等，地表变形监测点水平位移和垂直位移观测等级为二等，深部位移的监测方法为双向。监测的复杂程度为复杂。

3. 监测周期及监测频率

监测周期 15 个月。汛期监测频率 1 次/d，变形加剧、降雨 3 次/d；其他时间 5d 一次。经统计，水平位移、垂直位移监测次数为 180 次。

4. 监测设备

该滑坡治理工程所用检测设备情况见表 6.29。

表 6.29　监测设备情况表

序号	名称及规格	单位	数量	合同价格	备注
1	强制对中基座	个	16	900.00	国产，不回收
2	活动式测斜管	m	160	90.00	国产，不回收
3	测斜管伸缩节	个	80	500.00	国产，不回收
4	四点式多点位移计	套	8	8 000.00	国产，不回收
5	固定式测斜管	m	42	70.00	国产，不回收
6	固定式测斜仪传感器	套	10	3 000.00	国产，不回收
7	电缆	m	500	12.00	国产，不回收
8	数据自动采集装置	个	12	5 000.00	国产，不回收
9	集线箱	台	1	5 000.00	国产，折旧年限 5 年，残值按 5%
10	服务器	台	1	15 000.00	考虑，折旧方法为直线折旧
11	GNSS 自动化系统	套	1	80 000.00	
12	地形微变远程监测系统	套	1	2 300 000.00	
13	全站仪	台	1	370 000.00	国产，折旧年限 8 年，残值按 5%
14	数字水准仪	台	1	100 000.00	考虑，折旧方法为直线折旧
15	振弦式读数仪	台	1	11 000.00	
16	活动式测斜仪	台	1	10 500.00	

5. 其他

假设监测仪器设备费运杂费、安装费等均按下限计算，基准网垂直位移为 1 km，平均海拔高程为 1 403 m，建筑工程经测算单价如表 6.30 所示。

表 6.30　建筑工程单价表

编号	工程或费用名称	单位	单价（元）
1	监测点观测墩（含棱镜）	个	300.00
2	基准点监测墩（含棱镜）	个	1 200.00
3	活动式测斜管钻孔	m	800.00
4	固定式测斜管钻孔	m	800.00
5	多点位移计钻孔	m	800.00

试按《四川省地质灾害治理工程概（预）算标准》计算本次专业监测费用。

分析：

1. 建筑工程费用

根据背景资料中建筑工程的工作量和单价计算建筑工程费如表 6.31 所示。

表 6.31　建筑工程费用

序号	工程或费用名称	单位	数量	单价（元）	合价（元）
1	监测点观测墩（含棱镜）	个	12.00	300.00	36 00.00
2	基准点监测墩（含棱镜）	个	4.00	1 200.00	4 800.00
3	活动式测斜管钻孔	m	160.00	800.00	128 000.00
4	固定式测斜管钻孔	m	42.00	800.00	33 600.00
5	多点位移计钻孔	m	240.00	800.00	192 000.00
	合计				362 000.00

2. 观测工程费用

（1）地表位移监测工作量。

根据地表位移监测的点数和观测次数计算地表位移监测工作量如表 6.32 所示。

表 6.32　地表位移监测工作量

编号	名称及规格	单位	数量	观测次数	工作量
1	基准网水平位移单测（二等、复杂、复测）	点	4.00		4.00
2	基准网垂直位移单测（二等、复杂、复测）	km	1.00		1.00
3	水平位移观测（二等、复杂、双向）	点·次	12.00	180.00	2 160.00
4	垂直位移观测（二等、复杂）	点·次	12.00	180.00	2 160.00

（2）观测工程费用。

根据地表位移监测和深部位移监测工作量，结合勘查设计预算标准的规定，计算观测工程费如表 6.33 所示。

表 6.33　观测工程费用

编号	名称及规格	单位	工作量	单价	预算费用（元）
1	实物工作费				605 120.00
（1）	基准网水平位移单测（二等、复杂、复测）	点	4.00	2 450.00	9 800.00
（2）	基准网垂直位移单测（二等、复杂、复测）	km	1.00	1 320.00	1 320.00
（3）	水平位移观测（二等、复杂、双向）	点·次	2 160.00	201.00	434 160.00
（4）	垂直位移观测（二等、复杂）	点·次	2 160.00	74.00	159 840.00
2	技术工作费	元	605 120.00	22.00%	133 126.40
	合计				738 246.40

备注：海拔高程在 2 000 m 以下，故不考虑高程附加调整系数。

3. 监测设备与安装工程费

（1）监测设备原价。

根据背景资料，监测设备中集线箱、服务器、GNSS 自动化系统、地形微变远程监测系统、全站仪、数字水准仪、振弦式读数仪、活动式测斜仪应作为固定资产使用，本项目使用时间为 15 个月，故设备原价同样应按其折旧费计算。计算方法详见【案例 6-8】。

（2）设备综合运杂费、设备费。

计算方法详见【案例 6-8】。

（3）安装工程费。

根据背景资料，强制对中基座、电缆、数据自动化采集装置均为结构表面安装，故设备安装工程费率按下限 30% 计算；活动式测斜管、测斜管伸缩节、四点式多点位移计、固定式测斜管、固定式测斜仪传感器结构内部埋入，故设备安装工程费率按下限 35% 计算。集线箱、服务器、GNSS 自动化系统、地形微变远程监测系统、全站仪、数字水准仪、振弦式读数仪、活动式测斜仪不涉及安装，故不计算设备安装工程费。

经过计算，监测设备与安装工程费如表 6.34 所示。

表 6.34　监测设备与安装工程费计算表

编号	名称及规格	单位	数量	单价（元）				小计（元）	
				设备原价	综合运杂费	设备费	安装费	设备费	安装费
1	强制对中基座	个	16	900.00	40.86	940.86	282.26	15 053.76	4 516.13
2	活动式测斜管	m	160	90.00	4.09	94.09	32.93	15 053.76	5 268.82
3	测斜管伸缩节	个	80	500.00	22.70	522.70	182.95	41 816.00	14 635.60
4	四点式多点位移计	套	8	8 000.00	363.20	8 363.20	2 927.12	66 905.60	23 416.96
5	固定式测斜管	m	42	70.00	3.18	73.18	25.61	3 073.48	1 075.72
6	固定式测斜仪传感器	套	10	3 000.00	136.20	3 136.20	1 097.67	31 362.00	10 976.70
7	电缆	m	500	12.00	0.54	12.54	3.76	6 272.40	1 881.72
8	数据自动化集装置	个	12	5 000.00	227.00	5 227.00	1 568.10	62 724.00	18 817.20
9	集线箱	台	1	1 187.50	53.91	1 241.41		1 241.41	
10	服务器	台	1	3 562.50	161.74	3 724.24		3 724.24	
11	GNSS 自动化系统	套	1	11 875.00	539.13	12 414.13		12 414.13	
12	地形微变远程监测系统	套	1	341 406.2	15 499.84	356 906.09		356 906.09	
13	全站仪	台	1	54 921.88	2 493.45	57 415.33		57 415.33	
14	数字水准仪	台	1	14 843.75	673.91	15 517.66		15 517.66	
15	振弦式读数仪	台	1	1 632.81	74.13	1 706.94		1 706.94	
16	活动式测斜仪	台	1	1 558.59	70.76	1 629.35		1 629.35	
	合计							692 816.15	80 588.84

4. 观测维护、资料整编分析及专项巡视检查

观测维护、资料整编分析及专项巡视检查费按监测设备费乘年费率及观测年限计算。根据前面的计算可知设备费为 692 816.15 元。根据背景资料，观测时间为 15 个月，即 1.25 年。各项费率按下限计算。观测维护、资料整编分析及专项巡视检查费详细见表 6.35。

表 6.35　观测维护、资料整编分析及专项巡视检查费计算表

序号	费用名称	设备费（元）	年费率（%）	观测年限	费用（元）
1	监测设备观测及维护费	692 816.15	7	1.25	60 621.41
2	监测资料整理整编和分析费	692 816.15	5	1.25	43 301.01
3	专项工程巡视检查费	692 816.15	4	1.25	34 640.81
	合计				138 563.23

5. 专业监测费用

本次专业监测费用汇总如表 6.36 所示。

表 6.36　专业监测费用汇总表

序号	项目	费用（元）	备注
1	建筑工程费	362 000.00	
2	观测工程费用	738 246.40	
3	监测设备费	692 816.15	
4	监测设备安装工程费	80 588.84	
5	观测维护、资料整编分析及专项巡视检查费	138 563.23	
	合计	2 012 214.61	

按《四川省地质灾害治理工程概（预）算标准》计算后，本次专业监测费用为 2 012 214.61 元。

第 7 章 《工程量计算规则》

7.1 概 述

工程量是指按照事先约定的工程量计算规则计算所得的、以计量单位所表示的工程各个分部分项工程或结构构件的数量。工程量包括两个方面的含义：计量单位和工程数量。因此，计量单位是工程量的一个重要组成部分，不同的计量单位工程量也不一样。例如，不同的设计人员对崩塌治理工程中常用的锚杆会选用米和根两种计量单位，也就是工程量按长度和根数统计，两种计量单位不同的统计方法所统计的工程量显然是不同的。

地质灾害治理工程各设计阶段的工程量，是设计工作的重要成果和编制工程概（预）算的主要依据。工程量的计算应按工程量计算规则进行。工程量计算规则规定工程量清单项目所包括的工作内容、计量单位和清单项目的工程量计算规则、计算方法，是工程量计算的准绳。地质灾害治理工程的工程量应根据颁布的工程量计算规则来计算。如果不按照共同的工程量计算规则计算，同一工程由不同的人来计算的工程量就有可能差别非常大，容易造成地质灾害治理工程的投资不可控。

工程量清单项目的工程量是计算和确定各项消耗指标的基本依据，工程量正确与否，直接影响到清单编制的质量和工程造价的正确性。特别是当工程量计算相差较大的时候，投标单位会采取不平衡报价法，这样会造成地质灾害防治工程的资金不受控制。因此，地质灾害防治工程工程量计算作为编制和审查工作的第一步，是一项非常重要的工作。

地质灾害防治工程工程量的计算除了应符合地质灾害治理工程的工程量计算规则外，还需要满足地质灾害治理工程相关技术规范和地质资料的要求，其中地质资料主要包括勘查报告、可行性研究报告、初步设计报告、施工图设计报告、竣工报告等中相关的地质部分的内容。

7.2 根据工程量计算规则计算工程量

7.2.1 工程量有关概念

在计算工程量之前，首先要明白工程量的几个概念，如图纸工程量、设计工程量、施工超挖量、施工附加量、施工超填量[25]。

（1）图纸工程量是指按设计图纸计算出的工程量，这里的图纸包括可行性研究报告、初步设计报告和施工图设计报告中的设计图纸。

（2）设计工程量阶段系数系指由于可行性研究阶段和初步设计阶段勘测、设计工作的深度有限，有一定的误差，为留有一定的余地而增加的工作量所需要的调整系数。

可行性研究阶段是提供治理效果相同、治理思路或工程措施不同的两套或两套以上治理方案进行技术经济比选，对每个方案进行设计和投资估算，着重于大的、主要的分项工程。

初步设计阶段是在可行性研究的基础上，对优化组合后推荐的治理方案进行进一步深入研究，对技术可靠性、经济合理性、施工可行性、环境协调性进行分析，完善工程治理方案，细化分项设计，核定治理工程量，编制治理工程初步设计概算，从而确定工程投资。施工图设计阶段就是在初步设计方案的基础上，充分考虑施工现场条件、环境限制因素、原材料来源及实际价格因素，合理选择施工方法、工艺，合理安排工序及工期。施工图设计是对治理工程布局设计、各类工程结构设计、施工组织设计、监测设计等进行细化、深化设计。因此，可行性研究阶段偏重于大的、主要的分项工程，初步设计阶段偏重于分项设计，施工图设计阶段偏重于细部结构设计，其设计深度是逐步加大的。

为了确保投资可控，规范采用设计工程量阶段系数进行调整。该系数适用于地质灾害治理工程项目的可行性研究、初步设计的设计工程量计算。图纸工程量乘以设计工程量阶段系数即设计工程量。如利用施工图设计阶段成果计算工程造价的，设计工程量就是图纸工程量，无论概算还是估算，不再使用设计工程量阶段系数。设计工程量阶段系数如表 7.1：

表 7.1 设计工程量阶段系数

工程类别	可行性研究	初步设计	施工图设计
土方工程	1.08	1.05	1
石方工程	1.08	1.05	1
砌石工程	1.08	1.05	1
混凝土工程	1.08	1.05	1
模板工程	1.08	1.05	1
钻孔灌浆及锚固工程	1.05	1.03	1
绿化工程	1.05	1.03	1
其他工程	1.05	1.03	1
临时工程	1.08	1.05	1

（3）施工超挖量，为保证建筑物的安全，施工开挖一般不允许欠挖，以保证建筑物的设计尺寸，施工超挖自然不可避免。影响施工超挖工程量的因素主要有施工方法、施工技术及管理水平等。

（4）施工附加量是指为满足施工需要而必须额外增加的工程量。如滑坡治理工程中排水廊道因开挖断面小，运输不方便，需扩大排水廊道尺寸而增加的工程量。

（5）施工超填工程量指由施工超挖量、施工附加量相应增加的回填工程量。

按照地质灾害治理工程工程量计算规则，在计算过程中应注意施工中允许的超挖、超填量、合理的施工附加量应采用相应超挖、超填预算定额摊入相应项目单价中，而不应包括在设计工程量中。

除了上述工程量外，在地质治理项目实际实施过程中，还会有施工损失量、质量检查工程量、试验工程量。施工损失量包括体积变化损失量和运输及操作损耗量，前者如土石方填筑过程中的施工期沉陷而增加的工作量，混凝土体积收缩而增加的工作量等；后者如混凝土、土石方的运输、操作过程中的损耗等。施工损失量包含在预算定额内，不应单独计算。质量检查工程量是根据规范的规定进行质量检查而发生的工作，该部分工作量已经包含在工程取费的措施费中，也不应单独计算。试验工程量是指为验证某种地质灾害治理技术的可行性、可靠性、合理性等而进行试验所发生的工程量。该部分工作量可以单独计算，一般由业主在独立费的工程科学研究试验费内开支。

7.2.2 工程量计算规则概述

1.土方工程

（1）开挖工程量按设计图示轮廓尺寸范围以内的有效自然方体积计算。

① 工程量计算和定额使用。

本条需要注意的是，工程量按自然方体积计算，定额也按照自然方拟定。因此，如果遇到机械挖装松方套用定额时，需根据定额规定将人工及挖装机械乘 0.85 的系数，此时的工程量按松方计算。

② 开挖放坡。

开挖需要放坡时应根据设计文件中设计图或施工组织设计规定放坡，并计算相应自然方体积。当设计文件中设计图和施工组织设计无规定时，倒坡按照工程实体底部边界线垂直开挖，其他坡度按工程实体与土方接触面计算开挖方量。

上述工程量计算规则的主要内涵是：根据地质灾害治理工程，特别是滑坡治理工程的特点，沟槽开挖时是要放坡的，如果不放坡，施工过程中边坡有可能垮塌而造成安全事故。因此，开挖放坡应根据设计文件中设计图或施工组织设计规定放坡，并计算相应自然方体积。但是由于地质灾害治理工程勘查设计还在初级阶段，一些设计单位编制的设计文件还不规范，没有根据地质灾害治理工程的特点绘制开挖线，这时的工程量计算是否考虑放坡部分的工程量，争议是很大的。但是作为工程量计算人员，或者是概预算编制人员，不能从技术上判断是否放坡或者是如何放坡，这是设计单位或施工单位技术人员应该判断的。因此，工程量计算规则中规定设计图中没有开挖线时，倒坡按照工程实体底部边界线垂直开挖，其他坡度按工程实体与土方接触面计算开挖方量。例如图 7.1 中挡墙实体左侧与边坡的接触面倒坡，此时设计图中有开挖线的就按照开挖线计算工程量，设计图中没有开挖线的就按照挡墙实体底部边界线垂直开挖计算工程量，回填部分的工程量根据回填线和扣除工程实体外的部分计算。相关挖填工程量计算如下图中阴影部分所示。

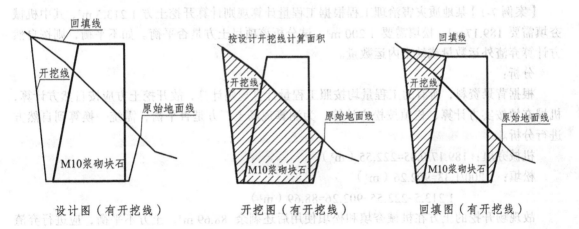

| 设计图（有开挖线） | 开挖图（有开挖线） | 回填图（有开挖线） |

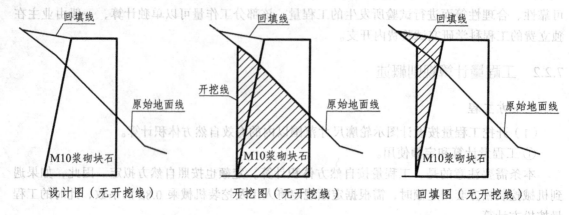

图 7.1　挡墙沟槽挖填示意图

从图 7.1 中可知，有开挖线和无开挖线土石方的挖填差别是比较大的。因此，后期招标控制价（含招标清单）、投标报价、竣工结算等编制和审核均应执行上述工程量计算规则。这是需要特别注意的地方。施工过程中由于施工方法、施工技术及管理水平等的不同，实际挖填的工程量是不同的，由于工程量只能根据图纸和工程量计算规则计算，实际施工的工程量不同只能通过相应定额摊入相应项目的单价中。因此，招标控制价（含招标清单）、投标报价、竣工结算等的编审人员不仅需要能够读懂设计图，还需要有一定的现场施工经验，才能准确把握和计算工程投资。

③工作面。

开挖需要工作面时应根据设计文件中设计图或施工组织设计规定计算，如无规定，则不考虑工作面。这一点也是编制和审查人员需要注意的地方。

（2）土方回填按设计图示压实体积计算。

定额中土方回填除了夯填以外，还有松填，主要用于管道保护或防护堤外侧保护等部位。当回填土方为松填时，其工程量按松方计算。

当回填的土方既有松方又有填方时，根据土石方平衡的基本原则，需测算现场土方是否有多余需要外弃的数量，或者不足时是否有需要运进的数量。需要根据表 5.6 土石方松实系数换算表，测算外弃数量或运进数量。

【案例 7-1】某地质灾害治理工程根据工程量计算规则计算开挖土方 1 213.5 m³，其中机械夯填需要 189.17 m³，松填需要 1 200 m³。试分析该项目土方是否平衡。如不平衡，则按自然方计算弃渣外运数量或缺土内运数量。

分析：

根据背景资料，所有的工程量均按照工程量计算规则计算，故开挖土方应按自然方计算，机械夯填按实方计算，松填按松方计算。为测算现场土石方是否平衡，需统一换算到自然方进行分析。

机械夯填：189.17/0.85=222.55（m³）

松填：1 200/1.33=902.26（m³）

$$1\ 213.5-222.55-902.26=88.69（m³）$$

故现场开挖的土方在机械夯填和松填使用后还剩余 88.69 m³，土方不平衡，应进行弃渣外运。

注意不是缺土运进，即 1 213.5-189.17-1 200=-175.67（m³）

（3）夹有孤石的土方开挖，大于 0.7 m³的孤石按石方开挖计算，具体详见 5.3.6 节夹有孤石的土方开挖 5.3.6 夹有孤石的土方开挖相关内容。

2. 石方工程

（1）石方工程的工程量计算规则、放坡和工作面的设置及相应工程量计算规则与土方工程基本类似，这里不再赘述。

（2）预裂爆破按设计图示尺寸计算的面积计算，具体详见 5.4.2 节预裂爆破的内涵及工程量计算相关内容。

3. 砌石工程

（1）砌石工程量按设计图示尺寸的有效砌筑体积计量。

（2）抛投水下的抛填物，石料抛投体积按抛投石料的堆方体积计算，钢筋笼块石或混凝土块抛投体积按抛投钢筋笼尺寸计算的体积计量。

（3）砌体拆除按设计图示尺寸计算的拆除体积计量。

（4）抹面按设计图示尺寸计算的抹面面积计量。

4. 混凝土工程

（1）混凝土工程量按设计图示尺寸计算的有效实体方体积计算。钢筋、单个体积小于 0.1 m³的圆角或斜角和金属件占用的空间体积小于 0.1 立方米或截面积小于 0.1 m² 的孔洞、排水管、预埋管和凹槽等的工程量不予扣除。按设计要求，对上述临时孔洞所回填的混凝土也不重复计量。

（2）止水工程按设计图示尺寸有效长度计算。

（3）伸缩缝按设计图示尺寸有效面积计算。这一点与工民建行业是不同的，这是因为工民建的伸缩缝一般沿墙面布置，宽度不大，因此伸缩缝按长度计算。地质灾害治理工程与水利工程类似，一般需要全断面布置，需要的嵌缝材料较多，特别是日夜温度变化大的高寒地区，如甘孜、阿坝等地区。因此伸缩缝按面积计算。

（4）混凝土凿除或拆除按设计图示凿除或拆除范围内的实体方体积计算。

（5）防水层按设计图示尺寸有效面积计算。

（6）钢筋加工及安装按设计图示钢筋的有效重量计算。施工架立筋、搭接、焊接、套筒连接、加工及安装过程中操作损耗等不得计算。一般设计文件或结算仅按设计（含设计变更）中的结构大样图计算。施工架立筋、搭接、焊接、套筒连接、加工及安装过程中操作损耗等由施工单位在投标报价时在单价中进行考虑。

（7）钢构件加工及安装按设计图示钢构件的有效重量计算。有效重量中不扣减切肢、切边和孔眼的重量，不增加电焊条、柳钉和螺栓的重量。施工架立件、搭接、焊接、套筒连接、加工及安装过程中的操作损耗也不得计算。

5. 模板工程

立模面积为混凝土与模板的接触面积。

6. 钻孔灌浆及锚固工程

（1）根据设计图示按锚杆钢筋强度等级、直径、锚孔深度及外露长度的不同划分规格，以有效束数计算。锚杆定额中的锚杆长度是指嵌入岩石的设计有效长度；按规定应留的外露部分及加工过程中的损耗，均已计入定额。

经常会有勘查设计单位将锚杆按总长度进行工程量计算，这种方法是不对的。这是因为锚杆的深度、钢筋强度等级、直径等不同，锚杆的施工工艺和施工机械就不同，特别在覆盖层钻孔时，施工工艺和施工机械差别会更大，价格水平也会差别很大。

（2）根据设计图示按锚索预应力强度等级与锚索长度的不同划分规格，以有效束数计量。锚索定额中的锚索长度是指嵌入岩石的设计有效长度；按规定应留的外露部分及加工过程中的损耗，均已计入定额。

（3）喷浆或喷混凝土按设计图示部位不同喷浆厚度的喷浆面积计量，定额已包括了回弹及施工损耗量。

（4）基础固结灌浆与帷幕灌浆工程量，按设计图示尺寸计算的有效灌浆长度计算。

（5）回填灌浆面积按设计的回填接触面积计算。

（6）接触灌浆和接缝灌浆的工程量，按设计图示的面积计算。

7. 复绿工程

（1）乔木根据不同树苗、胸径、苗龄、苗高按设计图图示株数计算。这是因为乔木树苗、胸径、苗龄、苗高不同，乔木购买价差别非常大。

（2）灌木按设计图图示株数计算。

（3）种草按设计图图示面积计算。

（4）整理绿化用地按面积算，种植土按回填方量计算。

（5）绿化成活养护按养护的数量计算，详细见 5.10.4 节养护费用计算相关内容。

8. 其他工程

（1）柔性主动防护网按设计图图示防护坡面展开面积计算，其中长度 3 m 以内的锚杆、防护网的搭接等已经包含在定额内，如长度超过 3 m 的锚杆则按第六章相关内容计算。

（2）柔性被动防护网按网高度乘以长度计算。柔性被动防护网的混凝土基础按相关章节的内容单独计算。

（3）引导式防护网（覆盖式）按防护坡面展开面积计算，并根据锚固章节单独计算上部。

（4）引导式防护网（张口式）按上部张口部分和下部防护部分分别计算。上部张口部分按被动网规定计算工程量，下部防护部分按防护坡面展开面积计算。

（5）塑料薄膜、土工膜、复合柔毡、土工布铺设按设计有效防渗面积计算，不包括其上面的保护（覆盖）层和下面的垫层砌筑。

（6）泄水孔根据不同孔径、材质按设计孔深计算。

（7）有关砂石料开采、加工、运输等除注明外均按成品方（堆方、码方）计算。

（8）地面贴块料垫层按设计图示方量计算，面层按设计图图示面积计算。

（9）木制飞来椅设计图示尺寸按座凳面中心线长度计算。

（10）现浇混凝土飞来椅按图示尺寸以方量计算。

（11）现浇彩色水磨石飞来椅按座凳面中心线长度计算。

（12）塑树皮（竹）梁、柱按设计图示尺寸以梁柱外表面积计算。

（13）塑竹分不同直径按长度计算；塑楠竹及金丝竹直径＞150 mm 时，按展开面积计算，列入塑竹内。塑松皮柱分不同直径按长度计算。

（14）石浮雕按设计图示尺寸以雕刻部分外接矩形以面积计算。

（15）石镌字按设计图示数量以个数计算。

（16）平面招牌按正立面面积计算，复杂形凹凸造型部分不增减。

（17）箱式招牌和竖式标箱按外围体积计算。

（18）钢骨架广告牌按钢骨架的重量计算。

（19）美术字按个数计算。

（20）灯光照明小品按套数计算。

（21）园林小摆设中砖石砌小摆设、须弥座、花架及小品、安装花坛石一律按方量计算；匾额按设计图图示面积计算；池石、盆景山、风景石、土山点石按重量计算；塑树皮垃圾桶按个数计算。

（22）园林混凝土路面按面积计算，路缘石按长度计算。

（23）木栏杆、混凝土栏杆按长度计算，石栏杆按方量计算，金属栏杆按面积计算。

9. 临时工程

（1）围堰、截流体按设计图图示方量计算。

（2）钢板桩围堰按设计图图示面积计算。

（3）公路基础、路面按设计图图示面积计算。

（4）简易公路根据不同材料、宽度、做法按长度计算。

（5）修整旧路面按实修面积计算。

（6）桥梁根据不同材料、宽度、做法按架设的长度计算。

（7）架空运输道按运输道的长度计算。

（8）蓄水池、水塔按个数计算。

（9）管道铺设与拆除以长度计算。

（10）卷扬机道按铺设或拆除的长度计算。

（11）坡面单排、双排钢管脚手架按设计坡度的坡面面积计算，满堂脚手架按体积计算，安全防护脚手架按搭设面积计算。坡面脚手架、满堂脚手架的面积应扣除定额中包含的脚手架面积。

（12）电线路工程按架设长度计算。

（13）临时房屋按建筑面积计算。

（14）施工临时围护按围护的面积计算。

7.3　根据技术规范宏观分析工程量

工程量的计算除了按照工程量计算规则计算外，还应符合相关技术规范的规定。经过 20 多年的研究和发展，地质灾害防治技术得到了大量的积累，逐步形成了相关的行业技术规范，如《滑坡防治工程勘查规范》《滑坡防治工程设计与施工技术规范》《泥石流灾害防治工程勘查规范》《崩塌、滑坡、泥石流监测规范》《地质灾害防治工程监理规范》等。

现以《滑坡防治工程勘查规范》（GB/T 32864—2016）[26]为例说明如何根据技术规范宏观判断工程量的准确性。滑坡规范按滑坡岩土体和结构因素将滑坡分类如表 7.2 所示。

表 7.2　滑坡岩土体和结构因素分类

类型	亚类	特征描述
堆积层（土质）滑坡	滑坡堆积体滑坡	由前期滑坡形成的块碎石堆积体，沿下伏基岩顶面或滑坡体内软弱面滑动
	崩塌堆积体滑坡	由前期崩塌等形成的块碎石堆积体，沿下伏基岩或滑坡体内软弱面滑动
	黄土滑坡	由黄土构成，大多发生在黄土体中，或沿下伏基岩面滑动
	黏土滑坡	由具有特殊性质的黏土构成，如昔格达组、成都黏土等
	残坡积层滑坡	由基岩风化壳、残坡积土等构成，通常为浅表层滑动
	冰水（碛）堆积物滑坡	冰川消融沉积的松散堆积物，沿下伏基岩或滑坡体内软弱面滑动
	人工填土滑坡	由人工开挖堆弃渣构成，沿下伏基岩面或滑坡体内软弱面滑动
岩质滑坡	近水平层状滑坡	沿缓倾岩层或裂隙滑动，滑动面倾角≤10°
	顺层滑坡	沿顺坡岩层面滑动
	切层滑坡	沿倾向坡外的软弱面滑动，滑动面与岩层层面相切
	逆层滑坡	沿倾向坡外的软弱面滑动，岩层倾向山内，滑动面与岩层层面相反
	楔体滑坡	厚层块状结构岩体中多组弱面切割分离楔形体滑动
变形体	岩质变形体	由岩体构成，受多组软弱面控制，存在潜在滑面，已发生局部变形破坏，但边界特征不明显
	堆积层变形体	由堆积体构成（包括土体），以蠕滑变形为主，边界特征和滑动面不明显

假设某滑坡防治工程采用抗滑桩治理，从表 7.2 中可以知道，即使桩的长度和桩芯截面尺寸一样，不同类型的滑坡在治理过程中土、石方开挖方量也是不同的，相应使用的护壁和模板也是不同的。但是，很多造价人员在编制或审核抗滑桩的护壁、模板、土石方开挖工程量的时候，往往难以判别抗滑桩的土石方分界线、护壁和模板的位置，相应工程量的准确性就难以保证了。

从工程量计算的角度看，普通抗滑桩的工程量计算一般分为以下几种情况（这里的工程量计算主要是针对护壁、模板、土石方开挖，其他如桩芯混凝土、钢筋制安、锁口等工程量的计算方法相同，这里不再赘述），如表 7.3。

表 7.3　普通抗滑桩工程量计算的注意点

序号	抗滑桩示意图	说明
1	地面线　堆积体　护壁混凝土　桩芯混凝土　滑面　护壁模板　基岩	1. 概况：滑坡为堆积层（土质）滑坡中的滑坡堆积体滑坡、黄土滑坡（下伏基岩面），滑面以上为堆积体，滑面以下为基岩，治理措施为普通抗滑桩。 2. 工程量计算注意点： （1）滑面以上为土方开挖，滑面以下为石方开挖。 （2）滑面以上的土方部分需要护壁混凝土，滑面以下不需要。 （3）护壁混凝土部分需要模板

续表

序号	抗滑桩示意图	说明
2	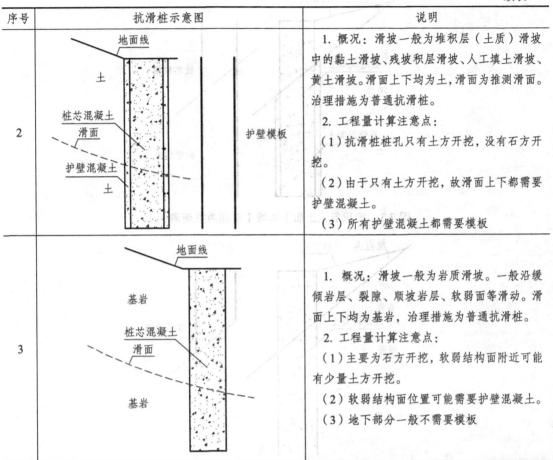	1. 概况：滑坡一般为堆积层（土质）滑坡中的黏土滑坡、残坡积层滑坡、人工填土滑坡、黄土滑坡。滑面上下均为土，滑面为推测滑面。治理措施为普通抗滑桩。 2. 工程量计算注意点： （1）抗滑桩桩孔只有土方开挖，没有石方开挖。 （2）由于只有土方开挖，故滑面上下都需要护壁混凝土。 （3）所有护壁混凝土都需要模板
3		1. 概况：滑坡一般为岩质滑坡。一般沿缓倾岩层、裂隙、顺坡岩层、软弱面等滑动。滑面上下均为基岩，治理措施为普通抗滑桩。 2. 工程量计算注意点： （1）主要为石方开挖，软弱结构面附近可能有少量土方开挖。 （2）软弱结构面位置可能需要护壁混凝土。 （3）地下部分一般不需要模板。

　　悬臂式抗滑桩与普通抗滑桩的主要差别就是悬臂式抗滑桩地表以上悬臂桩芯混凝土需要模板进行支护，这部分模板工程量不能漏算。其他工程量的计算与普通抗滑桩相同。悬臂式抗滑桩的护壁与模板示意图如图 7.2 ~ 图 7.4 所示。

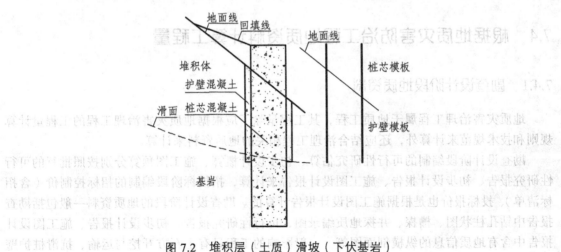

图 7.2 堆积层（土质）滑坡（下伏基岩）

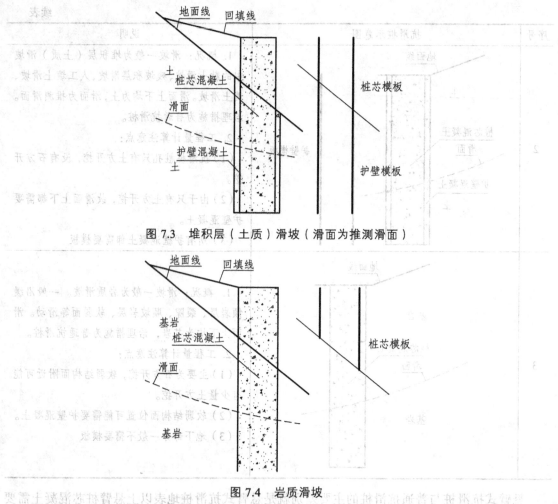

图 7.3 堆积层（土质）滑坡（滑面为推测滑面）

图 7.4 岩质滑坡

可见，从技术规范的角度可以宏观判断和分析相关的工程量，如果出现工程量异常的情况，应查找出现异常的原因，复核相关工程量计算。

7.4 根据地质灾害防治工程地质资料计算工程量

7.4.1 勘查设计阶段地质资料

地质灾害治理工程属于地质工程，其工程量除了应根据地质灾害治理工程的工程量计算规则和技术规范来计算外，还应结合治理工程相关的地质资料来计算。

勘查设计阶段编制的可行性研究估算、初步设计概算、施工图预算分别按照批复的可行性研究报告、初步设计报告、施工图设计报告来计算，招投标阶段编制的招标控制价（含招标清单）、投标报价也是根据施工图设计报告计算的。勘查设计阶段的地质资料一般包括勘查报告中钻孔柱状图、槽探、井探地质编录图，可行性研究报告、初步设计报告、施工图设计报告中含有地质信息的纵横剖面图等。一般影响的工程量有土石方开挖与运输、抗滑桩护壁混凝土及模板等。

【案例 7-2】某滑坡治理工程在滑坡中下部采用抗滑桩的治理措施。施工图设计文件中抗滑桩布置纵剖面示意图如图 7.5 所示。

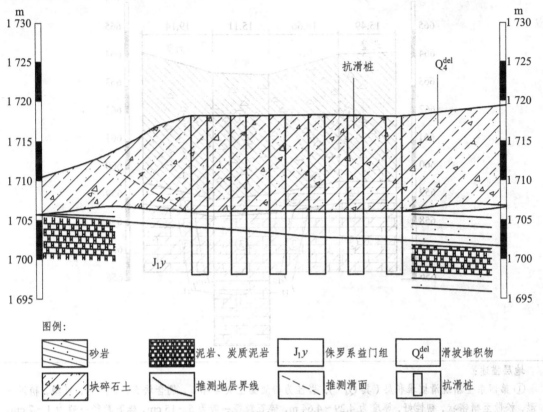

图 7.5 抗滑桩布置纵剖面示意图

从图 7.5 中可知，抗滑桩桩顶高程为 1 718 m，桩底高程为 1 698 m，抗滑桩位置的推测滑面高程为 1 706 m，滑面以上为块碎石土，滑面以下分别为砂岩、泥岩等，可以判断出抗滑桩土石分界线高程就是 1 706 m，抗滑桩土方开挖的深度为 1 718-1 706=12 m，石方开挖的深度就是 1 706-1 698=8 m，护壁的深度也是 12 m。这样再结合抗滑桩的结构尺寸、配筋图等就可以计算出抗滑桩的工程量。

7.4.2 竣工结算阶段地质资料

在竣工结算阶段，工程量除了根据审核后的竣工图来计算，还需要结合施工过程中记录的地质资料（如地质素描记录表、地基验槽记录、钻孔班报表、工程隐蔽检查记录、影像资料等）、勘查报告、施工图等来计算。

【案例 7-3】某滑坡治理工程的抗滑桩在施工过程中的地质素描记录如表 7.4 所示。

表 7.4 抗滑桩桩孔地质素描记录表

工程名称	××××××××			编号	××
桩孔编号	×××	坐标	X=	×××	开挖深度（m）	×××
桩顶标高	×××		Y=	×××	开挖方量（m³）	×××

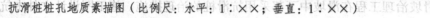

抗滑桩桩孔地质素描图（比例尺：水平：1：××；垂直：1：××）

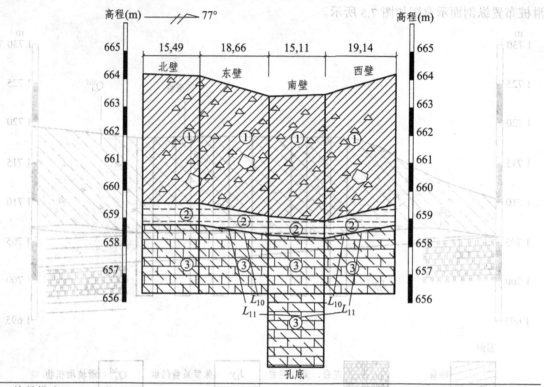

地层描述：

① 第四系全新统滑坡堆积层（其 Q_4^{del}），岩性为粉质黏土夹碎砾石，偶含块石，紫红色，可塑，稍湿～湿，松散至稍密状，韧性好，厚度为 4.29～4.64 m，碎石粒径一般为 5～15 cm，砾石粒径一般为 1～2 cm，碎石含量约 12%，砾石含量 5%，母岩成分为砂岩、泥岩；与②接触处是土质滑坡的滑带。

② 白垩系下统苍溪组（K_1c）的泥岩，紫红色，厚 0.61～0.75 m，强～中风化，中厚层构造，节理发育，层厚 0.2～0.5 m，岩层产状 5°∠4°。

③ 白垩系下统苍溪组（K_1c）的长石石英砂岩，浅灰～灰白色，揭露厚度为 2.01～2.50 m，中～弱风化，厚～巨厚层构造，碎屑结构，岩层产状 5°∠4°；东、西壁及底部发育 2 条纵向裂隙，走向 77°，产状 169°∠77°、168°∠63°，裂面较平直，裂隙度 10～120 mm，下宽上窄，局部充填泥质。

制图	×××	校核	×××	审核	×××
施工单位		×××××××××		记录日期	×××

从表 7.4 中可以看出，抗滑桩桩孔为 2.0 m×2.5 m 长方形，抗滑桩桩孔的四个角各地层深度及平均深度如表 7.5 所示。

7.5 抗滑桩桩孔各地层深度表

地层编号	厚度（m）	平均厚度（m）
地层①	4.6	4.5
	4.5	
	4.3	
	4.5	

续表

地层编号	厚度（m）	平均厚度（m）
地层②	0.8	0.7
	0.8	
	0.7	
	0.6	
地层③	2.5	2.3
	2.5	
	2.1	
	2.0	
合计		7.5

因此，在竣工结算的过程中，相关人员就可以通过表 7.5 判断抗滑桩开挖的深度为 7.5 m，其中：地层①主要为粉质黏土夹碎砾石，平均厚度为 4.5 m；地层②为泥岩，平均厚度为 0.7 m；地层③为长石石英砂岩，厚度为 2.3 m。因此可以判断土方开挖的深度为 4.5 m，石方开挖的深度为 3 m，护壁的深度为 4.5 m。上述数据可以验证竣工图中标注的相关尺寸，从而准确地算出相关工程量，保证了竣工结算的投资与实际工程相符。

当然，如果施工过程中记录的地质资料与勘查报告、施工图中的地质资料相差较大，属于地质情况与原勘查报告有重大差异，一般需要勘查设计单位、监理单位、建设单位等进行现场书面确认，相关的工程量应根据施工记录的地质资料来计算。

7.5　地质灾害防治工程常用工程量计算方法

地质灾害防治工程工程量计算的依据一般包括设计文件（电子版和纸质版设计文件）、工程量计算规则及相关技术规范等。由于地质灾害治理工程的治理措施，如抗滑桩、挡墙、格构、拦挡坝等为非标准构件，且计算土石方工程量过程中涉及地形线等，为提高工程量计算的准确性，需要采用电子版设计图进行计算。因此，计算过程中需要的设计文件应包括纸质版本和电子版本（AutoCAD）。

工程量的计算包括基础参数和工程量的计算。基础参数计算的方法包括勾图计算法和公式计算法，工程量的计算包括单位长度计算法、平均断面计算法、单元格计算法、表格计算法、软件计算法等。由于地质灾害治理工程往往会采用多种治理措施，因此，在实际的工程量计算中，一般需要根据不同的治理措施选择合适的计算方法，以提高工程量计算的精度和效率。

7.5.1　基础参数的计算

地质灾害防治工程工程量计算过程中需要根据设计图获得相关的计算参数，比如计算圆形桩护壁混凝土模板工程量就需要获得圆形桩护壁内侧的圆周长参数。该参数的获得有勾图计算法和公式计算法两种方法。当然，在实际使用中往往是这两种方法相结合以提高工作效率。

1. 勾图计算法

勾图计算法就是通过电子版的设计图，采用绘图软件，如 AutoCAD 直接勾图，然后通过查询"对象特性"的长度、面积，再进行比例换算而得到实际的长度和面积。勾图计算法常用于不规则图形的工程。

勾图计算法步骤：

（1）检查电子版的设计图与纸质版设计图的一致性。如果二者不一致，应以纸质版标明的尺寸为准，并相应调整电子版的设计图（如果不一致的内容较多，建议与设计人员沟通，由设计人员对设计图进行修正），以确保计算结果的正确性。

（2）检查电子版设计图比例的正确性，就是检查电子版设计图中所有尺寸是不是按同一个比例绘制，如果有少量不一致，需要根据标注尺寸进行修正，特别要注意图纸中标注的比例和电子版 AutoCAD 图实际比例有可能不一致（与打印比例有关）。在勾图结束进行数据换算时，其换算比例按照电子版 AutoCAD 图的实际比例执行。

（3）用绘图软件 AutoCAD 勾图（用多段线 PLine 命令，简写 PL）。为提高勾图的准确性和勾图效率，勾图过程中应根据需要开关对象捕捉（在 AutoCAD 左下方），以便自动捕捉所需勾画图形边界线上各节点。如果需要对对象捕捉模式进行设置，可以右击"对象捕捉"，出现对象捕捉模式选择界面，选择捕捉端点、交点、切点等。勾画的多段线应是连续的，且应与原设计图高度重合。如果需要求解所勾图形的面积，则勾画图形应是封闭的。

特别需要注意的是，一般不直接采用查询工具的原因是该工具不能全面查询，且查询后不能留有查询过程，后期无法复核其正确性。故采用勾图来进行相关数据的计算，所勾图形作为计算底稿的成果保存。

（4）勾图数据采集。勾图结束后，对所勾画图形的数据进行采集。右击所勾画图形，选择"特性"后就可以调出左侧特性表格，以后每次点击所勾画图形，所需要采集的长度和面积数据会出现在左侧特性表格中。

（5）换算比例的计算。

① 计算设计图中标注长度尺寸换算为米后的数据，如某图中标注隧洞底宽为 3 300 mm，换算后底宽为 3.3 m。

② 电子版图纸中采集隧洞底宽数据，从 AutoCAD 左侧特性表中读取长度数据。假设隧洞底宽在特性表中长度数据为 6 600。

③ 长度换算比例计算：长度换算比例=长度换算为米后的数据÷电子版图中采集到的长度数据（一般在电子表格中列入公式后自动计算）。根据前面实际数据与电子版图纸中采集到的数据计算长度换算比例：3.3÷6 600=0.000 5。

④ 面积换算比例计算：面积换算比例=长度换算比例×长度换算比例，故前例中面积换算比例为 0.000 5×0.000 5=0.000 000 25。

（6）勾图数据换算为实际数据。

所勾图形的实际长度=电子版设计图中所勾图形长度数据×长度换算比例

所勾图形的实际面积=电子版设计图中所勾图形面积数据×面积换算比例

利用勾图计算法计算单位长度工程量的计算表格一般如表 7.6 所示。

表7.6 勾图计算法计算单位长度工程量换算表

序号	项目名称	单位	勾图数据	换算比例	实际单位长度工程量
（1）	（2）	（3）	（4）	（5）	（6）=（4）×（5）×1 m

备注：案例见7.5.2工程量的计算中"单位长度计算法"相关内容。

一般在可行性研究、初步设计、施工图设计阶段，勘查设计单位编制可行性研究估算、初步设计概算、施工图预算时可以利用电子版设计图进行勾图计算。但是在其他阶段，例如在招标阶段编审工程量清单、控制价、投标报价，在施工阶段编审竣工结算，有些工程没有电子版的图纸或者提供的纸质版图纸与电子版设计图不一致，此时，工程量的计算就比较麻烦。为提高工程量计算的准确性和工作效率，就需要将纸质版图纸进行电子化处理，以获取不规则图形的相关参数。其步骤如下：

①用扫描仪对需要通过电子版图纸获取参数的纸质版图纸进行扫描。

②在AutoCAD中插入该扫描的图像：菜单中选择"插入"—选择"光栅图像参照"—出现"选择图像文件"窗口—选择需要插入的图像文件—点击"打开"，出现"图像"窗口—点击"确定"—命令行出现"指定插入点"—在需要插入图像的位置点击—命令行出现"指定缩放比例因子"—直接按键盘上"Enter"键。各个版本的AutoCAD插入扫描图像的界面有所不同，具体可查阅AutoCAD的帮助文件。

③用绘图软件AutoCAD中的对齐ALgin命令（简写AL）将扫描图像中标注的尺寸进行校准。

例如某泥石流工程中拦挡坝纸质版设计图扫描的图像插入AutoCAD后如图7.6（a）所示，（b）图为AutoCAD中绘制的3.0m长直线。由于扫描的图像在AutoCAD中比例不明确，无法勾图测算其面积。现对图像中标注的尺寸进行校准：在AutoCAD命令行输入"AL"命令—出现"选择对象"命令行—选定插入的图像后按键盘上的"Enter"键—出现"指定第一个源点"命令行—鼠标点击下图中"$A_源$"点—出现"指定第一个目标点"命令行—鼠标点击下图中"$A_目$"点—出现"指定第二个源点"—鼠标点击下图中"$B_源$"点—出现"指定第二个目标点"命令行—鼠标点击下图中"$B_目$"点—出现"指定第三个源点或<继续>"—直接按键盘上"Enter"键—出现"是否基于对齐点缩放对象？[是（Y）/否（N）]<否>"命令行—输入"Y"。这样就得到图7.6（c），从而实现对扫描后图像的校准。

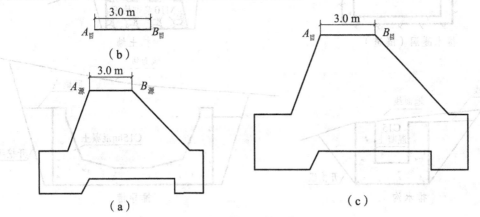

图7.6 扫描的图像尺寸校准

④ 用绘图软件 AutoCAD 中多段线 PLine 命令对校准后图像的边界勾图，然后采集相关数据并进行换算，从而获取长度、面积等计算参数。

需要注意的是，在使用勾图计算法的过程中，如果有些尺寸很明确地标注出来了就不需要进行勾图，而是使用标注的尺寸，将该数据填写到换算表的实际尺寸栏中即可。

2. 公式计算法

公式计算法就是图形参数明确，可以直接从设计图中读取，并能直接用公式计算获得长度、面积、体积等参数的方法。这种方法一般只需要输入几个参数就可以通过电子表格中设置的公式自动计算相关数据。公式计算法一般适用于规则图形，比如圆弧、矩形、三角形等能用设计图中数据直接用公式计算的图形。地质灾害治理工程中常用的图形及相关计算公式详见附录 12 多面体的体积和表面积、附录 13 常用图形求面积公式。

案例见 7.5.2 工程量的计算中"表格计算法"相关内容。

7.5.2 工程量的计算

1. 单位长度计算法

单位长度计算法，就是工程沿着其轴线方向的尺寸一样，其工程量的计算可以根据单位长度的工程量乘以长度而得到。单位长度计算法主要适用于截排水沟、排水廊道、挡墙、防护堤、排导槽等实体部分（图 7.7）沿轴线方向尺寸一样的工程，但是其沿着轴线方向尺寸变化的沟槽计算需要采用平均断面计算法（详见本节中下一种计算方法）。

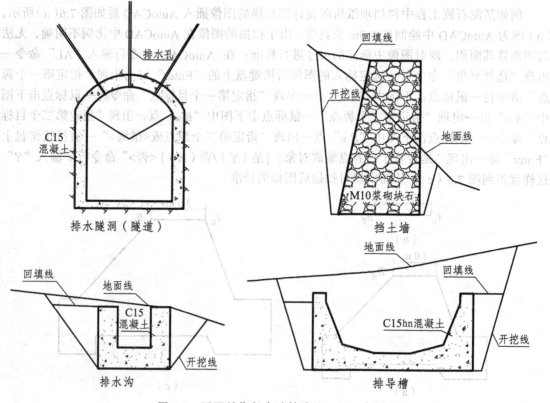

图 7.7 适用单位长度计算法的工程示意图

【案例 7-4】假设某滑坡工程施工图设计中采用排水廊道，其起点和终点的坐标分别为 A（5 081.544，5 902.889）、B（5 045.753，5 946.851），排水廊道采用 C15 混凝土衬砌，排水廊道穿越的围岩岩石级别 V～Ⅵ。排水廊道断面如图 7.8 所示，试计算相关工程量（排水廊道开挖的石方不考虑外运）。

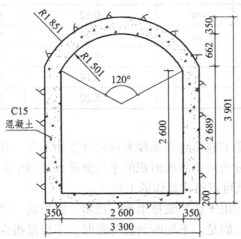

图 7.8　排水廊道横断面图（单位：mm）

解：根据背景资料和设计简图，首先确定需要计算的项目有洞挖石方、底板混凝土、边墙混凝土、拱顶混凝土、拱顶模板、边墙模板等，其次就是分别计算单位长度工程量、长度，最后用单位长度工程量乘以长度得到总体工程量。详细计算如下。

第一步，计算单位长度工程量（表 7.7）。

表 7.7　单位长度工程量

序号	项目名称	单位	勾图数据	换算比例	实际单位长度工程量
（1）	（2）	（3）	（4）	（5）	（6）=（4）×（5）×1m
1	洞挖石方	m³/m	47 672 418.91	0.000 000 25	11.92
2	底板混凝土	m³/m	2 080 000.00	0.000 000 25	0.52
3	边墙混凝土	m³/m	7 963 980.88	0.000 000 25	1.99
4	拱顶混凝土	m³/m	5 052 585.26	0.000 000 25	1.26
5	拱顶模板	m²/m	6 287.84	0.000 5	3.14
6	边墙模板	m²/m	10 400.00	0.000 5	5.20

换算比例计算：如图 7.8 中底板宽度为 3 300 mm，由于最终长度计算单位为米，故实际长度为 3.3 m，用 AutoCAD 勾图数据为 6 600，故长度换算比例=3.3÷6 600=0.000 5，面积换算比例 0.000 5×0.000 5=0.000 000 25。

第二步，计算长度。

长度一般按照隧洞（廊道）轴线长度计算，假设某隧洞直线段起点和终点坐标分别为 A（x_1，y_1）、B（x_2，y_2），则其长度为 $\sqrt{(x_1-x_2)^2+(y_1-y_2)^2}$，本案例利用上述公式在电子表格中计算，其计算过程如下：

$$\sqrt{(5\,081.544-5\,045.753)^2+(5\,902.889-5\,946.851)^2}=56.69\,(\text{m})$$

第三步，计算总体工程量（表 7.8）。

表 7.8　排水廊道工程量表

序号	项目名称	单位	实际单位长度工程量	长度	工程量
（1）	（2）	（3）	（4）	（5）	（6）=（4）×（5）
1	洞挖石方	m³	11.92	56.69	675.63
2	底板混凝土	m³	0.52	56.69	29.48
3	边墙混凝土	m³	1.99	56.69	112.87
4	拱顶混凝土	m³	1.26	56.69	71.61
5	拱顶模板	m²	3.14	56.69	178.23
6	边墙模板	m²	5.20	56.69	294.78

2. 平均断面计算法

平均断面计算法，就是工程沿着其轴线方向尺寸变化不大，其工程量的计算可以根据相邻的、按照一定的间距划分的两个断面面积的平均值乘以这两个断面间的长度来计算。将算出的各段工程量进行汇总就可以得到总体的工程量。

平均断面计算法主要适用于例如截排水沟、挡墙、防护堤、排导槽等横断面沿着其轴线方向变化的工程。需要注意的是，平均断面法分段时，工程量拐点位置应设置为分段点，不能作为该段的中间点，否则工程量会误差很大。

【案例 7-5】假设某滑坡工程采用护坡挡墙，长度为 100 m，各桩号的断面尺寸和勾图得到面积如图 7.9 所示，试计算 C15 混凝土工程量。

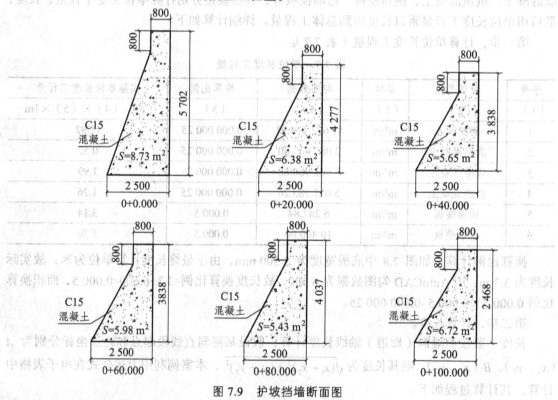

图 7.9　护坡挡墙断面图

解：根据背景资料和设计简图，用相邻断面面积的平均值乘以相邻断面的长度计算工程量。具体如表 7.9 所示。

表 7.9 平均断面计算法

序号	桩号	断面面积（m²）	相邻断面平均面积（m²）	长度（m）	方量（m³）
(1)	(2)	(3)	(4)=相邻桩号断面面积的平均值	(5)=相邻断面间长度	(6)=(4)×(5)
1	0+0	8.73			
2	0+20	6.38	7.55	20.00	151.05
3	0+40	5.65	6.01	20.00	120.30
4	0+60	5.98	5.82	20.00	116.34
5	0+80	5.43	5.70	20.00	114.09
6	0+100	6.72	6.08	20.00	121.50
	合计				623.28

说明：以 0+0 和 0+20 断面为例进行说明。

0+0 和 0+20 断面面积分别为 8.73 m² 和 6.38 m²，其平均断面面积为（8.73+6.38）÷2= 7.55 m²，这两个断面之间长度为 20-0=20 m，故 0+0 和 0+20 之间方量为 7.55×20=151.05 m³。最后将各段的工程量进行汇总就可以得到总体工程量。

3. 单元格计算法

所谓单元格，就是布置的工程可以均匀划分为多个相同的单元格，各单元格中的工程项目相同。整个工程的工程量计算可以通过单元格中项目的工程量乘以单元格的格数而得到。这种计算工程量的方法就叫单元格计算法。边坡坡面均匀布置的格构梁、喷射混凝土、坡面钢筋网、坡面锚杆等均适用单元格计算法，工程布置示意图如图 7.10。该方法的缺点是边界部位工程量偏低。

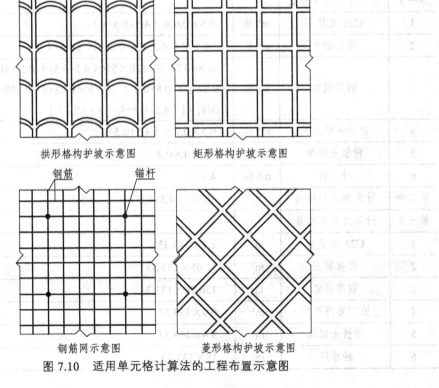

拱形格构护坡示意图　　矩形格构护坡示意图

钢筋网示意图　　菱形格构护坡示意图

图 7.10 适用单元格计算法的工程布置示意图

【案例 7-6】假设某滑坡工程采用 C25 钢筋混凝土格构护坡，格构嵌入边坡厚度 20 cm，格构之间回填 20 cm 厚种植土，坡面种草籽，相关工程的布置详见图 7.11。假设该工程坡面面积 3 000 m²，钢筋保护层 3 cm，试计算相关工程量。

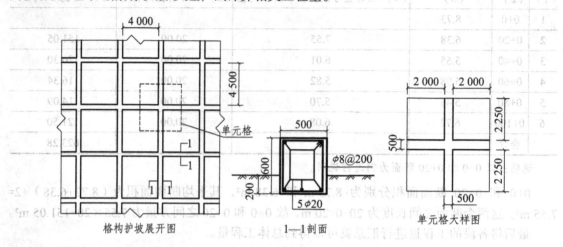

图 7.11　某滑坡工程设计简图

解：根据背景资料和设计简图，首先确定需要计算的项目有 C25 混凝土格构、模板制安、钢筋制安、坡面基槽开挖、种植土回填、种草籽等，其次就是分别计算单元格工程量、单元格格数，最后将单元格工程量乘以单元格格数得到总体工程量。详细计算见表 7.10。

表 7.10　单元格计算工程量表

序号	项目名称	单位	计算公式	计算结果
第一步	计算单元格工程量			
1	C25 混凝土	m³/格	0.5×0.6×（4.5+0.5+4）	2.70
2	模板制安	m²/格	（0.5+0.6-0.2+0.6-0.2）×（4.5+4）	11.05
3	钢筋制安	kg/格	0.00617×20×20×5×（4.5+0.5+4+0.5）+0.00617×8×8×[（0.5+0.6）×2-8×0.03+4×0.008+2×4.9×0.008]×[（4.5+0.5+4+0.5）÷0.2）]	156.06
4	坡面基槽开挖	m³/格	0.5×0.2×（4.5+0.5+4）	0.90
5	种植土回填	m³/格	4.5×4×0.2	3.60
6	种草籽	m²/格	4.5×4	18.00
第二步	计算单元格格数	格	3000÷（4.5+0.5）÷（4+0.5）	133.33
第三步	计算总体工程量			
1	C25 混凝土	m³	2.7×133.33	359.99
2	模板制安	m²	11.05×133.33	1473.30
3	钢筋制安	kg	156.06×133.33	2 0807.48
4	坡面基槽开挖	m³	0.9×133.33	120.00
5	种植土回填	m³	3.6×133.33	479.99
6	种草籽	m²	18×133.33	2 399.94

备注：

（1）单元格中箍筋根数=单元格中箍筋分布长度÷箍筋间距（用此公式计算结果略小，可按通长梁的根数增加箍筋的根数来修正，即箍筋根数=单元格中箍筋根数×单元格格数+通长梁的根数。注意这里不采用单根梁的计算公式：箍筋根数=单元格中箍筋分布长度÷箍筋间距+1，该公式计算结果偏大）。

（2）箍筋长度=构件截面周长－8×保护层厚+4×箍筋直径+2×钩长。两端弯钩形式一般有180°、90°、135°三种，其形式和弯钩长度如图7.12所示。箍筋的弯钩一般为135°，故钩长应为 4.9d。但需要注意的是，如果设计中对箍筋有特别要求，则需要根据设计进行弯钩长度的计算（不低于图7.12中的长度）。

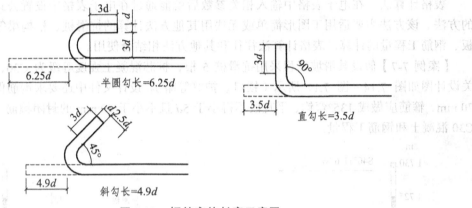

图 7.12　钢筋弯钩长度示意图

（3）单元格格数=总面积÷单元格面积（不需要取整）。

（4）如周边单元格不完整，可单独增加该周边封口部分的工程量（单元格完整的部位可不增加）。

（5）主筋：钢筋长度=构件尺寸－保护层厚度+两端弯钩长度，该弯钩一般为 180°，故钩长为 6.25d。由于边坡格构的梁一般都比较长，本案例的计算方法是直接按照通长梁的长度计算，故虽略有偏差，但偏差不大。

（6）钢筋每米重量可以查相关五金手册，也可以用下列公式计算：0.006 17×d×d（d 为钢筋直径，单位为 mm；每米钢筋重量单位为 kg）。

（7）本案例中坡面面积已经提供，实际的设计图中一般只会提供平面布置图、剖面图、立面图等，根据这些资料计算坡面面积常用的有两种方法（图7.13）：

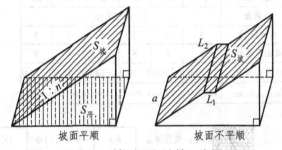

图 7.13　坡面面积计算示意图

方法一：坡面平顺。很多边坡，例如公路在开挖后形成的高边坡经过削坡，坡面比较平顺。这种比较平顺的边坡坡面实际面积就需要通过对 CAD 平面图勾画得到面积 $S_\text{平}$ 并进行计算得到。其计算公式为：

$$S_坡 = S_平 \sqrt{1^2 + n^2}$$

方法二：坡面不平顺。例如在崩塌类治理工程中对坡面设置主动防护网，该坡面往往不平顺。这种边坡坡面实际面积就需要通过对 CAD 剖面图勾画得到两个相邻剖面的坡面线长度 L_1、L_2，两个剖面间距为 a。坡面面积计算公式为：

$$S_坡 = (L_1 + L_2) \times a/2$$

间距 a 越小精度越高。这种计算方法类似前文所述的平均断面法。

4. 表格计算法

表格计算法，在电子表格中输入相关参数后就能通过在电子表格中设置公式计算工程量的方法。该方法主要适用于图形简单或无法用其他方法计算的抗滑桩、格构梁等混凝土、模板、钢筋工程量的计算。表格计算法往往和其他方法相结合使用。

【案例 7-7】假设某滑坡工程采用抗滑桩 5 根，桩芯混凝土强度等级为 C30，其配筋及相关设计图如图 7.14～图 7.17 所示（锁口、护壁等略）。设计文件中还要求钢筋保护层厚度为 70 mm，箍筋应做成 135° 弯钩、平直段不得小于 5d 且不小于 60 mm 的封闭箍筋。试计算桩芯 C30 混凝土和钢筋工程量。

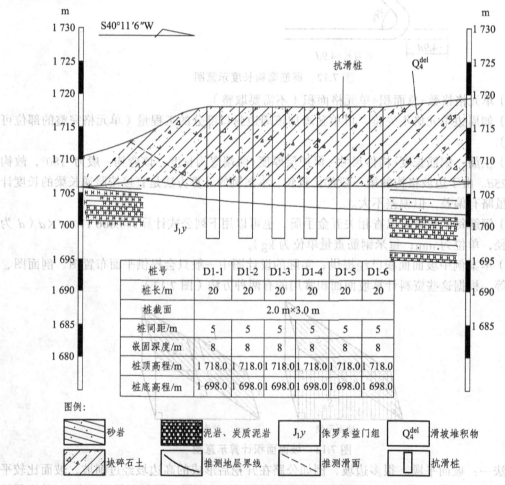

图 7.14 抗滑桩布置纵剖面示意图

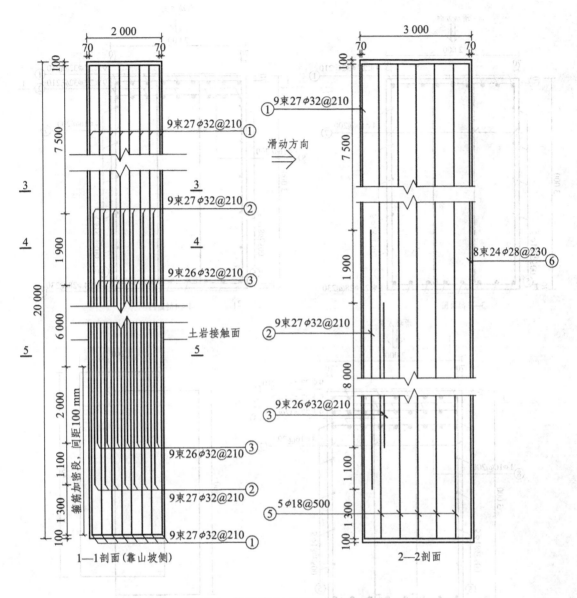

图 7.15　抗滑桩 1—1、2—2 剖面示意图

161

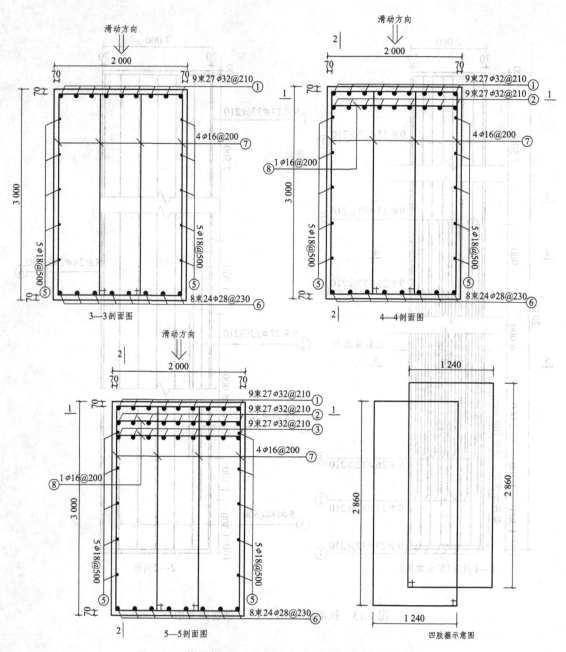

图 7.16　抗滑桩 3-3、4-4、5-5 剖面图、四肢箍示意图

⑥8束24φ28@230	L=19 800		
⑤5φ18@500	L=19 800		
③9束26φ32@210		L=8 000	2 400
②9束27φ32@210		L=11 000	1 300
①9束27φ32@210	L=19 800		

图 7.17　抗滑桩主筋示意图

解：

（1）计算单根桩的工程量（表 7.11）。

表 7.11 单桩钢筋计算表

编号	钢筋级别	直径（mm）	根数	长度（m）	总长（m）	每米重（kg）	总重（kg）
（1）	（2）	（3）	（4）	（5）	（6）=（4）×（5）	（7）	（8）=（6）×（7）
①	HRB400	φ32	27	19.80	534.60	6.31	3 373.33
②	HRB400	φ32	27	11.00	297.00	6.31	1 874.07
③	HRB400	φ32	26	8.00	208.00	6.31	1 312.48
④	HRB400	φ32	0	0.00	0.00	6.31	0.00
⑤	HRB335	φ18	10	19.80	198.00	2.00	396.00
⑥	HRB400	φ28	24	19.80	475.20	4.83	2 295.22
⑦	HRB335	φ16	244	8.31	2 027.74	1.58	3 203.83
⑧	HRB335	φ16	34	2.06	69.35	1.58	109.58
合计							12 564.50

备注：①～⑥钢筋的根数和长度可以直接从图中读取，这里仅介绍⑦、⑧钢筋。

⑦钢筋

根数：15.4÷0.2×2+（4.4÷0.1+1）×2=244（根）

长度：[（1 240+2 860）×2+6.9×16]÷1 000=8.31（m）

⑧钢筋：

根数：（1.9+1.1）÷0.6+1+（6+2）÷0.6×2+1=34（根）

长度：2-0.07×2+6.25×16×2÷1 000=2.06（m）

单桩桩芯混凝土计算表见表 7.12。

表 7.12 单桩桩芯混凝土计算表

序号	名称	长（m）	宽（m）	深度（m）	方量（m³）
（1）	（2）	（3）	（4）	（5）	（6）=（3）×（4）×（5）
1	桩芯 C30 混凝土	3.00	2.00	20.00	120.00

（2）计算总体工程量。

钢筋重量：12 564.50×5=62 822.48（kg）

桩芯 C30 混凝土：120×5=600（m³）

5. 软件计算法

软件计算法就是使用软件来计算工程量的方法，该方法主要用来计算削坡卸载、压脚回填、泥石流工程库区清淤等土石方工程。比较常用的软件有广联达、南方地形地籍成图软件 CASS9.1、ZDM CAD 辅助设计软件等。这些软件中计算土石方工程采用原理比较多的是方格网计算，即将计算区域划分成一定数量的方格网，计算出每个方格的挖填方量并进行汇总而得到土石方挖填方量。使用软件计算的方法这里不详细介绍，详细见相关软件的使用说明书。

7.6 工程量之间的几种逻辑关系及需要注意的问题

7.6.1 工程量之间的几种逻辑关系

地质灾害治理工程各清单项目之间的工程量一般都有一定的逻辑关系，比如土石方开挖、回填、运输、混凝土与模板等。在地质灾害治理工程中，比较常用的几种关系如下：

1. 土石方相关工程量的关系

在理解土石方工程量之间的逻辑关系之前，首先要根据定额的规定明确几个概念：

自然方：未经扰动的自然状态的土方。

松方：自然方经人工或机械开挖而松动过的土方。

实方：填筑（回填）并经过压实后的成品方。

根据《治理工程预算定额》（第一册）中"第一章土方工程"的说明"二、土方定额的计量单位，除注明外，均按自然方计算。"、"第二章石方工程"的说明"二、本章计量单位，除注明外，均按自然方计。"结合相关定额中的单位可知，除了土方回填、压实相关定额单位为实方外，其他的单位都是自然方。

此外，《治理工程预算定额》（第四册）中附录 1 土石方松实系数换算表如表 7.13：

表 7.13 土石方松实系数换算表

项目	自然方	松方	实方	码方
土方	1	1.33	0.85	
石方	1	1.53	1.31	
砂方	1	1.07	0.94	
混合料	1	1.19	0.88	
块石	1	1.75	1.43	1.67

根据定额的单位和土石方松实系数换算表，假设某地质灾害治理工程中的土石方没有松填，则该工程的土石方开挖量大于回填量时，多余的土石方需要运输到指定的弃渣场；如果是回填量大于开挖量时，就需要从工程施工区域外外购用以回填。也就是应该有如下的逻辑关系：

土方开挖方量=土方夯实回填方量÷0.85+外弃方量

外购土方方量=土方夯实回填方量÷0.85-土方开挖方量

（需要将外购土方回填和现场的土方回填分开列项）

石方开挖方量=石方夯实回填方量÷1.31+外弃方量

外购石方方量=石方夯实回填方量÷1.31-石方开挖方量

（需要将外购石方回填和现场的石方回填分开列项）

2. 抗滑桩相关工程量的关系

抗滑桩工程中土石方、混凝土、模板之间也存在一定的逻辑关系（注意这里的逻辑关系是根据定额单位进行换算的，即土石方是自然方，混凝土是成品实体方，模板是面积），具体如下：

（1）土石方与混凝土的关系。

普通抗滑桩：抗滑桩土石方开挖方量＝护壁混凝土方量＋桩芯混凝土方量

悬臂桩：护壁混凝土方量＋桩芯混凝土方量＞土石方方量

埋入式桩：护壁混凝土方量＋桩芯混凝土方量＜土石方方量之和（土石方方量之和＝桩内抗滑桩土石方方量＋普通土石方方量）

注意：不属于抗滑桩的普通土石方应单列，不能合并到抗滑桩中。

（2）不同的抗滑桩模板之间的关系。

悬臂桩模板面积＝护壁模板面积＋悬臂桩芯混凝土模板面积

普通桩模板面积＝护壁模板面积

测算方法：护壁混凝土体积÷护壁厚度＋锁口模板面积＝模板面积

这里需要注意悬臂桩的悬臂部分（即地表部分）不能漏算。

3. 格构相关工程量的关系

格构混凝土与模板之间的关系如下：

$$格构模板面积 = \frac{格构混凝土方量}{格构横断面宽 \times 格构横断面高} \times$$

$$(格构横断面宽 + 格构横断面高 \times 2) - 十字交叉部位面积$$

7.6.2 需要注意的问题

1. 工程量清单项目名称应规范

由于四川省地质灾害治理工程没有编制相应工程量清单计价规范或技术条款，因此实际的工程量清单并没有像其他行业一样有工作内容的描述或者对应的技术条款，只有简单的一个项目名称，有时就会对该清单项目的工作内容理解产生歧义，这就会对后期工程竣工结算产生影响，容易造成投资不可控。为了解决此问题，工程量清单的项目名称应尽可能反映工程部位，涉及运输的，项目名称中也要反映运输的工作内容，特别要注意的是相类似项目的工程量不能随意合并。例如抗滑桩的护壁使用 C20 混凝土衬砌，泥石流工程中拦砂坝、护坦等采用的 C20 块石混凝土的工程量清单的项目名称应分别为抗滑桩 C20 混凝土护壁、拦砂坝坝体 C20 块石混凝土、护坦块石混凝土，而不能直接采用 C20 混凝土、C20 块石混凝土，其原因是不同部位的、不同强度等级、不同材料的混凝土套用的定额和相关的换算是不同的，其价格水平也是不同的。因此，相类似清单项目的工程量是不能随意合并的。又如不同的设计人员在计算工程量的时候，对土石方开挖与运输列项是不同的，有的习惯开挖和运输分开列项，有的习惯开挖与运输合并列项，此时就应该将项目名称规范为土方挖运和石方挖运。在招投标阶段，工程量清单的项目名称的规范是非常重要的。

2. 工程量清单说明的必要性

正如前文所述，地质灾害治理工程目前还没有相应的工程量清单计价规范或技术条款，虽然对清单项目的名称进行了规范，但是难免在有些问题上会有不同的见解，因此在招标阶段应对工程量清单的项目内容进行说明，对投标人的投标报价进行约定。特别是地质灾害治理工程都会有保护对象，有时往往由于不能损害保护对象，需要采取一些特殊的施工方法或采取一些保护措施。遇到这种情况时就必须在工程量清单中说明要求投标人综合考虑现场实际情况进行报价，中标后不进行调整，从而实现投资控制。

3. 工程量计算的可追溯性

由于现在办公一般都是电子化的，纸质资料一般是提交书面成果的时候才会使用。在勘查设计阶段，一般只需要提交可行性研究报告、初步设计报告、施工图设计报告及相应的可行性研究估算、初步设计概算、施工图预算，招投标阶段一般只需提交招标控制价、招标清单、投标文件及相应投标报价，竣工结算阶段一般只需提交竣工报告、施工过程中记录、质量检查资料及相应的竣工结算资料。因此，在地质灾害治理工程实施的各个阶段实际上并没有要求提供相关工程量计算资料。但是，为了确保工程量计算过程可追溯，一般有造价咨询资质的单位需要提交工程量计算底稿一类的资料，因此也建议工程量计算的相关人员也养成保存工程量计算底稿资料的习惯。作为工程量计算的成果，工程量计算底稿保持了工程量计算的可追溯性。工程量计算底稿应包括原始资料（电子版和纸质版设计文件）、AutoCAD 勾图资料（电子版）、电子表格的计算资料（电子版和纸质版）等。如果用软件计算的，还应包括软件建模的资料。

第8章 《监理预算标准》

地质灾害治理工程监理工作包括勘查阶段监理、设计阶段监理、施工阶段监理和保修阶段监理。最常见的是施工阶段的监理，其他阶段监理仅在"5·12"汶川地震、"4·20"芦山地震、"8·8"九寨沟地震的灾后重建中有少量项目实施，而且仅实施勘查阶段的监理。监理费预算标准较为简单，直接通过案例来进行说明。

【案例8-1】某滑坡治理工程概算的投资构成如下：主体建筑工程费400万元，施工临时工程费50万元，独立费55万元，基本预备费40.4万元，合计总投资545.4万元。假设本项目地质环境条件复杂程度为复杂。勘查设计阶段高级技术职称监理1人、初级技术职称监理1人，服务时间均为8 d。本项目治理工程措施平均高程为1 860 m。试计算概算投资中的施工监理服务取费和勘查设计阶段监理服务取费（不考虑浮动幅度值）。

分析：

1. 施工监理服务费

（1）施工监理服务取费计算公式。

施工监理服务取费 = 施工监理服务取费基准价×（1±浮动幅度值）

施工监理服务取费基准价 = 施工监理服务取费基价×

地质环境条件复杂程度调整系数×高程调整系数

（2）地质环境复杂程度调整系数。

地质环境复杂程度为复杂，故地质环境复杂程度调整系数为1.3。

（3）高程调整系数。

本项目治理工程措施平均高程为1 860 m，位于2 000 m以下，故不适用高程调整系数。

（4）施工监理服务取费基价。

施工监理服务取费基价计算基数为建筑工程费，即主体建筑工程费与施工临时工程费之和450万元，按线性插入计算如下：

10.5+（16.5−10.5）/（500−300）×（450−300）=15.00（万元）

（5）施工监理服务取费基准价。

施工监理服务取费基准价=15×1.3×1=19.50（万元）

（6）施工监理服务取费。

本案例不考虑浮动幅度值。

施工监理服务取费=施工监理服务取费基准价=19.5（万元）

2. 勘查设计阶段监理费服务取费

高级技术职称监理 1×8×800=6 400（元）

初级技术职称监理 1×8×300=2 400（元）

本案例不考虑浮动幅度值。

监理服务取费=6 400+2 400=8 600（元）

第9章 《工程施工机械台时费定额及混凝土、砂浆配合比基价》

9.1 工程施工机械台时费定额

工程施工机械台时费定额相关内容见 4.4 节施工机械使用费。

9.2 混凝土、砂浆配合比基价

混凝土、砂浆配合比基价相关内容见 4.5 节混凝土材料单价、5.6 节混凝土工程。

第3篇 矿山地质环境保护与土地复垦

第10章 矿山地质环境保护与土地复垦

10.1 概 述

根据《土地复垦条例》和《矿山地质环境保护规定》，矿山企业必须开展矿山地质环境保护与土地复垦工作，为了切实减少管理环节、提高工作效率、减轻矿山企业负担，将由矿山企业分别编制的《土地复垦方案》和《矿山地质环境保护与治理恢复方案》合并编制。合并后的方案以采矿权为单位进行编制，即一个采矿权编制一个方案。方案名称为：矿业权人名称+矿山名称+矿山地质环境保护与土地复垦方案。

根据实际需要，矿山地质环境保护与土地复垦方案中应进行矿山地质环境保护与土地复垦方案经费估算。矿山企业根据其矿山地质环境保护及土地复垦方案，将矿山地质环境恢复治理费用按照企业会计准则相关规定预计弃置费用，计入相关资产的入账成本，在预计开采年限内按照产量比例等方法摊销，并计入生产成本。同时，矿山企业通过在银行账户中设立基金账户，单独反映基金提取使用情况。

矿山地质环境保护与土地复垦方案经费估算按照矿山地质环境治理与土地复垦两个方面分别估算经费。矿山地质环境治理工程包括：矿山地质环境保护预防工程、矿山地质灾害治理工程、含水层修复工程、水土环境污染修复工程和矿山地质环境监测工程；土地复垦工程包括矿区土地复垦工程和矿区土地复垦监测和管护工程。

10.2 经费估算编制依据

（1）矿山地质环境保护与土地复垦方案。

（2）《国土资源部办公厅关于做好矿山地质环境保护与土地复垦方案编报有关工作的通知》（国土资规〔2016〕21号）。

（3）《财政部 国土资源部 环境保护部关于取消矿山地质环境治理恢复保证金建立矿山地质环境治理恢复基金的指导意见》（财建〔2017〕638号）。

（4）《四川省国土资源厅关于做好矿山地质环境保护与土地复垦方案编报工作的通知》（川国土资发〔2017〕74号）。

（5）《四川省财政厅 四川省国土资源厅 四川省环境保护厅关于取消矿山地质环境治理恢复保证金建立矿山地质环境治理恢复基金有关事项的通知》（川财投〔2018〕101号）。

（6）《四川省地质灾害治理工程概（预）算标准（修订）》（川自然资发〔2018〕9号）。

（7）《四川省土地开发整理项目预算定额标准》（川财投〔2012〕139号）。

（8）《四川省国土资源厅 四川省财政厅关于营业税改增值税后四川省土地开发整理项目预算定额计价规则调整办法的通知》（川国土资发〔2017〕42号）。

（9）四川省国土资源厅办公室关于印发《四川省矿山地质环境恢复治理工程勘查、可行性研究、施工图设计技术要求（试行）》、《四川省矿山地质环境恢复治理工程验收要求（试行）》的通知

（10）相关技术规范及价格信息等。

10.3 矿山地质环境治理工程经费估算

10.3.1 经费估算方法

矿山地质环境治理工程经费估算按表10.1计算。估算使用的定额为《四川省地质灾害治理工程概（预）算标准（修订）》（川自然资发〔2018〕9号）。

表10.1 矿山地质环境治理工程经费估算

序号	工程或费用名称	计算公式或计算方法
I	第一部分主体建筑工程	1. 按川自然资发〔2018〕9号规定初步设计概算的深度编制；
II	第二部分施工临时工程	2. 取费标准以矿山地质环境保护中主要工程类型选用；如果矿山地质环境治理工程不是以地质灾害治理工程为主，则取费标准按其他地质灾害治理工程计算
III	第三部分矿山地质环境监测工程费	按表10.2计算
IV	第四部分独立费	
一	建设管理费	
1	项目建设管理费	
（1）	建设单位管理费	按川自然资发〔2018〕9号规定计算
（2）	工程验收费	max（建安费合计×验收费费率，2000）
2	造价咨询费	
（1）	竣工结算审核费	按川自然资发〔2018〕9号规定计算
3	招标代理服务费	
（1）	工程施工招标（比选）服务费	按川自然资发〔2018〕9号规定计算
4	工程建设监理费	
（1）	工程施工监理费	按川自然资发〔2018〕9号规定计算
二	科研勘查设计费	
1	前期矿山地质环境调查费	参考《地质调查项目预算标准》（2010年试用）
2	矿山地质环境恢复治理方案编制费	按表10.3计算

续表

序号	工程或费用名称	计算公式或计算方法
3	勘查费	勘查费的取费标准以主要工程类型确定。崩塌治理工程、滑坡治理工程、泥石流治理工程、其他地质灾害治理工程分别按建筑工程费（主体建筑工程费与施工临时工程费之和，下同）的 3%、4%、5%、3% 计算，不是以地质灾害为主的工程一律按建筑工程费的 3% 计算
4	可行性研究	按川自然资发〔2018〕9 号规定计算
5	初步设计费	一般不计算，委托方要求计算的除外
6	施工图设计费	按川自然资发〔2018〕9 号规定计算
三	工程占地补偿费	
四	其他	
1	工程质量检测费	（建筑工程费+矿山地质环境监测工程费）×0.6%
2	监测费	建筑工程费×2%。
V	预备费	
1	基本预备费	（主体建筑工程+施工临时工程+矿山地质环境监测工程费+独立费）×8%
2	涨价预备费	
3	风险金	不计算
VI	静态总投资	主体建筑工程+施工临时工程+矿山地质环境监测工程费+独立费+基本预备费
VII	动态总投资	静态投资+涨价预备费

10.3.2　经费估算注意的问题

1. 经费估算深度和取费原则

（1）经费估算按《四川省地质灾害治理工程概（预）算标准（修订）》（川自然资发〔2018〕9 号）初步设计概算的深度编制。

（2）取费原则。

取费标准以矿山地质环境保护中主要工程类型选用；如果矿山地质环境治理工程不是以地质灾害治理工程为主，则取费标准按其他地质灾害治理工程计算。该项费用涉及主体建筑工程、施工临时工程、勘查费、可行性研究、施工图设计费。

2. 矿山地质环境监测工程费

矿山地质环境监测工程监测内容包括矿山建设及采矿活动引发或可能引发的地面塌陷、地裂缝、崩塌、滑坡、泥石流、含水层破坏、地形地貌景观破坏等矿山地质环境问题及主要环境因素。矿山地质环境监测工程监测工作量按方案的工作安排确定，监测工程的估算单价按表 10.2 计算。

表 10.2　矿山地质环境监测工程估算单价参考表

监测项目及内容		单位	单价（元）
地质灾害监测	监测桩	个	2 000
	变形监测（水平位移、四等）	点·次	200
	变形监测（垂直位移、四等）	点·次	100
	裂缝监测	条·次	40
	深层侧向位移监测	米·次	按规定
	GPS 测量 E 级	点·次	5 000
含水层破坏	水质监测	次	2 000
	水位监测	次	300
	水量	次	500
地形地貌景观破坏	人工巡视监测	人·次	300
	遥感解译（1∶10 000）	km²	1 203

备注：1. 采用本表以外的其他监测工程可参考相关标准计算。

　　　2. 含水层破坏监测井应尽量利用原有井，如确需打井，按《四川省地质灾害治理工程概（预）算标准》计算费用。

　　　3. 深层侧向位移监测按《四川省地质灾害治理工程概（预）算标准》计算。

3. 独立费

（1）各项费用可以根据委托方要求按简化程序计算，相关取费标准仅为控制标准。除特别说明外，各项费用的计算基数都是建筑工程费与监测费之和。

（2）前期矿山地质环境调查工作费用参考《地质调查项目预算标准》（2010 年试用）计算。

（3）矿山地质环境恢复治理方案编制费。

矿山地质环境恢复治理方案编制费按表 10.3 所列标准控制（按线性插入计算）。

表 10.3　矿山地质环境恢复治理方案编制费

单位：万元

建筑工程费与监测费之和	1 000 万元以下	1 000 万~3 000 万元	3 000 万~1 亿元	1 亿~5 亿元
方案编制费	2.5~4.5	4.5~12	12~28	28~75

备注：5 亿元以上按估算中建筑工程费与监测费之和的 0.1%计算。

（4）勘查费。

勘查费的取费标准以主要工程类型确定。

崩塌治理工程、滑坡治理工程、泥石流治理工程、其他地质灾害治理工程分别按建筑工程费（主体建筑工程费与施工临时工程费之和，下同）的 3%、4%、5%、3%计算，不是以地质灾害为主的工程一律按建筑工程费的 3%计算。

（5）可行性研究、施工图设计费按《四川省地质灾害治理工程概（预）算标准》计算，其计算基数为建筑工程费、监测费之和。根据《四川省矿山地质环境恢复治理工程勘查、可行性研究、施工图设计技术要求（试行）》的规定，设计费仅计算可行性研究和施工图设计费。常规油气、水气及砂石黏土类矿产类项目，适当简化工作阶段，提交的恢复治理方案或施工图设计，应满足矿山恢复治理工程施工的需要。因此，一般不计算初步设计费，但委托方要求计算的除外。

（6）监测费，指矿山地质灾害治理工程治理效果监测，其计算基数为建筑工程费，费率为 2%。

（7）预备费。

① 基本预备费，费率为 8%，计算基数为主体建筑工程、施工临时工程、矿山地质环境监测工程费、独立费之和。

② 涨价预备费。

涨价预备费是指建设项目在建设期间由于价格等变化引起工程造价变化的预测预留费用。涨价预备费的测算方法，一般根据国家规定的投资综合价格指数，按估算年份价格水平的投资额为基数，采用复利方法计算。其计算公式为：

$$PF = \sum_{t=0}^{n} I_t [(1+f)^t - 1]$$

式中　PF——涨价预备费；

　　　　n——建设期年份数；

　　　　I_t——建设期中第 t 年静态投资计划额，包括主体建筑工程费、施工临时工程费、矿山地质环境监测工程费、独立费、基本预备费、风险金；

　　　　f——年均投资价格上涨率，按 6% 计算。

③ 风险金，不计算。

【案例 10-1】2019 年 1 月某单位编制矿山地质环境保护与土地复垦方案，根据方案中年度工作安排和相关定额计算，矿山地质环境保护静态总投资 1 857.93 万元，各年度静态投资如表 10.4 所示。

表 10.4　矿山地质环境保护静态投资表

序号	年度	静态投资（万元）
1	2019	115.97
2	2020	81.49
3	2021	36.40
4	2022	35.33
5	2023	5.23
6	2024	36.40
7	2025	48.00
8	2026	46.00
9	2027	46.00
10	2028	48.00
11	2029	47.00
12	2030	56.00
13	2031	67.57
14	2032	49.09
15	2033	51.20
16	2034	44.07
17	2035	30.17
18	2036	78.28
19	2037	70.03

续表

序号	年度	静态投资（万元）
20	2038	779.69
21	2039	36.00
22	2040	25.00
23	2041	25.00
	总计	1 857.93

试计算各年度涨价预备费和动态投资、总涨价预备费和动态总投资。

分析：

各年度涨价预备费和动态投资计算如表 10.5 所示。

表 10.5　各年度涨价预备费和动态投资

序号	年度	静态投资（万元）	复垦年份	涨价预备费（万元）	动态投资（万元）
A	B	C	D	$E=C\times[(1=6\%)^{D}-1]$	$F=C+E$
1	2019	115.97	0	0.00	115.97
2	2020	81.49	1	4.89	86.38
3	2021	36.40	2	4.50	40.90
4	2022	35.33	3	6.75	42.08
5	2023	5.23	4	1.37	6.61
6	2024	36.40	5	12.31	48.71
7	2025	48.00	6	20.09	68.09
8	2026	46.00	7	23.17	69.17
9	2027	46.00	8	27.32	73.32
10	2028	48.00	9	33.09	81.09
11	2029	47.00	10	37.17	84.17
12	2030	56.00	11	50.30	106.30
13	2031	67.57	12	68.39	135.96
14	2032	49.09	13	55.62	104.71
15	2033	51.20	14	64.56	115.77
16	2034	44.07	15	61.55	105.62
17	2035	30.17	16	46.47	76.64
18	2036	78.28	17	132.52	210.80
19	2037	70.03	18	129.87	199.90
20	2038	779.69	19	1 579.34	2 359.03
21	2039	36.00	20	79.46	115.46
22	2040	25.00	21	59.99	84.99
23	2041	25.00	22	65.09	90.09
	总计	1 857.93		2 563.81	4 421.74

由于编制年为 2019 年，故 2019 年涨价预备费为 0。经过计算，涨价预备费为 2 563.81 万元，动态总投资为 4 421.74 万元。

10.4 矿山土地复垦工程经费估算

10.4.1 经费估算方法

矿山土地复垦工程经费估算按表 10.6 计算。估算使用的定额为《四川省土地开发整理项目预算定额标准》(川财投〔2012〕139 号)及相应营业税改征增值税的配套文件。

表 10.6 矿山土地复垦工程经费估算

序号	费用名称	计算公式或计算方法
一	工程施工费	按川财投〔2012〕139 号、川国土资发〔2017〕42 号及配套文件计算
二	设备购置费	按川财投〔2012〕139 号、川国土资发〔2017〕42 号及配套文件计算
三	其他费用	
1	前期工作费	
(1)	土地利用与生态现状调查费	工程施工费×0.5%
(2)	土地复垦方案编制费	以工程施工费与设备购置费之和为计费基数,采用内插法计算,计算标准按川财投〔2012〕139 号中项目可行性研究费执行
(3)	项目勘测费	工程施工费×1.65%
(4)	项目设计与预算编制费	以工程施工费与设备购置费之和为计费基数,采用内插法计算,计算标准详见川财投〔2012〕139 号及配套文件
(5)	项目招标代理费	以工程施工费与设备购置费之和为计费基数,采用差额定率累进法计算,计算标准详见川财投〔2012〕139 号及配套文件
2	工程监理费	以工程施工费与设备购置费之和为计费基数,采用内插法计算,计算标准详见川财投〔2012〕139 号及配套文件
3	竣工验收费	
(1)	工程复核费	
(2)	工程验收费	以工程施工费与设备购置费之和为计费基数,采用差额定率累进法计算,计算标准详见川财投〔2012〕139 号及配套文件计算。其中"复垦后土地重估与登记费"计算标准按川财投〔2012〕139 号中"整理后土地重估与登记费"执行。
(3)	项目决算编制与审计费	
(4)	复垦后土地重估与登记费	
(5)	标识设定费	
4	业主管理费	
四	监测与管护费	监测费+管护费
1	监测费	按表 10.7 计算
2	管护费	按表 10.8 计算
五	预备费	基本预备费+价差预备费+风险金
1	基本预备费	计算基数:工程施工费+设备费+其他费用,不含监测与管护费;费率为 3%
2	价差预备费	计算基数:静态投资(工程施工费+设备费+监测与管护费+其他费用+基本预备费+风险金),年涨价率为 6%

续表

序号	费用名称	计算公式或计算方法
3	风险金	计算基数：工程施工费+设备费+其他费用，不含监测与管护费，费率为10%。
六	静态总投资	工程施工费+设备费+监测与管护费+其他费用+基本预备费+风险金
七	动态总投资	静态总投资+价差预备费

10.4.2 经费估算注意的问题

1. 人工费

人工费中地区津贴按各地区艰苦边远津贴计算，艰苦边远地区类别和艰苦边远地区津贴标准详细见附录4四川省实施艰苦边远地区津贴范围和类别名单、附录5艰苦边远地区津贴标准。

2. 监测与管护费

监测是指矿山土地复垦监测，包括土地损毁监测和复垦效果监测两方面。其中，复垦效果监测部分包括：土壤质量监测、植被恢复情况监测、农田配套设施运行情况监测等。矿山土地复垦监测工程的工作量按技术方案中各年度监测次数计算，估算单价按表10.7计算。

表10.7　矿山土地复垦监测工程估算单价参考表

监测项目及内容		单位	单价
土地损毁监测		次	1 500
复垦效果监测	土壤质量监测	次	1 500
	植被恢复情况监测	次	300
	农田配套设施运行情况监测	次	300

备注：1. 土地损毁监测、土壤质量监测的具体检测项目由后期项目设计单位进一步细化。
　　　2. 植被恢复情况监测主要包括农作物产量、高度、郁闭度（盖度）等。

管护工程主要包括复垦土地植被管护和农田配套设施工程管护等。其主要内容是对林地、果园地、草地等的补种，病虫害防治，排灌与施肥，以及对农田排灌设施的管护，等。植被管护时间应根据区域自然条件及植被类型确定，一般地区3～5年，生态脆弱区6～10年。复垦土地植被管护工程的工作量按管护面积和管护年限进行计算，农田配套设施工程管护工作按人工巡视管护次数计算。管护工程估算单价按表10.8计算。

表10.8　管护工程估算单价参考表

管护项目及内容		单位	单价
复垦土地植被管护	林地	$hm^2 \cdot 年$	2 000
	果园地	$hm^2 \cdot 年$	3 000
	草地	$hm^2 \cdot 年$	600
农田配套设施工程管护工作	人工巡视管护	次	200

3. 风险金

风险金是指可预见而目前技术上无法完全避免的土地复垦过程中可能发生风险的备用金，一般在金属矿山和开采年限较长的非金属矿等复垦工程需要计取。其计算基数为工程施工费、其他费用之和，不含监测与管护费，费率为10%。

第4篇 综合案例

第11章 地质灾害详细调查结算综合案例

11.1 背景资料

某县实施了全县的地质灾害详细调查工作。该县面积 3 780 km²，经纬度为经度 108°00′00″E～108°45′00″E，纬度 32°00′00″N～32°30′00″N。根据该县地质灾害详细调查报告及相关成果资料分析，主要工作量完成情况描述如下：

11.1.1 调查区基本情况

调查区的危害对象、地质环境复杂程度、面积等详细见表11.1。

表 11.1 调查区基本情况表

序号	危害对象	地质条件复杂程度	面积（km²）	备注
1	100 人以上县城	复杂	180.00	有地质灾害隐患
2	4 个 100 人以上集镇	复杂	167.00	有地质灾害隐患
3	2 个 100 人以上集镇	简单	73.00	无地质灾害隐患
4	3 个 100 人以上安置点	中等	125.00	有地质灾害隐患
5	30 个 30～100 人聚居点	简单	334.00	有地质灾害隐患
6	4 个 30～100 人聚居点	简单	141.00	无地质灾害隐患
7	1 190 个 10 人以下分散农户	复杂	595.00	有地质灾害隐患
8	20 个 10～30 人分散农户	复杂	10.00	有地质灾害隐患
9	省级公路	中等	25.00	有地质灾害隐患
10	县级公路	复杂	60.00	有地质灾害隐患
11	乡村公路	复杂	189.00	有地质灾害隐患
12	小型水库	中等	16.00	有地质灾害隐患
13	无常住人口区、地质灾害不易发区		1 865.00	
	合计		3 780.00	

11.1.2 典型小流域和重点场镇调查情况

经过调查，调查区内重点场镇 6 个，典型小流域 2 个，其面积和治理情况具体见表 11.2 所示。

表 11.2 典型小流域和重点场镇治理情况表

序号	名称	面积（km²）	治理情况	备注
1	重点场镇 A	47	已经治理	
2	重点场镇 B	35	已经治理	
3	重点场镇 C	35		无地质灾害隐患
4	重点场镇 D	38		无地质灾害隐患
5	重点场镇 E	40	需治理	有无人机飞行照片
6	重点场镇 F	45	需治理	有无人机飞行照片
7	典型小流域 A	48	已经治理	
8	典型小流域 B	41	已经治理	
	合计	329		

11.1.3 拟治理点完成工作量情况

调查单位对拟治理点进行了地形测绘、地质测量、钻探、浅井、槽探、土工试验、岩石试验、水质分析等工作，并有相关成果资料。

1. 地形测绘、地质测量（表 11.3）

表 11.3 拟治理点地形测绘、地质测量工作量表

序号	工作手段	技术条件	计量单位	工作量	备注
一	地形测绘				
	1：2 000 地形测量	Ⅲ、草测	km²	8.20	有相关测量资料
二	地质测量				
	1：2 000 地质灾害测量（正测）	Ⅱ	km²	8.20	有相关测量资料
	1：2 000 工程地质测量（正测）	Ⅱ	km²	8.20	有相关测量资料

2. 钻探、山地工程

钻探、山地工程的岩土级别等根据相关成果资料确定，完成的工作量具体见表 11.4 所示。

表 11.4 拟治理点钻探、山地工程工作量表

序号	工作手段	技术条件	计量单位	工作量	备注
三	钻探				共 42 个钻孔台班记录、钻孔柱状图等资料，岩土级别根据钻孔柱状图确定，采样 634.40 m
	0-10	Ⅱ	m	455.00	
	0-10	Ⅳ	m	35.00	
	0-20	Ⅳ	m	303.00	
四	浅井				有浅井地质编录等资料
	0-5	土质层	m	113.40	

序号	工作手段	技术条件	计量单位	工作量	备注
五	槽探				有槽探地质编录等资料（深度 28.35 m）
	0-1.5	土方	m³	50.00	
	0-1.5	土石方	m³	45.00	
	0-3	土石方	m³	18.40	

3. 岩矿试验

调查单位对拟治理点取样并进行了相关试验，具体见表 11.5 所示。

表 11.5　拟治理点岩矿试验工作量表

序号	工作手段	技术条件	计量单位	工作量	备注
一	土工试验				有检测资质单位出具的试验报告
	含水量		件	36.00	
	压缩、抗剪、容重		件	36.00	
	液限		件	36.00	
	塑限		件	36.00	
	压缩系数		件	36.00	
二	岩石试验				有检测资质单位出具的试验报告
	抗压强度（风干）		件	36.00	
	抗压强度（饱和）		件	36.00	
	块体密度		件	36.00	
	抗剪断强度（风干）		件	36.00	
	吸水率		件	36.00	
	含水率		件	36.00	
	弹模（风干）		件	36.00	
	岩石孔隙度		件	36.00	
三	水质分析				有检测资质单位出具的试验报告
	水质简分析		样	12.00	

11.1.4　遥感解译

调查单位对整个调查区和需要治理的重点场镇分别按 1：50 000、1：10 000 进行了遥感解译工作，最终提交了遥感解译报告和相应的遥感图件。具体情况如表 11.6 所示。

表 11.6　遥感解译工作量表

序号	工作手段	技术条件	计量单位	工作量	备注
1	遥感地质解译（1：50 000 遥感信息提取）	Spot10 m	km²	3 780.00	
2	遥感地质解译（1：10 000 遥感信息提取）	Spot2.5 m	km²	85.00	
3	遥感地质解译（1：50 000 遥感解译）	Ⅱ	km²	3 780.00	
4	遥感地质解译（1：10 000 遥感解译）	Ⅱ	km²	85.00	

11.1.5 设备使用情况

项目实施过程中使用相关设备情况和使用时间等如表 11.7 所示。

表 11.7 调查设备使用情况表

序号	设备名称	数量（台）	原值（万元）	使用时间（月）	设备作用	备注
1	全站仪	1	5	3	测量	
2	钻机	3	6	6	工程地质钻孔	
3	电脑	12	0.8	6	资料整理	
4	照相机	5	0.8	9	影像资料	
5	车辆	4	30	9	野外调查	
6	无人机	1	5	3	重点场镇调查	

11.1.6 工地建筑

调查期间，在拟治理点附近租用民房、搭设帐篷、修建简易公路、建设输电线路等费用如表 11.8 所示。

表 11.8 工地建筑情况表

序号	工地建筑名称	单位	数量	费用（万元）	备注
1	租用民房	m²	800.00	4.80	有租赁合同和支付凭证等资料
2	搭设帐篷	m²	600.00	4.80	有购买发票、现场搭设照片等资料
3	修建简易公路	m	1 600.00	4.80	有各个拟治理点修建道路的照片
4	建设输电线路	m	1 300.00	1.30	有输电线路照片及购买材料发票等
	合计			15.70	

11.1.7 其他

调查单位是通过参加地质灾害详细调查项目公开招标而获得本调查项目的。在调查前，调查单位进行了地质灾害详细调查设计书审查，调查完成后通过了审查验收，完成了成果资料的汇交工作。

11.2 问题

试按《地质调查项目预算标准》（2010 年试用）、《滑坡崩塌泥石流灾害调查规范（1∶50 000）四川省实施细则（试行）》（川国土资发〔2015〕32 号）的规定计算本项目应结算的地质灾害详细调查的费用。

11.3 分析要点

11.3.1 地区调整系数

根据背景资料，调查区经纬度为经度 108°00′00″E ~ 108°45′00″E，纬度 32°00′00″N ~

32°30′00″N。经查阅《国土资源调查项目预算标准（地质调查部分）》（财建〔2007〕52 号），该经纬度属于大巴山地区，其地区调整系数为 1.3。

11.3.2　调查区划分和面积统计

首先，确定概查区面积。正如前文所述，调查区的划分不能单一根据危害对象等级或地质条件复杂程度确定。表 11.1 中 2 个 100 人以上集镇（序号为 3）、4 个 30~100 人聚居点（序号为 6）没有地质灾害隐患，该区域应为概查区。无常住人口区、地质灾害不易发区同样属于概查区。

其次，根据表 11.1 中危害对象具体情况，确定危害对象等级，并根据危害对象等级和地质条件复杂程度按规范规定确定调查区类别。调查区划分具体见表 11.9。

表 11.9　调查区划分表

序号	危害对象	危害对象等级	地质条件复杂程度	调查区类别	面积（km²）	备注
1	100 人以上县城	一级	复杂	重点调查区	180.00	
2	4 个 100 人以上集镇	一级	复杂	重点调查区	167.00	
3	2 个 100 人以上集镇	一级	简单	概查区	73.00	
4	3 个 100 人以上安置点	一级	中等	重点调查区	125.00	
5	30 个 30~100 人聚居点	二级	简单	一般调查区	334.00	
6	4 个 30~100 人聚居点	二级	简单	概查区	141.00	
7	1 190 个 10 人以下分散农户	三级	复杂	一般调查区	595.00	
8	20 个 10~30 人分散农户	二级	复杂	重点调查区	10.00	
9	省级公路	一级	中等	重点调查区	25.00	
10	县级公路	二级	复杂	重点调查区	60.00	
11	乡村公路	三级	复杂	一般调查区	189.00	
12	小型水库	三级	中等	一般调查区	16.00	
13	无常住人口区、地质灾害不易发区			概查区	1 865.00	
	合计				3 780.00	

最后，根据表 11.9 对调查区进行分类统计，各类调查区面积具体见表 11.10。

表 11.10　各类调查区面积

序号	调查区类别	面积（km²）	备注
1	重点调查区	567.00	
2	一般调查区	1 134.00	
3	概查区	2 079.00	
	合计	3 780.00	

11.3.3　典型小流域和重点场镇面积

调查区内重点场镇 6 个，其中重点场镇 A、重点场镇 B 已经治理，重点场镇 C、重点场镇 D 无地质灾害隐患，故这 4 个重点场镇均不纳入重点场镇治理。仅重点场镇 E、重点场镇 F 需要纳入重点场镇治理。

调查区典型小流域 2 个，均已经治理，故不再纳入典型小流域治理。

纳入重点场镇治理的面积具体见表 11.11 所示。

表 11.11　纳入重点场镇治理面积

序号	名称	面积（km²）	治理情况	备注
1	重点场镇 E	40	需治理	
2	重点场镇 F	45	需治理	
	合计	85		

其中无人机虽然用于重点场镇调查，但成果资料仅提供照片，成果资料没有有 DOM、DEM 等，不满足成果资料的要求。重点场镇调查应以人工为主，无人机应是用于对威胁人口聚居区且人员实地调查困难的地质灾害隐患点，故不应计算无人机费用。重点场镇按 1∶10 000 地质灾害测量计算调查的费用。

11.3.4　拟治理点工作量

拟治理点工作量具体见表 11.3、表 11.4、表 11.5 所示。

11.3.5　遥感解译工作量

遥感解译工作量具体见表 11.6 所示。

11.3.6　设备使用和购置费

调查使用的设备如表 11.7 所示，但属于工程手段生产设备的有全站仪和钻机，其他并不属于生产设备，故不应按生产设备折旧费计算。其中无人机虽然用于重点场镇调查，但成果资料仅提供照片，不满足成果资料的要求，故相应设备折旧费也不应计算。折旧费按以下公式计算：

$$折旧费=原值×年综合折旧率÷12×使用时间×设备数量$$

经过计算，调查设备的折旧费如表 11.12 所示。

表 11.12　调查设备折旧费

序号	设备名称	设备数量（台）	原值（万元）	使用时间（月）	年综合折旧率	折旧费（元）	备注
1	全站仪	1	5	3	10.50%	1 312.50	
2	钻机	3	6	6	10.50%	9 450.00	
	合计					10 762.50	

11.3.7　工地建筑

工地建筑的费用具体见表 11.8，各项费用均有相关证明资料，但需要注意的是最终工地建筑的费用应按野外工作手段之和的 5%控制。如实际费用低于野外工作手段之和的 5%，则按实际费用计算；如实际费用高于野外工作手段之和的 5%，则按野外工作手段之和的 5%计算。

本项目野外工作手段之和的 5%为 9.21 万元，9.21 万元<15.7 万元，故工地建筑应按 9.21 万元计算。

11.3.8　其他地质工作

根据背景资料分析，其他地质工作如表 11.13 所示。

表 11.13　其他地质工作工作量

序号	名称	技术条件	单位	工作量	备注
1	工程点测量		点	42.00	42 个钻孔，见表 11.4
2	地质编录	其他钻探	m	793.00	与钻孔工作量相同
3	地质编录	浅井	m	113.40	与浅井工作量相同
4	地质编录	槽探	m	28.35	见表 11.4
5	采样	岩心样	m	634.40	见表 11.4
6	岩矿心保管		m	634.40	与采样相同
7	设计论证编写（区域水工环调查）		份	1	前期进行了设计论证
8	综合研究及编写报告（区域水工环调查）		份	1	按预算标准
9	报告印刷出版（区域水工环调查）		份	1	按预算标准

11.3.9　应结算的地质灾害详细调查费用

经计算，本项目按预算标准中工作手段计算，其和为 249.78 万元，应缴税金的税率为 6.72%，故应缴税金为 249.78×6.72%=16.78（万元）。故本项目应结算的地质灾害详细调查的费用为 249.78+16.78=266.56（万元）。

本项目应结算的地质灾害详细调查费用计算表格详细见附录 10 地质灾害详细调查项目结算。

表 11.13 其他地质工作工作量

第 12 章 崩塌治理工程概算编制综合案例

12.1 背景资料

本项目为阿坝州国土资源局根据《四川省国土资源厅四川省财政厅关于全面加强地质灾害综合防治体系建设项目和资金管理工作的通知》（川国土资发〔2017〕84 号）纳入地质灾害综合防治项目储备库的项目，申请四川省地质灾害综合防治体系建设中央专项资金，由各级国土资源主管部门根据《四川省地质灾害综合防治体系建设项目和资金管理办法》规定组织实施。

勘查设计单位完成的勘查成果资料[27]如下：

12.1.1 勘查报告

12.1.1.1 勘查报告内容简述

1. 地理位置及威胁对象

该崩塌位于四川省阿坝州理县××村，距县城 30 km 处，从××公路可到达，工作区交通便利。该崩塌主要威胁对象为 45 户村民（226 人）搬迁安置点以及××公路，可能造成的经济损失在 5 500 万元以上。勘查工作区高程为 1 920～2 210 m。

2. 工作目的

本次勘查的目的是查明××崩塌的分布范围、规模、地质条件及诱发因素，分析其形成机制，对其稳定性经常评价，为××崩塌的治理设计提供可靠的工程地质条件依据。

3. 勘查工作完成情况

勘查工作主要有地面测量、工程地质测绘、钻探、槽探和室内试验等。勘查工作手段选择、工作精度和质量满足规范的要求。现简述如下：

（1）测量工作。

根据勘查设计书的要求，测量工作包括危岩区全部范围，并向两侧外延至边坡影响区范围之外。完成 1∶500、1∶200 的地形测量，1∶500、1∶200 剖面测量，此外还完成的工作量包括 GPS 测量（E 级）3 点。测量工作按照测量相关规程规范执行，测量精度满足规范要求。

（2）工程地质测绘与立面测绘。

完成 1∶500、1∶200 的工程地质测绘。

（3）勘探工程。

① 钻探。

通过现场踏勘调查，考虑在崩塌体边坡的底部设置桩板拦石墙进行全面拦挡。结合崩塌

治理拟建桩板拦石墙的位置，布置了 3 个钻孔，钻孔深度如表 12.1 所示。

表 12.1 钻孔深度表

孔号	ZK1	ZK2	ZK3	小计
深度（m）	12.0	15.0	9.5	36.5

勘查报告中 ZK2 钻孔柱状图如图 12.1 所示。假设，其他各孔相同深度的岩土构成与 ZK2 类似，3 个钻孔均采用跟管钻进的钻探工艺。在钻探过程中进行了各种技术资料的野外编录、取样，完工后进行水泥浆封孔处理，各项指标均符合规范要求。

××钻孔柱状图							
项目名称	××勘查					钻孔编号	ZK2
孔口标高	1 926 m	坐标	X=××	开孔直径	127 mm	套管深度	15.0 m
钻孔深度	15.0 m		Y=××	终孔直径	91 mm	静止水位	
地层编号	层底深度（m）	层底高程（m）	分层厚度（m）	柱状图 1∶200	岩土名称及其特征描述	取样	岩芯采取率（%）	稳定水位（m）
Q₄ᵈᵉˡ	4.50	1 921.5	4.50		粉质黏土夹碎石:棕黄色，少量呈紫红色，干燥，稍密，粉质黏土黏性较好，胶结度较好，碎石的主要成分为千枚岩，少量砂板岩，碎石粒径以 1~5 cm 为主，呈次棱角状，磨圆度较差，含量为15%，岩心多呈短柱状，柱长4~13 cm，少量呈松散碎柱状，细粒成分为粉质黏土，呈棕黄色，可塑		90	
	8.70	1 917.3	4.20		碎石土:青灰色，干燥，稍密，土体为粉质黏土，呈棕黄色，可塑，胶结度较好，黏性较好，手握后呈团状。岩心呈碎块状，块石的主要成分为千枚岩夹砂板岩，块石的粒径为10~20 cm，含量为55%，呈棱角状，磨圆度差		90	
	15.00	1 911.0	6.30		碎块石土：棕黄色，稍湿，稍密，土体为粉质黏土，局部含少量粗砂，可塑，胶结度一般，黏性一般，岩芯呈碎块状及短柱状，碎块石的主要成分为千枚岩、砂岩、砂板岩等，多呈青灰色~灰黑色，碎块石粒径为10~30 cm，含量为60%，呈次棱角状~棱角状，磨圆度较差		85	

图 12.1 钻孔柱状图

② 槽探。

在拟设浆砌块石拦石墙的位置设置 3 个槽探（与桩板拦石墙在不同位置），用于查明设计支挡部位土体结构、岩性、厚度和基岩岩性等。

勘查报告中槽探 TC1 地质编录展示图如图 12.2 所示。其他两个槽探与 TC1 地层结构相同。

（4）取样。

取样测试工作是根据拟设防治工程的需要，有针对性地采样进行室内分析。勘查过程中完成取土样 6 件、取岩心样 6 件、取水样 2 件。

（5）室内试验。

勘查工作完成以后，进行了土工试验、岩石试验、水质简分析工作。测试成果资料质量符合相关规程、规范要求，能够满足防治工程设计的需要。

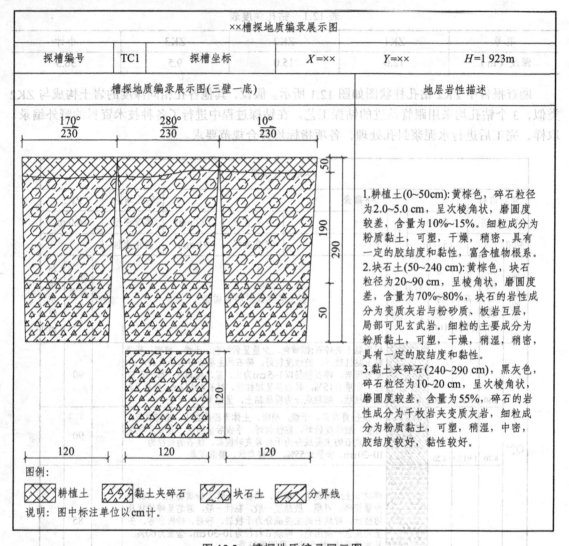

图 12.2　槽探地质编录展示图

4. 完成勘查工作量

勘查完成的工作量如表 12.2 所示。

表 12.2　完成勘查工作量表

序号	项目	单位	完成工作量	备注
一	工程测量			
(一)	地面测量			
1	控制点测量			
	GPS 控制测量（E 级）	点	3.00	不造标
2	地形测量			
	其中：一般测量			
	1∶500	km²	0.40	不涉及带状地形测量

续表

序号	项目	单位	完成工作量	备注
	1：200	km²	0.01	不涉及带状地形测量
3	断面测量			
	1：500	km	1.50	
	1：200	km	1.30	
（二）	其他测量			
	定点测量	组日	1.00	
二	岩土工程勘查			
（一）	工程地质测绘			
1	工程地质测绘			
	1：500	km²	0.40	
	1：200	km²	0.10	
（二）	工程勘探与原位测试钻探			
1	工程勘探			
（1）	钻探			
	ZK1	m	12.00	
	ZK2	m	15.00	
	ZK3	m	9.50	
（2）	槽探			
	TC1	m³	9.26	
	TC2	m³	9.26	
	TC3	m³	9.26	
2	取土、水、石试样			
（1）	取土样			
	探井取土（取样深度≤30 m）	件	6.00	
（2）	取岩样			
	取岩心样	件	6.00	
（3）	取水样			
	取水样	件	2.00	
三	室内试验			
（一）	土工试验			
1	含水率	项	6.00	
2	密度（蜡封法）	项	6.00	
3	比重	项	6.00	
4	液限（圆锥仪法）	项	6.00	
5	塑限	项	6.00	
6	压缩（慢速法）	项	6.00	
7	饱和	项	6.00	

序号	项目	单位	完成工作量	备注
8	容水度	项	6.00	
9	给水度	项	6.00	
10	持水度	项	6.00	
11	反复直剪强度	组	6.00	
12	直接剪切（快剪）	组	6.00	
（二）	岩石试验			
1	岩样加工			
	机切磨规格 50 mm×50 mm×50 mm	块	54.00	
2	岩石物理力学试验			
	含水率	项	6.00	
	饱和吸水率	组	6.00	
	单轴抗压强度（天然）	组	6.00	
	单轴抗压强度（饱和）	组	6.00	
	直剪（结构面）	块	6.00	
（三）	水质分析			
	水质简分析	件	2.00	

5. 气象、水文、区域地质环境条件、工作区工程地质条件、危岩基本特征及形成机制、危岩稳定性评价与危害性、既有防治工程评述及危岩防治方案建议等（略）

12.1.1.2　勘查工作量其他说明

（1）地面测量的复杂程度如表 12.3 所示。

表 12.3　地面测量复杂程度表

类别	复杂程度
地形	地形起伏变化很大，比高 90 m 的山地
通视	一般，隐蔽地区面积 40%
通行	通行困难，有密集的树林或荆棘灌木丛林、岭谷险峻、地形切割剧烈、攀登艰难的山区
地物	较多

（2）地质灾害治理工程勘查等级甲级；工程地质测绘复杂程度为复杂，工程地质测绘与地质测绘同时进行。

（3）勘查期间气温在 18 ℃左右。

（4）以下费用有正规发票或支付凭证：钻机运输费 5 000 元，有相应的运输合同、正规发票（加盖有单位公章）；勘查设计合同约定最终提交正式成果资料 8 套（含纸质、电子版等），每套费用 500 元；钻孔、探槽、探井封填费用 6 000 元；接通电源、水源费用 3 000 元；钻孔用水费用 1 000 元、电费 3 000 元。

12.1.2　可行性研究

根据勘查报告，提出"桩板拦石墙"和"清危+拦石墙+被动拦石网+主动防护网+锚杆"

两种方案进行对比。最终因桩板拦石墙高度过高、可靠性差、投资过大，而选用"清危+拦石墙+被动拦石网+主动防护网+锚杆"方案。

12.1.3　初步设计

1. 工程设计

根据可行性研究推荐的方案进行初步设计。本项目的治理方案是"清危+拦石墙+被动拦石网+主动防护网+锚杆"，工程措施中布置最高的为主动防护网，其海拔高程最高 2 200 m；最低的为浆砌石拦石墙，其海拔高程约 1 922 m。详细见图 12.3。具体如下：

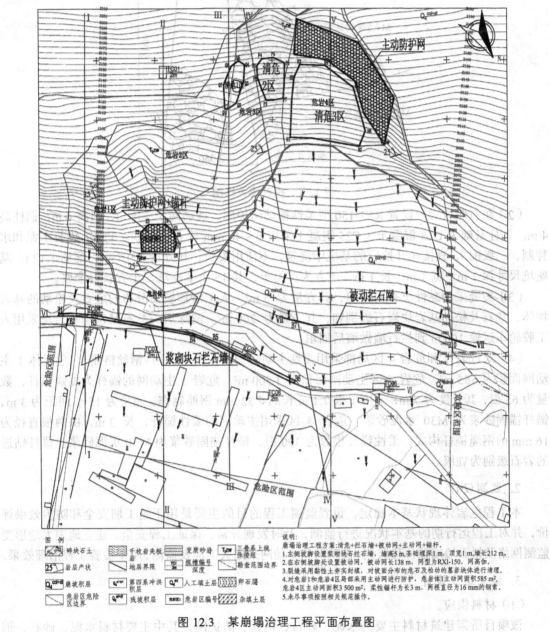

图 12.3　某崩塌治理工程平面布置图

（1）左侧坡脚设置 M7.5 浆砌块石拦石墙，墙高 5 m，基础埋深 1 m，顶宽 1 m，墙长 212 m，拦石墙及防冲护层采用 M7.5 水泥砂浆砌筑 MU30 块石，外墙面用 M10 水泥砂浆勾凸缝。拦石墙每隔 15 m 设置一个伸缩缝，全断面设置，缝内用沥青木板充填。拦石墙基槽开挖土方类别为Ⅳ类。拦石墙基础混凝土浇筑后的剩余沟槽采用原沟槽开挖的土方回填，墙后缓冲层回填采用拦石墙开挖的土方和清危的石方，不足部分从 3 km 外荒废地取土。详细见图 12.4。

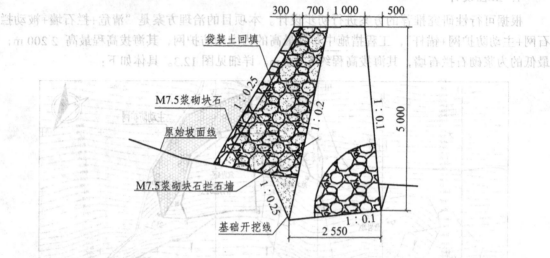

图 12.4　拦石墙大样图

（2）在右侧坡脚处设置 RXI-150 型柔性被动防护网，被动网长 138 m，网高 4 m，钢柱高 4 m。钢柱基础为 C25 混凝土（C25 混凝土采用 5～40 mm 碎石、中砂、32.5R 袋装水泥和水拌制，二级配），直接在开挖后的基坑中浇筑，不使用模板，其方量为 15 m³，配筋 1.12 t。基座坑尺寸深 1 m、宽 1 m、长 1 m，土方为Ⅳ类土，共 15 个基座坑，土方就近堆放。

（3）裂缝采用黏性土夯实封填，其方量为 5 m³，人工清理坡面分布的危石及松动的基岩块体，危石及松动基岩块岩石级别Ⅶ，其方量为 200 m³。清除后的危石及松动基岩块采用人工胶轮车运输 100 m 到拦石墙做墙后回填。

（4）对危岩 1 和危岩 4 区局部采用柔性主动防护网（钢丝绳网+钢丝格栅），危岩体 1 主动网面积为 585 m²，危岩 4 区主动网面积为 3 500 m²。危岩 1 主动网的锚杆为加强锚杆，数量为 65 根，其长度为 7 m，采用单根 7.1 m 长的 ϕ32 mm 钢筋制作，倾角为 15°，间距为 3 m，锚杆锚固砂浆为 M30 水泥砂浆。危岩 4 区采用主动网的柔性锚杆，长 3 m，由两根直径为 16 mm 的钢绳锚杆构成，柔性锚杆根数为 390 根，锚杆锚固砂浆为 M30 水泥砂浆。锚杆钻进的岩石级别为Ⅶ级。

2. 监测设计

本工程危岩体现状基本稳定，设置监测工程的目的主要是用于施工期安全和防治效果评价，并对工程运行期的基本状况进行监测，及时发现异常，保证工程安全。建立地表大地形变监测网络及拦石墙墙顶位移监测，被动网和主动网采用人工巡视监测，用于检验工程治理效果。

3. 施工组织设计

（1）材料供应。

该项目所需建筑材料主要为水泥、砂石、钢筋、防护网，其中主要材料水泥、砂石、钢筋可在理县范围内采购，并可用汽车通过混凝土路面（双车道）运至坡脚公路上仓库，其中砂石（除块石）采用 1 m³ 装载机装 5 t 自卸汽车运输 25 km，水泥和钢筋采用 8 t 载重汽车运输 30 km。加强锚杆的钢筋除汽车运输外，还需要采用人力搬运至坡面上工程布置点（上坡），坡面道路斜距为 300m，道路的坡度为 25°。油料在附近 4 km 的加油站购买。块石在附近 4 km 的料场购买。主动防护网、被动网由专业单位制作、运输到现场并负责安装。

（2）施工临时工程。

设计方案中建议修建 1.5 m 宽简易施工便道 300 m 运输加强锚杆钢筋，为土石渣简易路面，地基为砂卵石。需要架设 380V 供电线路 500 m，直接从附近搭线接入市电至工地，假设该供电线路架设采用的木电杆长 8 m。施工过程需要搭设仓库（活动板房）200 m²，单价 200 元/m²；租用办公室 300 m²，该办公室租金共 8 000 元。施工用水从当地接入农村用水。上述施工临时工程均在施工组织设计平面图中进行了标注，并在施工组织设计部分进行了说明（图件略）。

（3）施工方法和施工工艺。

设计方案中建议总体施工顺序：清危→锚杆施工→主动防护网施工→被动防护网施工→拦石墙施工。详细工艺如下：

① M7.5 浆砌块石拦石墙施工工艺。

挡墙基槽开挖→基础垫层处理→挡墙砌筑（泄水孔制安、沉降缝制安）→墙身勾缝处理→沟槽土石方回填→墙后缓冲层回填。其中基槽开挖采用人工开挖，并人力挑运 10 m 范围内。沟槽土石方回填和墙后缓冲层回填不足部分的土采用 1 m³ 装载机挖装土 5 t 自卸汽车运输 3 km（Ⅳ类土）。

② 清危工程施工工艺。

清危工程主要是清除斜坡上的危石和松动岩块及部分危岩，采用人工方式进行清除。清除的岩块在拦石墙后侧回填。清除应按自上而下的工序进行，在坡底有威胁对象的地方应设临时沙袋竹跳板围护拦截落石 600 m²（设计文件中进行了单独设计，图件略），并对公路和景区大门及值班室进行保护。

③ 主动防护网施工工艺。

坡面清理→锚杆施工→铺设柔性网→缝合。

④ 被动防护网工程施工工艺。

锚杆安装→基座安装→钢柱及上拉、侧拉锚绳安装→上支撑绳安装→下支撑绳安装→钢丝绳网安装→格栅网安装。其中锚杆施工由专业单位的专业人员采用轻型钻机施工，故不需搭设脚手架；基座混凝采用 0.4 m³ 搅拌机拌制，混凝土拌和料采用胶轮车运输，其综合运距为 500 m。

⑤ 加强锚杆施工工艺。

测量定位→搭设排架→制锚→钻孔→下锚→注浆→张拉试验。根据地层情况，采用无水干钻的施工工艺，故锚杆钻孔选用锚杆钻机（MZ65Q）。为进行锚杆施工，从边坡底部开始搭设双排脚手架，共搭设脚手架 1 425 m²（含底部无工程部位和上部锚杆部位，设计文件中有相应布置范围及布置的结构图件，图件略）。

4. 其他

（1）假设最新《四川工程造价信息》上理县材料不含税价格信息如表 12.4 所示，其中主要材料如表格中备注栏所示。

表 12.4　最新《四川工程造价信息》上理县材料不含税价格

序号	名称及规格	单位	不含税信息价	备注
1	汽油	kg	8.30	主要材料
2	柴油	kg	7.05	主要材料
3	砂	m³	106.95	主要材料
4	块石	m³	106.00	主要材料
5	碎石	m³	106.95	主要材料
6	钢筋	t	4 190.00	主要材料
7	钢筋	kg	4.19	主要材料
8	水泥 32.5	t	560.00	主要材料
9	中砂	m³	126.15	主要材料
10	钢筋 ϕ 30	kg	4.19	主要材料
11	水泥 42.5	t	590.00	主要材料
12	电	kW·h	2.72	
13	风	m³	0.15	
14	水	m³	2.45	
15	黏土	m³	15.00	
16	沥青	t	4 500.00	
17	型钢	kg	4.80	
18	钢管 ϕ 50 mm	kg	4.50	
19	钢绞拉线 GJ-35	m	8.00	
20	卡扣件	kg	5.00	
21	螺栓、铁件	kg	5.00	
22	铁横担 L63×6×1 500	根	90.00	
23	铁丝	kg	4.00	
24	合金钻头	个	45.00	
25	钻杆	m	40.00	
26	竹子	t	600.00	
27	导线 BLX-16	m	1.00	
28	瓷瓶	个	5.00	
29	线夹	个	5.00	
30	电杆	根	100.00	
31	混凝土拉线块 LP-6	块	5.00	
32	锯材	m³	1 600.00	
33	木柴	t	600.00	
34	钻头	个	90.00	
35	编织袋	个	1.00	
36	脚手架钢材	kg	5.00	

续表

序号	名称及规格	单位	不含税信息价	备注
37	电焊条	kg	5.00	
38	塑钢窗	m²	80.00	
39	50 mm 双面彩钢岩棉板（彩钢板厚 0.3 mm）	m²	90.00	
40	50 mm 双面彩钢岩棉瓦（彩钢板厚 0.3 mm）	m²	90.00	
41	钢丝绳网（柔性主动防护网用）	m²	110.00	到场含税
42	环形网（R 型 1 500 kJ，柔性被动防护网用）	m²	1 000.00	价的主要
43	钢丝格栅	m²	30.00	材料
44	DH6 冲击器	套	8 000.00	

主动防护网、被动网需要由专业的单位制作、安装，经该专业单位现场踏勘调研后，钢丝绳网（柔性主动防护网用）、环形网（R 型 1 500 kJ，柔性被动防护网用）、钢丝格栅网材料报价分别为 110 元/m²、1 000 元/m²、30 元/m²（到场含税价，材料供应商就收取的货物销售价款和运杂费合计金额向建筑业企业提供一张货物销售发票）。

（2）本工程永久构筑物需要永久占用当地老百姓林地 0.5 亩（1 亩=667 m²），进行永久构筑物沟槽开挖还需要工作面 0.1 亩。工程施工需要临时占地 0.9 亩，用来搭设临时设施或作为材料堆场。根据现场实际情况，协商一次性赔偿标准永久占地 50 000 元/亩、临时占地 5 000元/亩（该费用包括土地占用、树木赔偿及土地复垦等所有费用）。

（3）根据《监理预算标准》，本工程地质环境条件复杂程度为复杂，仅计算施工阶段监理费用。监理单位由县局直接从储备库中抽取，假设不发生抽取费用。

（4）清单、控制价审核由县财评中心委托给中介机构审核，竣工结算审核费由县审计局委托给中介机构审核，费用均由县国土资源局支付。未专门编制清单、控制价，故不发生该部分费用。

（5）施工单位由县国土资源局公开招标选取施工单位。

（6）勘查、可行性研究、初步设计和施工图设计由阿坝州国土资源局通过公开招标确定勘查设计单位（勘查、可行性研究、初步设计和施工图设计合并招标）。勘查、可行性研究、初步设计和施工图设计的招标控制价由技术、经济专家现场踏勘确定，并编制勘查设计方案。

（7）根据《勘查设计预算标准》，设计的地质环境条件复杂程度为复杂。

（8）本工程勘查成果经技术专家审查并复核后，初步设计中工程量和平面布置图等部分图件如表 12.5、表 12.6 和图 12.3、图 12.4 所示。

表 12.5　主体建筑工程工程量表

序号	工程或费用名称	单位	数量
1	拦石墙		
1.1	M7.5 浆砌块石	m³	1 922.60
1.2	开挖土方	m³	575.46
1.3	沟槽土方回填	m³	120.00
1.4	缓冲层碎石土回填	m³	1 587.28
1.5	场外借土	m³	931.82

序号	工程或费用名称	单位	数量
1.6	伸缩缝	m²	128.17
1.7	M7.5 浆砌块石护坡	m³	428.82
1.8	M10 砂浆勾缝	m²	1 060.00
2	拦石网		
2.1	RXI-150 型柔性被动防护网	m²	552.00
2.2	土方开挖	m³	15.00
2.3	C25 混凝土基础	m³	15.00
2.4	基础钢筋	t	1.12
3	主动网		
3.1	主动网（危岩 4 区，含系统锚杆）	m²	3 500.00
3.2	主动网（危岩 1 区，不含系统锚杆）	m²	585.00
3.3	锚杆（7 m）	根	65.00
3.4	柔性锚杆（3 m）	根	390.00
3.5	脚手架	m²	1 425.00
4	清危及坡面修整		
4.1	坡面人工清危	m³	200.00
4.2	土石方运输	m³	200.00
4.3	裂缝夯填	m³	5.00

表 12.6　施工临时工程工程量表

序号	工程项目及名称	单位	数量
1	施工交通工程		
1.1	施工便道	km	0.30
2	临时用电		
2.2	临时用电	km	0.50
3	房屋建筑工程		
3.1	施工仓库	m²	200.00
3.2	租用办公室	m²	300.00
4	沙袋竹跳板围护	m²	600.00

12.2　问题

结合项目分级管理的特点，请按照《四川省地质灾害治理工程概（预）算标准》的规定计算本项目的初步设计概算。

12.3　分析要点

12.3.1　概算资金构成

本项目为申请专项资金项目，故初步设计概算应包括所有费用。

12.3.2　清单项目列项和工程量的合理性

结合初步设计、《四川省地质灾害治理工程概（预）算标准》分析工程量表中应计算的工程量清单项目列项和工程量的合理性，见表 12.7、表 12.8。

表 12.7　主体建筑工程列项和工程量分析表

序号	名称	单位	数量	数量	说明
1	拦石墙				
1.1	M7.5 浆砌块石	m³	1 922.60	1 922.60	
1.2	开挖土方	m³	575.46	575.46	
1.3	沟槽土方回填	m³	120.00	120.00	
1.4	缓冲层碎石土回填	m³	1 587.28	1 587.28	
1.5	场外借土	m³	931.82	931.82	
1.6	伸缩缝	m²	128.17	128.17	
1.7	M7.5 浆砌块石护坡	m³	428.82	428.82	
1.8	M10 砂浆勾缝	m²	1 060	0	已经包含在定额中，勾缝不应重复计算
2	拦石网				
2.1	RXI-150 型柔性被动防护网	m²	552	552	
2.2	土方开挖	m³	15.00	15.00	
2.3	C25 混凝土基础	m³	15.00	15.00	
2.4	基础钢筋	t	1.12	1.12	
3	主动网				
3.1	主动网（危岩4区，含系统锚杆）	m²	3 500.00	3 500.00	该部位为 3 m 长系统锚杆部位，定额规定主动网中已经包含 3 m 及 3 m 以内的系统锚杆
3.2	主动网（危岩1区，不含系统锚杆）	m²	585.00	585.00	该部位为加强锚杆部位，故需要按定额规定扣除系统锚杆。按定额规定取消钢筋、合金钻头、砂浆和风钻的消耗量，工长、中级工、初级工分别乘 0.91 的系数，并单独计算锚杆，其计算参考锚固章节
3.3	锚杆（7m）	根	65.00	65.00	
3.4	柔性锚杆（3m）	根	390.00	0.00	包含在主动网中，不应重复计算

195

序号	名称	单位	数量	数量	说明
3.5	脚手架	m²	1 425.00	840.00	按定额总说明，有工程部位的脚手架已经包含在定额中，无工程的部位应予以计算，故 1 425 m² 中应扣除 585 m²，应计算的脚手架面积为 840 m²
4	清危及坡面修整				
4.1	坡面人工清危	m³	200.00	200.00	
4.2	土石方运输	m³	200.00	200.00	
4.3	裂缝夯填	m³	5.00	5.00	

表 12.8　施工临时工程列项和工程量分析表

序号	名称	单位	数量	数量	说明
1	施工交通工程				
1.1	施工便道	km	0.30	0.00	包含在措施费中，不应重复计算
2	临时用电				
2.1	临时用电	km	0.50	0.50	
3	房屋建筑工程				
3.1	施工仓库	m²	200.00	200.00	
3.2	租用办公室	m²	300.00	0.00	包含在办公、生活及文化福利建筑中，不应重复计算
4	沙袋竹跳板围护	m²	600.00	600.00	

12.3.3　取费标准及扩大系数

本工程为崩塌治理工程，故取费费率应按照"崩塌、滑坡治理工程"费率进行计算。此外，由于工程所处位置为阿坝州理县，故冬季施工气温属于准一区，雨季施工雨量区及雨季期属于Ⅰ区及 3 个月。根据此选用冬雨季施工增加费费率。初步设计概算阶段的扩大系数为5%。初步设计概算取费费率如表 12.9。

表 12.9　初步设计概算取费费率（%）

名称	冬季施工增加费	雨季施工增加费	夜间施工增加费	临时设施费	安全文明生产措施费	其他	企业管理费	规费	利润	税金
土方	0.3	0.4	0.4	2.0	2	0.7	2.8	2.5	7	10
石方	0.3	0.4	0.4	2.0	2	0.7	4.6	2.5	7	10
砌石	0.3	0.4	0.4	2.0	2	0.7	5.7	2.7	7	10
混凝土	0.3	0.4	0.4	3.8	2	0.7	6.8	3.0	7	10
模板	0.3	0.4	0.4	3.8	2	0.7	7.0	3.0	7	10
钻孔灌浆机锚固	0.3	0.4	0.4	4.0	2	0.7	12.8	4.2	7	10
绿化	0.3	0.4	0.4	2.0	2	0.7	7.0	2.7	7	10
其他	0.3	0.4	0.4	4.0	2	0.7	7.0	2.7	7	10

12.3.4 海拔高程

本项目治理措施平均海拔高程为 1 922+2 200=2 061 m，根据《治理工程预算定额》总说明第三条规定，应按 2 000 ~ 2 500 m 选用系数，故人工、机械分别乘 1.1、1.25 的系数。

12.3.5 人工预算价

工程所处位置为阿坝州理县，属于艰苦边远地区的二类区。

人工预算单价按表 12.10 所列标准计算。

表 12.10 人工预算单价计算标准

单位：元/工时

类别与等级	二类区
工长	14.76
高级工	13.68
中级工	11.54
初级工	8.75

12.3.6 材料预算价

材料预算价中计算较为复杂的是调整的运杂费。现简要介绍如下：

1. 钢筋 φ32

（1）载重汽车运输：

钢筋采用 8t 载重汽车通过混凝土路面（双车道）运输 30 km 至坡脚公路上仓库。根据《编制与审查规定》扣除包含在信息价中的运杂费，故载重汽车应计算的超远距离为 30-20=10 km；同时根据《治理工程预算定额》第十章说明第四条规定载重汽车适用距离 10 km，超过适用距离需要乘 0.75 的系数。由于装、卸和 20 km 的运杂费已经包含在信息价中，故不能用选用装运卸的定额，而应采用增运定额，其公式如下：

具体选用定额及所乘的相关系数如下：

超远运距的运杂费= [D100144]×（30-20）×0.75=[D100144]×7.5

注意不是以下方式：[D100139]×（30-20）×0.75。

路面状况调整系数（详见《治理工程预算定额》第四册第十章说明第五条）：

面层状况调整系数：混凝土路面，故为 1；

宽度路况调整系数：双车道，故为 1。

综合后，路面状况调整系数为 1。

（2）人力搬运：

钢筋需要采用人力搬运至坡面上工程布置点，坡面斜距为 300 m，坡面的坡为度 25°。根据《治理工程预算定额》总说明第九条和第十章说明第一条，应扣除包含在定额子目中的 50 m，故人工搬运距离为：300-50=250（m）。

由于背景资料中道路坡度为度数，故需要换算成坡度。换算计算过程如下：坡度 =tan25°×100%=46.63%>30%，根据《治理工程预算定额》总说明第十五条表 0-2，人力搬运按上坡度数＞30%选用 3.5 系数计算，相应搬运定额的人、材、机乘以 3.5 的系数。

人工搬运不适用路面状况调整系数，详细见《治理工程预算定额》第四册第十章说明第五条"表 10-3 路面宽度"下的说明。

具体选用定额及所乘的相关系数如下：

$$（D100036+D100039×20）×3.5=D100036×3.5+D100039×70$$

2. 水泥、砂石（不含块石）调整的运杂费计算

类似钢筋运杂费计算，这里不重复讲解。

3. 防护网

由于防护网由专业单位制作安装，其报价为到场含税价，故不再计算调整的运杂费，但要除税并计算采保费。另由于材料供应商开具的材料和运输一张发票，根据《编制与审查规定》附录 22《没有材料信息价参考的材料材料预算价计算方法》，材料预算价按如下公式计算：

$$材料预算价 = 扣减进项税额材料价格 (材料原价)$$

$$= \frac{材料销售价格}{1+材料适用的税率} ×(1+3.3\%)$$

4. 油料、块石

油料、块石在附近 4 km 的加油站和料场购买，该运输距离小于信息价中包含的 10 km，故应扣除少于信息价中包含距离的运杂费。

$$调整在运杂费=-（信息价中包含的距离-实际运输距离）×$$
$$0.6 元/（t·km）×比重$$

5. 主要材料调整的运杂费套用定额

本工程主要材料调整的运杂费套用定额如表 12.11 所示。

表 12.11　主要材料调整的运杂费套用定额汇总表

序号	名称及规格	单位	预算价	不含税信息价	调整的运杂费	采购及保管费	调整的运杂费套用定额或计算公式
				其中			
1	汽油	kg	8.30	8.30	-0.003 6		-（10-4）×0.6÷1 000
2	柴油	kg	7.05	7.05	-0.003 6		-（10-4）×0.6÷1 000
3	砂	m³	123.05	106.95	16.10		[D100179]×（25-10）×0.75 =[D100179]×11.25
4	块石	m³	100.24	106.00	-5.76		-0.6×（10-4）×1.6
5	碎石	m³	125.10	106.95	18.15		[D100180]×（25-10）×0.75 =[D100180]×11.25
6	钢筋	t	4 195.19	4 190.00	5.19		[D100144]×（30-20）×0.75 =[D100144]×7.50
7	钢筋	kg	4.20	4.19	0.01		[D100144]×（30-20）×0.75 ÷1000=[D100144]×7.50÷1000

序号	名称及规格	单位	预算价	其中			调整的运杂费套用定额或计算公式
				不含税信息价	调整的运杂费	采购及保管费	
8	水泥 32.5	t	565.19	560.00	5.19		[D100143]×（30–20）×0.75=[D100143]×7.50
9	中砂	m³	142.25	126.15	16.10		[D100179]×（25–10）×0.75=[D100179]×11.25
10	钢筋 φ32	kg	4.37	4.19	0.18		超远运距运杂费：[D100144]×（30–20）×0.75÷1 000=[D100144]×7.50÷1 000 转运的运杂费：(D100036+ D100039×20）×3.5÷1 000＝（D100036×3.5+D100039×70）÷1 000
11	水泥 42.5	t	595.19	590.00	5.19		[D100143]×（30–20）×0.75=[D100143]×7.50
12	钢丝绳网（柔性主动防护网用）	m²	97.96	94.83		3.13	110÷（1+16%）=94.83 94.83×3.3%=3.13
13	环形网（R型1 500 kJ，柔性被动防护网用）	m²	890.52	862.07		28.45	1000÷（1+16%）=862.07 862.07×（1+3.3%）=28.45
14	钢丝格栅	m²	26.71	25.86		0.85	30÷（1+16%）=25.86 25.86×3.3%=0.85

12.3.7 定额套用

（1）主体建筑工程套用定额及相关说明，见表12.12。

表 12.12 主体建筑工程套用定额汇总表

序号	工程或费用名称	单位	套用定额	备注
1	拦石墙			
1.1	M7.5 浆砌块石	m³	D030037	
1.2	开挖土方	m³	D010094	上口宽度在 2~4 m，人力挑运 10 m
1.3	沟槽土方回填	m³	D010967	土方回填
1.4	缓冲层袋装土回填	m³	D090003	缓冲层采用土石方回填，最接近的为袋装土方围堰 填筑 编织袋砂砾石 D090003，不是袋装土方围堰 填筑 编织袋黏土 D090002，由于土石方仅有运输费用，故此处消耗量为 0
1.5	场外借土	m³	D010785	采用 1 m³ 装载机挖土 5 t 自卸汽车运输 3 km。由于定额适用范围为Ⅲ类土，Ⅳ类土需对定额的人工、机械消耗量乘 1.09 的系数

序号	工程或费用名称	单位	套用定额	备注
1.6	伸缩缝	m²	D040294	
1.7	M7.5浆砌块石护坡	m³	D030033	
2	拦石网			
2.1	RXI-150型柔性被动防护网	m²	D080016	
2.2	土方开挖	m³	D010114	基坑上口1m×1m，深度1m，故套用D010114人工挖倒柱坑土方Ⅳ类土上口面积（m²）≤5，深度（m）≤1.5
2.3	C25混凝土基础	m³	D040070+D040127×1.03+D040140×1.03+D040141×2×1.03	0.4m³搅拌机拌制，混凝土拌和料采用胶轮车运输，其综合运距为500m
2.4	基础钢筋	t	D040295	
3	主动网			
3.1	主动网（危岩4区，含系统锚杆）	m²	D080001	3m以内的锚杆已经包含在定额中
3.2	主动网（危岩1区，不含系统锚杆）	m²	D080001	选用定额D08001,该部位为加强锚杆部位，故需要按定额规定扣除系统锚杆：取消钢筋、合金钻头、砂浆和风钻的消耗量，工长、中级工、初级工分别乘0.91的系数，并单独计算锚杆，其计算参考锚固章节
3.3	锚杆（7m）	根	D060410	根据地层情况，采用无水干钻的施工工艺，故锚杆钻孔选用锚杆钻机（MZ65Q），故7m长加强锚杆选用D060410，该定额锚杆长度为10m，故定额除钢筋外的消耗量乘0.7的系数。钢筋消耗量换算如下：5 661/（0.00 617×30×30×100×10）×（0.0 0617×32×32×7×100）=4 508.67 kg
3.4	脚手架	m²	D090132	双排脚手架，根据第九章临时工程说明第三条，钢管、卡扣件应分别乘周转摊销系数0.18、0.04
4	清危及坡面修整			
4.1	坡面清危	m³	D020005	人工清危，岩石级别Ⅶ
4.2	土石方运输	m³	D020627	人工胶轮车运输100 m
4.3	裂缝夯填	m³	D010970	设计为黏土回填，故选用D010970回填土石 黏土回填 人工夯实

（2）施工临时工程套用定额及相关说明，见表12.13。

表 12.13　施工临时工程套用定额汇总表

序号	工程项目及名称	单位	套用定额或使用单价（元）
1	施工交通工程		
1.1	施工便道	km	不计算
2	临时用电		
2.1	临时用电	km	根据电杆高度 8 m 和 380 V 供电线路选用 D090138
3	房屋建筑工程		
3.1	仓库	m²	根据活动板房选用 D090189
3.2	办公生活及文化福利建筑（1.5%）	项	按一至二部分建安费（除本身和其他临时工程）的1.5%计算
4	其他临时工程		
4.1	其他临时工程（0.8%）	项	按一至二部分建安费（除其他临时工程）的 0.8%计算
5	沙袋竹跳板围护		
5.1	沙袋竹跳板围护	m²	施工临时围护 沙袋竹跳板围护选用 D090190

12.3.8　材料累计价差的问题

材料的价差除了包括清单项目中的材料价差外，还包括清单中配合比重材料、清单中机械消耗的油料以及材料增加的运杂费中的油料等价差。试以 M7.5 浆砌块石拦石墙为例进行说明。

1. 材料的单价差（表 12.14）

表 12.14　材料的单价差

材料名称及规格	单位	材料预算价	材料限价	价差
柴油	kg	7.05	2.99	4.06
块石	m³	100.24	70.00	30.24
水泥 32.5	t	565.19	255.00	310.19
中砂	m³	142.25	70.00	72.25

2. 消耗量计算

现在以柴油的累加价差为例进行说明，其他的价差详细见《M7.5 浆砌块石需要计算材料价差的材料数量计算表》。

（1）计算材料运输机械消耗柴油的材料数量（块石、水泥、中砂）。

M7.5 浆砌块石主定额中机械（胶轮车、灰浆搅拌机）不消耗柴油。消耗柴油的主要是材料运输机械，故需要计算此定额中各类材料的消耗量。M7.5 浆砌块石定额中材料有块石、水泥、中砂、水，由于水不涉及用柴油的问题，故需要计算块石、水泥、中砂的消耗量。

（2）施工工程所用定额及相关数据。略有 12.15。

M7.5 浆砌块石主定额如表 12.15。

表 12.15　套用的 M7.5 浆砌块石的主定额数据

单位：100 m³

定额编号			D030037
项目			挡土墙
人工	工长	工时	16.20
	中级工	工时	329.50
	初级工	工时	464.60
材料	块石	m³	108.00
	水泥砂浆	m³	34.40
	其他材料费		0.50%
机械	胶轮车	台时	156.49
	灰浆搅拌机	台时	6.19

将配合比中的粗砂换算为中砂的计算如表 12.16。

表 12.16　M7.5 砌筑砂浆配合比换算计算表

单位：100 m³

名称	水泥强度等级	预算量			备注
		水泥（t）	砂（m³）	水（kg）	
定额数据	32.5	0.260	1.110	0.160	定额编号：PH00147，为粗砂
换算系数		1.070	0.980	1.070	粗砂换中砂的换算系数
换算后数据	32.5	0.278	1.088	0.171	粗砂换为中砂

100 m³ M7.5 浆砌块石的主要材料消耗量如表 12.17。

表 12.17　M7.5 浆砌块石（100 m³）材料数量计算表

序号	材料名称	单位	计算公式	结算结果	计算依据
1	块石	m³	108	108.00	
2	水泥 32.5	t	34.4×0.278	9.563	主定额、配合比
3	中砂	m³	34.4×1.088	37.427	主定额、配合比

备注：由于水不涉及材料价差问题，故这里未计算。

（2）各材料运输机械消耗的柴油数量。

① 柴油（块石运输累计价差）。

由于块石在 4 km 的料场购买，未达到信息价包含的 10 km，需要扣除 6 km 的常规运输运杂费，未套用定额，故不需计算柴油消耗量。

② 柴油（中砂运输累计价差）：34.4×1.088×（2.03×1.25×11.25）÷100×9.1=97.227（kg）

该材料调整的运杂费计算表见表 12.18。

表 12.18　材料调整的运杂费计算表

材料编号：443　　　　　　材料名称：中砂　　　　　　材料单位：m³

编号	名称	单位	数量	单价（元）	合价（元）
一	汽车运输 25 km				

定额组成：[D100179]×11.25

运输方法：1 m³ 装载机装 5 t 自卸汽车运输 增运 25 km 砂

编号	名称	单位	数量	单价	合价
1	人工费				
2	材料费				
3	机械费				1 609.5
	运输机械 自卸汽车 载重量（t）5.0	台时	28.55	56.38	1 609.5（表 12.19）
4	小计				1 609.5
	调整的运杂费合计	100 m³			1 609.5
	调整的运杂费单价	m³			16.10

备注：定额数据为 2.03 台时/100 m³，由于海拔高程位于 2 000～2 500 m，故人工、机械要根据高程调整系数进行调整（人工 1.1、机械 1.25），由于只有机械，故只对运输机械台时数量进行调整，计算公式如下：2.03×1.25×11.25=28.55（台时）。

表 12.19　载重量 5.0 t 自卸汽车机械台时费定额

单位：台时

定额编号			JX30012
项目			自卸汽车
			载重量（t）
			5
人工	中级工	工时	1.30
材料	汽油	kg	—
	柴油	kg	9.10
机械	折旧费	元	9.33
	修理及替换设备费	元	4.84

备注：机械台时费单价=1.3×11.54+9.10×2.99+9.33+4.84=56.38（元/台时）。

③ 柴油（水泥运输累计价差）：34.4×0.278×7.5÷100×8=5.738（kg）

该材料调整的运杂费计算表见表 12.20。

表 12.20　材料调整的运杂费计算表

材料编号：52　　　　　　　　　　材料名称：水泥 32.5　　　　　　　　　材料单位：t

编号	名称	单位	数量	单价（元）	合价（元）
（一）	汽车 30 km				

定额组成：[D100143]×7.50

运输方法：人工装卸 8 t 载重汽车运输 增运 30 km 水泥

编号	名称	单位	数量	单价	合价
1	人工费				
2	材料费				
3	机械费				519.23
	运输机械 载重汽车 载重量（t）8.0	台时	7.5	69.23	519.23（表 12.21）
4	小计				519.23
	调整的运杂费合计	100t			519.23
	调整的运杂费单价	t			5.19

备注：定额数据 0.8 台时/100 t，由于海拔高程位于 2 000～2 500 m，故人工、机械要根据高程调整系数进行调整（人工 1.1、机械 1.25），由于只有机械，故只对运输机械台时数量进行调整，计算公式如下：0.8×1.25×7.5=7.5（台时）。

表 12.21　载重量 8 t 载重汽车（JX30006）

单位：台时

定额编号				JX30006
	项目			载重汽车
				载重量（t）
				8
人工	中级工	工时	7.12	1.3
材料	汽油	kg	3.6	—
	柴油	kg	3.5	8
机械	折旧费	元	1	14.54
	修理及替换设备费	元	1	15.77

备注：机械台时费单价=1.3×11.54+8×2.99+11.54+15.77=69.23（元/台时）。

（3）M7.5 浆砌块石材料价差。

最终的 M7.5 浆砌块石清单的材料累计价差如表 12.22 所示。

表 12.22　M7.5 浆砌块石需要计算材料价差的材料数量计算表

序号	材料名称	单位	计算公式	结算结果	计算依据
1	块石	m³	108	108.00	主定额
2	水泥 32.5	t	34.4×0.278	9.563	主定额、配合比
3	中砂	m³	34.4×1.088	37.427	主定额、配合比
4	柴油			102.965	
（1）	柴油（块石运输累计价差）	kg			不计算
（2）	柴油（中砂运输累计价差）	kg	34.4×1.088×28.55÷100×9.1	97.227	配合比及砂运输定额
（3）	柴油（水泥运输累计价差）	kg	34.4×0.278×7.5÷100×8	5.738	配合比及水泥运输定额

（4）M7.5 浆砌块石单价分析表（表 12.23）。

表 12.23　建筑工程单价表

项目编号：A1.1　　　　　　　项目名称：M7.5 浆砌块石　　　　　　　定额单位：100 m³

定额组成：[D030037]

施工方法（工作内容）：选石、修石、冲洗、拌浆、砌石、勾缝。

编号	名称	单位	数量	单价（元）	合计（元）
一	直接费				23 322.33
（一）	直接工程费				22 043.79
1	人工费				8 917.47
（1）	工长	工时	17.82	14.76	263.02
（2）	中级工	工时	362.45	11.54	4 182.67
（3）	初级工	工时	511.06	8.75	4 471.78
2	材料费				12 696.13
（1）	块石	m³	108	70	7 560
（2）	砂浆 砌筑砂浆 M 7.5【粗砂换中砂】	m³	34.4	147.47	5 072.97
（3）	其他材料费		0.5%	12 632.97	63.16
3	机械费				430.19
（1）	钻孔灌浆机械 灰浆搅拌机	台时	7.74	35.11	271.75
（2）	运输机械 胶轮车	台时	195.61	0.81	158.44
（二）	措施费				1 278.54
1	冬季施工增加费		0.3%	22 043.79	66.13
2	雨季施工增加费		0.4%	22 043.79	88.18
3	夜间施工增加费		0.4%	22 043.79	88.18
4	特殊地区施工增加费				

表 12.22　M7.5 浆砌块石需置有剂砌体价差的材料费用计算表 续表

编号	名称	单位	数量	单价（元）	合计（元）
5	临时设施费		2%	22 043.79	440.88
6	安全文明生产措施费		2%	22 043.79	440.88
7	其他费		0.7%	22 043.79	154.31
二	间接费				1 959.08
（一）	企业管理费		5.7%	23 322.33	1 329.37
（二）	规费		2.7%	23 322.33	629.7
三	企业利润		7%	25 281.41	1 769.7
四	价差				9 354.41
（1）	块石	m³	108	30.24	3 265.92
（2）	柴油	kg	102.965	4.06	418.04
（3）	水泥 32.5	t	9.563	310.19	2 966.35
（4）	中砂	m³	37.427	72.26	2 704.48
五	税金		10%	36 405.52	3 640.55
六	扩大		5%	40 046.07	2 002.30
	合计		—	—	42 048.37

备注：由于海拔高程超过 2 000 m，故定额中人工、机械分别乘 1.1 和 1.25 的系数。

12.3.9　独立费用

12.3.9.1　施工监理费

1. 地质环境复杂程度调整系数

根据背景资料，本工程地质环境复杂程度为复杂，故地质环境复杂程度调整系数为 1.3。

2. 高程调整系数

本项目治理措施平均海拔高程为 1 922+2 200=2 061 m，应按海拔高程 2 000～3 000 m 选用高程调整系数 1.1。

3. 施工监理服务取费基价

计算基数为建筑工程费，即主体建筑工程费与施工临时工程费之和 3 558 871.58 元，即 355.89 万元，按线性插入计算如下：

10.5+（16.5-10.5）/（500-300）×（355.89-300）=12.18（万元）

4. 施工监理服务取费基准价

施工监理服务取费基准价=12.18×1.3×1.1=17.42（万元）

5. 施工监理服务取费: 取费基价为 20 万元，本基于标准 2 500 万元～5 000 万元，

本案例不考虑浮动幅度值。

$$施工监理服务取费=施工监理服务取费基准价=17.42（万元）$$

12.3.9.2　勘查、可行性研究、初步设计、施工图设计费

1. 勘查费

（1）高程附加调整系数。

勘查区高程在 1 920～2 210 m，故勘查区平均海拔高程为（1 920+2 210）÷2=2 065 m，位于 2 000～3 000 m，故高程附加调整系数为 1.1。

（2）气温附加调整系数。

勘查期间气温在 18 ℃左右，气温附加调整系数为 1。

（3）阶段附加调整系数。

本项目不是应急、抢险项目，故阶段附加调整系数为 1。

（4）测量。

① 测量复杂程度。

本项目的复杂程度如表 12.24:

表 12.24　测量复杂程度表

类别	复杂程度
地形	地形起伏变化很大，比高 90 m 的山地
通视	一般，隐蔽地区面积 40%
通行	通行困难，有密集的树林或荆棘灌木丛林、岭谷险峻、地形切割剧烈、攀登艰难的山区
地物	较多

结合概预算标准，确定测量复杂程度如表 12.25，赋分值之和为 11。根据"6.4 节地面测量的复杂程度"介绍可知，测量的复杂程度为复杂。

表 12.25　本案例测量复杂程度赋分表

类别	复杂程度	赋分
地形	复杂	3
通视	中等	2
通行	复杂	3
地物	复杂	3

② 测量实物工作附加调整系数。

· GPS 控制测量（E 级）不造标，实物工作调整系数为 0.6。

· 地形测量，隐蔽地区面积约 40%＜60%，因此隐蔽程度调整系数为 1。不涉及带状地形测量，故无带状地形测量调整系数。1∶200 地形测量适用于绘制 1∶200 大样图，实物工作附加调整系数为 1.6。

· 断面测量、定点测量，实物工作附加调整系数为 1。

③ 定点测量。

预算标准规定：取费基价 50 元/点，不足 50 个点按 2 500 元/组日计算。本项目 3 个钻探、3 个槽探，合计 6 点＜50 点，故按 1 组日计算。实物工作附加调整系数为 1。

（5）工程勘查。

①工程勘查等级的判定。

根据背景资料，工程勘查等级为甲级，故技术工作费取费比例为 100%。

②工程地质测绘与立面测绘。

根据背景资料，工程地质测绘复杂程度为复杂，工程地质测绘与地质测绘同时进行，故附加调整系数为 1.5。

带状工程地质测绘一般指成图面积宽度小于 30 cm，长宽比大于 3 的。根据背景资料，本项目不涉及带状工程地质测绘，故不计算带状工程地质测绘附加调整系数。

③钻探。

·钻孔深度分类统计。

背景资料中给出了 ZK2 钻孔柱状图，并说明其他各孔相同深度的岩土构成与 ZK2 类似。钻探是根据岩土类别，按钻探深度分段计费的。因此，这里在 ZK2 钻孔岩土构成基础上统计所有钻孔不同深度、不同岩土复杂程度的深度和基价。此外，根据 ZK2 钻孔柱状图，跟管钻进的深度为 15 m，故所有钻孔跟管钻进深度均按 15 m 计算（深度少于 15 m 的除外），具体如表 12.26 ~ 表 12.28 所示。

表 12.26 ZK1 钻孔深度分类统计表

深度分级	各层深度（柱状图）(m)	复杂程度（柱状图）	复杂程度（深度分级）	深度分类统计(m)	跟管钻进(m)
D≤10 m	4.5	Ⅱ	Ⅱ	4.5	4.5
	4.2	Ⅵ	Ⅵ	5.5	5.5
	1.3	Ⅵ			
10<D≤20 m	2.0		Ⅵ	2.0	2.0
小计	12.0			12.0	12.0

表 12.27 ZK2 钻孔深度分类统计表

深度分级	各层深度（柱状图）(m)	复杂程度（柱状图）	复杂程度（深度分级）	深度分类统计(m)	跟管钻进(m)
D≤10 m	4.5	Ⅱ	Ⅱ	4.5	4.5
	4.2	Ⅵ	Ⅵ	5.5	5.5
	1.3	Ⅵ			
10<D≤20 m	5.0		Ⅵ	5.0	5.0
小计	15.0			15.0	15.0

表 12.28　ZK3 钻孔深度分类统计表

深度分级	各层深度（柱状图）（m）	复杂程度（柱状图）	复杂程度（深度分级）	深度分类统计（m）	跟管钻进（m）
	4.5	II	II	4.5	4.5
$D \leqslant 10$ m	4.2	VI	VI	5.0	5.0
	0.8	VI			
小计	9.5			9.5	9.5

·实物工作附加调整系数。

根据钻孔柱状图及相关说明，3 个钻探均采用跟管钻进的工艺，故适用跟管钻进附加调整系数 1.5。复杂场地调整系数不适用。

④ 槽探。

·槽探工作量按深度分类统计。

背景资料中给出了 TC1 地质编录展示图（详见图 12.2），并说明其他槽探地层结构与 TC1 相同。槽探是根据岩土类别，按槽探深度分段计费。因此，这里在 TC1 岩土构成基础上按槽探深度、岩土复杂程度统计槽探方量，见表 12.29。

表 12.29　槽探工作量按深度分类统计表

槽探 TC1（TC2、TC3）					复杂程度	深度分级	分类统计槽探方量（m³）
地质编录展示图	深度分级	名称	参数（m）	数量（m³）			
0~0.5 m	0~0.5 m	深度	0.50	2.44	II	深度≤2 m	2.44
		上底	2.30				
		下底	2.11				
0.5~2.4	0.5~2.0	深度	1.50	5.12	VI		5.12
		上底	2.11				
		下底	1.54				
	2.0~2.4	深度	0.40	0.86			
		上底	1.54		VI	深度>2 m	1.70
		下底	1.39				
2.4~2.9	2.4~2.9	深度	0.50	0.84			
		上底	1.39				
		下底	1.20				
合计				9.26			9.26

·实物工作附加调整系数。

复杂场地调整系数不适用，故实物工作附加调整系数为 1。

⑤ 取土样、取岩样、取水样。

复杂场地调整系数不适用，故实物工作附加调整系数为 1。

（6）室内试验。

根据对所取样品测试项目的不同，单价不同，实物工作收费附加调整系数、高程附加调整系数、气温附加调整系数均取 1.00，故最终附加调整系数为 1.00。

（7）勘查取费基准价不包括的费用。

根据背景资料，相关费用如表 12.30。

表 12.30　勘查取费基准价不包括的费用

序号	费用内容	分析结果	费用金额（元）
1	钻机运输费 5 000 元	属于勘查作业大型机具搬运费，应计算	5 000
2	勘查设计合同约定最终提交正式成果资料 8 套（含纸质、电子版等），每套费用 500 元	预算标准包含 8 套费用，不应计算	0
3	钻孔、探槽、探井封填费用 6 000 元	包含在钻孔、探槽、探井中，不应重复计算	0
4	接通电源、水源费用 3 000 元	接通电源、水源费用 3 000 元，应计算	3 000
5	钻孔用水费用 1 000 元、电费 3 000 元	包含在钻孔基价中，不应计算	0

2. 设计费

（1）设计复杂程度。

① 地质环境条件复杂程度为复杂。

② 灾害危害等级。

该崩塌主要威胁对象为 45 户村民（226 人）搬迁安置点以及××公路，可能造成的经济损失在 5 500 万元以上。

直接威胁人数＜500 人，属于三级；经济损失 5 500 万元，在 5 000 万~10 000 万元之间，故属于二级。根据《勘查设计预算标准》规定，按照从高原则确定灾害危害等级，故为二级。

③ 设计复杂程度。

根据标准规定，地质环境条件复杂程度为复杂，灾害危害等级二级，设计复杂程度为Ⅲ级。

（2）设计费。

设计费包括设计取费基价和设计审查费。由于本项目为崩塌项目，故崩塌设计取费基价=标准基价×1.3，标准基价按线性插入计算。可行性研究、初步设计、施工图设计基价分别占崩塌设计取费基价的 30%、30%、40%。

设计审查费包括初步设计及以前阶段、施工图设计阶段，各个阶段均包括技术审查费、经济审查费。

本项目建筑工程费为 3 558 871.58 元，经过计算，可行性研究、初步设计、施工图设计及相应审查费如表 12.31 所示。

表 12.31　可行性研究、初步设计、施工图设计及相应审查费

序号	名称	金额	备注
1	可行性研究、初步设计及相应审查费	194 649.55	
	可行性研究	87 177.59	
	初步设计	87 177.59	

序号	名称	金额	备注
	技术审查	17 794.36	
	经济审查	2 500.00	
2	施工图设计及相应审查费	140 090.02	
	施工图设计	116 236.79	
	技术审查	21 353.23	
	经济审查	2 500.00	

12.3.9.3 独立费用中其他费用

除建设管理费中的招标代理服务费、工程占地补偿费分别按《招标代理服务收费管理暂行办法》（计价格〔2002〕1980号）、工程所在地土地占用补偿标准计算外，其他各项费用均按照《四川省地质灾害治理工程概（预）算标准》的规定计算。相关计算公式如表 12.32 所示，计算结果详见附表 11.4 独立费用概算表。

表 12.32　独立费计算表

序号	费用名称	公式
F1	一、建设管理费	F11+F12+F13+F14
F11	（1）项目建设管理费	F111+F112+F113
F111	①建设单位管理费	以项目总投资（不含项目建设管理费）扣除工程占地补偿费为基数分挡计算，最低 0.5 万元
F112	②工程验收费	按建筑工程费的 0.6% 计算，最低 2 000 元
F113	③勘查、可行性研究、初步设计、施工图审查费	不计算，已经包含在勘查设计费中
F12	（2）造价咨询费	F121+F122+F123
F121	①清单、控制价编制费	未专门编制清单、控制价，故不发生该部分费用
F122	②清单、控制价审核费	清单、控制价审核由县财评中心委托给中介机构审核，竣工结算审核费由县审计局委托给中介机构审核，费用均由县国土资源局支付。按《编制与审查规定》计算，类似川价发〔2008〕141 号。清单、控制价审核费不要漏算 1.25 系数，竣工结算审核费不要漏算审减审计费
F123	③竣工结算审核费	
F13	（3）招标代理服务费	F131+F132+F133+F134+F135
F131	①勘查、可行性研究、初步设计招标（比选）服务费	不计算
F132	②施工图设计招标（比选）服务费	不计算

序号	费用名称	公式
F133	③ 工程施工招标（比选）服务费	施工单位由县国土资源局公开招标选取施工单位。按计价格〔2002〕1980 号计算（按工程招标）
F134	④ 监理单位招标（比选）服务费	不计算
F135	⑤ 勘查、可行性研究、初步设计、施设招标（比选）服务费	勘查、可行性研究、初步设计和施工图设计由阿坝州国土资源局通过公开招标确定勘查设计单位（勘查、可行性研究、初步设计和施工图设计合并招标）。以勘查、可行性研究、初步设计、施设费为基数，按计价格〔2002〕1980 号计算（按服务招标）
F14	（4）工程建设监理费	F141+F142+F143
F141	① 勘查监理费	不计算
F142	② 设计监理费	不计算
F143	③ 施工监理费	按《监理预算标准》计算，详见前文
F2	二、科研勘查设计费	F21+F22
F21	（1）工程科学研究试验费	建筑工程费×0.2%
F22	（2）工程勘查设计费	F221+F222+F223+F224
F221	① 勘查设计方案编制费	勘查、可行性研究、初步设计和施工图设计的招标控制价由技术、经济专家现场踏勘确定，未编制勘查设计方案，故不计算费用
F222	② 勘查费	按《勘查设计预算标准》计算，详见前文
F223	③ 可行性研究和初步设计费	按《勘查设计预算标准》计算，详见前文
F224	④ 施工图设计费	按《勘查设计预算标准》计算，详见前文
F3	三、工程占地补偿费	按照给定赔偿标准和数量计算
F4	四、环境保护及水土保持费	建筑工程费×1%
F5	五、其他	F51+F52+F53
F51	1. 工程保险费	建筑工程费×0.45%
F52	2. 工程质量检测费	建筑工程费×0.6%
F53	3. 监测费	建筑工程费×2%

12.3.10 基本预备费

初步设计概算基本预备费按 8% 计算。

12.3.11 总概算、主体建筑工程费、施工临时工程费、独立费、勘查设计费

总概算表、主体建筑工程费、施工临时工程费、独立费、勘查设计费具体详细见附录 11 崩塌治理工程概算编制综合案例计算表。

参考文献

[1] 四川省国土资源厅. 滑坡崩塌泥石流灾害调查规范（1：50 000）四川实施细则（试行）[S]. 成都：四川省国土资源厅，2015.

[2] 国土资源部中国地质调查局财务部. 地质调查项目概算标准（2017年5月）[S]. 北京：国土资源部中国地质调查局财务部，2017.

[3] 财政部，国土资源部. 财建〔2007〕52号 国土资源调查项目预算标准（地质调查部分）[S]. 北京：中国财政经济出版社，2007.

[4] 国家计划发展委员会，建设部. 工程勘察设计收费标准（2002年修订本）[S]. 北京：中国物价出版社，2002.

[5] 中国地质灾害防治工程行业协会团体标准. T/CAGHP 031—2018 地质灾害危险性评估及咨询评估预算标准（试行）. 北京：地质出版社，2018.

[6] 行业标准. DZ/T 0286—2015 地质灾害危险性评估规范[S]. 北京：地质出版社，2015.

[7] 吴宝和. 地质灾害防治工程造价现状及解决办法[J]. 地质灾害与环境保护，2011，22（4）：16-20.

[8] 四川省建设工程造价总站. 四川工程造价信息（2018年第4期）[M]. 成都：四川师范大学电子出版社，2018.

[9] 全国造价工程师执业资格考试培训教材编审委员会. 工程造价计价与控制[M]. 北京：中国计划出版社，2006.

[10] 吴宝和，邹嘉兴，罗晓灵，等. 四川省地质灾害防治工程造价编审中遇到的问题及思考[J]. 探矿工程（岩土钻掘工程），2013，40（7）：55-60.

[11] 汪旭光，于亚伦，刘殿中. 爆破安全规程实施手册[M]. 北京：人民交通出版社，2004.

[12] 水利部. 水利建筑工程预算定额、水利建筑工程概算定额、水利工程施工机械台时费定额、水利工程设计概（估）算编制规定[S]. 郑州：黄河水利出版社，2002.

[13] 行业标准. SL677—2014 水工混凝土施工规范[S]. 北京：中国水利水电出版社，2014.

[14] 吴宝和，石胜伟，白锋，等. 四川省地质灾害治理工程概（预）算标准使用现状及修订构想[J]. 探矿工程（岩土钻掘工程），2018，45（8）：116-122.

[15] 殷跃平，胡时友，石胜伟，等. 滑坡防治技术指南[M]. 北京：地质出版社，2018.

[16] 何洋，邵敏. 关于水利水电工程中灌浆超灌费用的处理[J]. 四川水力发电，2012，31（增刊）：52-55.

[17] 中国地质灾害防治工程行业协会团体标准. 危岩落石柔性防护网工程技术规范（送审稿）.

[18] 行业标准. JGJ 130—2011 建筑施工扣件式钢管脚手架安全技术规范[S]. 北京：中国建筑工业出版社，2011.

[19] 水电水利规划设计总院，中国电力企业联合会水电建设定额站. 水电建筑工程预算定额[S]. 北京：中国电力出版社，2005.

[20] 国家发展和改革委员会价格司，建设部质量安全与行业发展司. 工程勘察设计收费标准使用手册[M]. 北京：中国市场出版社，2005.

[21] 国家标准. GB 50021—2001 岩土工程勘察规范（2009版）[S]. 北京：中国建筑工业出版社，2009.

[22] 吕建祥，吴宝和，罗晓灵，等. 四川省地质灾害治理工程概（预）算标准（川财投〔2013〕145号）[S]. 成都：四川省国土资源厅，2013.

[23] 四川省国土资源厅，四川省财政厅. 四川省地质灾害综合防治体系建设项目和资金管理办法（川国土资发〔2017〕84号）. 成都：四川省国土资源厅，四川省财政厅.

[24] 水电水利规划设计总院. 水电工程安全监测系统专项投资编制细则[EB/OL]. https：//wenku.baidu.com/view/fd67e7ea998fcc22bcd10d40.html.

[25] 中国水利学会水利工程造价管理专业委员会. 水利工程造价[M]. 北京：中国计划出版社，2002.

[26] 国家标准. GB/T 32864—2016 滑坡防治工程勘查规范[S]. 北京：中国标准出版社，2016.

[27] 张世林，等. 下孟乡四马崩塌治理工程初步设计报告[R]. 成都：成都华建勘察工程公司，2012.

附 录

附录 1　危害对象等级划分

附表 1　危害对象等级划分表

危害等级		一级	二级	三级
危害对象	县城、集镇、安置点、聚居点、分散农户	威胁人数≥100人，直接经济损失≥500万元	威胁人数10~100人，直接经济损失 100 万~500 万元	威胁人数<10 人，直接经济损失<100 万元
	交通干线	一、二级铁路，高速公路及省级以上公路	三级铁路，县级公路	铁路支线，乡村公路
	水利水电	大型以上水库，重大水利水电工程	中型水库，省级重要水利水电工程	小型水库，县级水利水电工程

附录 2　地质条件复杂程度划分

附表 2　地质条件复杂程度划分表

等级	地质条件复杂	地质条件中等	地质条件简单
地形地貌	极高山、高山，相对高度>500 m，坡面坡度一般>25°的山地	中山、低山，相对高度200~500 m，坡面坡度一般>15°~25°的山地	高丘陵、低丘陵，坡面坡度一般<15°
地质构造	褶皱、断裂构造发育，新构造运动强烈，地震频发，地震烈度>Ⅶ度	褶皱、断裂构造较发育，新构造运动较强烈，地震较频发，Ⅴ度<地震烈度≤Ⅶ度	地质构造简单，新构造运动微弱，活动断裂不发育，地震少，地震烈度≤Ⅴ度
岩土体结构	层状碎屑岩体，层状碳酸盐岩夹碎屑岩体，片状变质岩体，碎裂状构造岩体，碎裂状风化岩体；淤泥类土、湿陷性黄土、膨胀土、冻土等特殊类土	层状碳酸盐岩体，层状变质岩体；粉土，黏性土	块状岩浆岩体；碎砾土，砂土
人类工程活动	大、中型水库，公路、铁路沿线边坡开挖量大，矿山开采活动强烈	小型水库，公路、铁路沿线边坡开挖量较大，矿山开采活动较强烈	无水库工程建设，公路、铁路沿线边坡开挖量小，矿山开采活动微弱

附录 3　地质灾害详细调查概算标准测算表

附表 3　地质灾害详细调查概算标准测算表

工作手段	工作量			单位预算标准（元）	费用（万元）	备注
	技术条件	计量单位	图幅工作量			
一、地形测绘					1.79	
数字地形图购置	2.5 万	幅	4.00	3 000.00	1.20	
1：5 万地质图数字化等	Ⅱ级	幅	1.00	5 881.00	0.59	
二、地质测量					132.86	
1：5 万工程地质调查	Ⅱ级草测	km²	420.00	537.81	22.59	
1：5 万地质灾害测量	Ⅱ级	km²	420.00	663.60	27.87	
1：1 万工程地质测量	Ⅱ级草测	km²	100.00	2 224.95	22.25	
1：2 000 灾害地质测量	Ⅱ级	km²	15.00	17 742.20	26.61	
1：2 000 地形测量	Ⅱ级	km²	3.00	32 802.00	9.84	
1：2 000 工程地质测量	Ⅱ级	km²	3.00	21 058.80	6.32	
1：500～2 000 地质剖面测量	Ⅱ级	km	15.00	11 587.80	17.38	
三、遥感					28.54	
遥感地质解译 1：5 万	Ⅱ级	km²	420.00	78.00	3.28	
遥感地质解译 1：1 万	Ⅱ级	km²	100.00	936.00	9.36	
无人机航测（DOM.DEM）	1：1 万	km²	100.00	1 800.00	14.40	
遥感数据购置 1：5 万	SPOT6	景	1.00	15 000.00	1.50	
四、物探					52.56	
电法	Ⅱ级	点	300.00	1 384.60	41.54	
地震	Ⅱ级	点	80.00	1 190.00	9.52	
综合测井		m	600.00	25.00	1.50	
五、钻探					53.31	
工程地质钻探					46.24	
工程地质钻探 0～30 m	V级	m	300.00	645.40	19.36	
工程地质钻探 0～50 m	V级	m	300.00	896.00	26.88	
原位测试					7.07	
标准贯入试验＞50 m	Ⅱ类	次	80.00	291.20	2.33	
静力触探＞20 m	Ⅱ类	m	110.00	268.80	2.96	
动力触探＞20 m	重型Ⅱ类	次	50.00	357.00	1.79	
六、山地工程					11.29	
槽探	土石方	m³	300.00	154.00	4.62	
浅井 0～10 m	风化岩层	m	50.00	1 334.20	6.67	

工作手段	工作量			单位预算	费用	备注
	技术条件	计量单位	图幅工作量	标准（元）	（万元）	
七、岩矿测试					26.00	
岩样		件	30.00	4 000.00	12.00	
土样		件	60.00	1 500.00	9.00	
地质事件测年	^{14}C 等	件	10.00	5 000.00	5.00	
八、其他地质工作					27.02	
工程点测量		点	21.00	2 240.00	4.70	
地质编录（钻探）		米	600.00	21.00	1.26	
地质编录（槽探）		米	150.00	14.00	0.21	
地质编录（浅井）		米	50.00	49.00	0.25	
采样（岩心样）		m	480.00	28.00	1.34	
岩心保管		m	480.00	21.00	1.01	
设计论证编写		份	1.00	37 500.00	3.75	
综合研究报告编写		份	1.00	75 000.00	7.50	
报告印刷		份	1.00	45 000.00	4.50	
数据库和信息系统建设		幅	1.00	25 000.00	2.50	
九、工地建筑					12.89	
十、专用仪器设备					36.26	
小计					382.50	系数 1.4
单价				元/km²	9 108.00	

备注：本表为地质灾害详细调查概算标准中表格。

附录4　四川省实施艰苦边远地区津贴范围和类别名单

（根据国人部〔2006〕61号、川人发〔2007〕8号文）

一类区（24个）

广元市：朝天区、旺苍县、青川县

泸州市：叙永县、古蔺县

宜宾市：筠连县、珙县、兴文县、屏山县

攀枝花市：东区、西区、仁和区、米易县

巴中市：通江县、南江县

达州市：万源市、宣汉县

雅安市：荥经县、石棉县、天全县

凉山彝族自治州：西昌市、德昌县、会理县、会东县

二类区：（13个）

绵阳市：北川羌族自治县、平武县

雅安市：汉源县、芦山县、宝兴县

阿坝藏族羌族自治州：汶川县、理县、茂县

凉山彝族自治州：宁南县、普格县、喜德县、冕宁县、越西县

三类区：（9个）

乐山市：金口河区、峨边彝族自治县、马边彝族自治县

攀枝花市：盐边县

阿坝藏族羌族自治州：九寨沟县

甘孜藏族自治州：泸定县

凉山彝族自治州：盐源县、甘洛县、雷波县

四类区：（20个）

阿坝藏族羌族自治州：马尔康县、松潘县、金川县、小金县、黑水县

甘孜藏族自治州：康定县、丹巴县、九龙县、道孚县、炉霍县、新龙县、德格县、白玉县、巴塘县、乡城县

凉山彝族自治州：布拖县、金阳县、昭觉县、美姑县、木里藏族自治县

五类区：（8个）

阿坝藏族羌族自治州：壤塘县、阿坝县、若尔盖县、红原县

甘孜藏族自治州：雅江县、甘孜县、稻城县、得荣县

六类区：（3个）

甘孜藏族自治州：石渠县、色达县、理塘县

附录5　艰苦边远地区津贴标准

附表5　艰苦边远地区津贴标准

（川人社发〔2013〕8号、人社部发〔2012〕78号）

单位：元/月

艰苦边远地区类别	一	二	三	四	五	六
平均数	140	240	390	650	1 100	1 800
文件依据	人社部发〔2012〕78号					
实施时间	2012年10月1日					

附录6　一般工程土类分级表

附表6　一般工程土类分级表

土质级别	土质名称	自然湿容重（kg/m³）	外形特征	开挖方法
I	1.砂土 2.种植土	1 650～1 750	疏松,黏着力差或易透水,略有黏性	用锹或略加脚踩开挖

土质级别	土质名称	自然湿容重（kg/m³）	外形特征	开挖方法
II	1. 壤土 2. 淤泥 3. 含壤种植土	1 750～1 850	开挖时能成块，并易打碎	用锹或略加脚踩开挖
III	1. 黏土 2. 干燥黄土 3. 干淤泥 4. 含少量砾石黏土	1 800～1 950	黏手，看不见砂粒或干硬	用镐、三齿耙开挖或用锹需用力加脚踩开挖
IV	1. 坚硬黏土 2. 砾质黏土 3. 含卵石黏土	1 900～2 100	土壤结构坚硬，将土分裂后成块状或含黏粒砾石较多	用镐、三齿耙工具开挖

附录 7　岩石类别分级表

附表 7　岩石类别分级表

岩石级别	岩石名称	实体岩石自然湿度时的平均容重（kg/m³）	净占时间（min/m）			极限抗压强度（kg/cm²）	强度系数 f
			用直径30 mm合金钻头，凿岩机打眼（工作气压为4.5气压）	用直径30 mm淬火钻头，凿岩机打眼（工作气压为4.5气压）	用直径25 mm钻杆，人工单人打眼		
1	2	3	4	5	6	7	8
V	1. 砂藻土及软的白垩岩 2. 硬的石炭纪的黏土 3. 胶结不紧的砾岩 4. 各种不坚实的页岩	1 500 1 950 1 900～2 200 2 000		≤3.5	≤30	≤200	1.5～2
VI	1. 软的有孔隙的节理多的石灰岩及贝壳石灰岩 2. 密实的白垩 3. 中等坚实的页岩 4. 中等坚实的泥灰岩	2 200 2 600 2 700 2 300		4 （3.5～4.5）	45 （30～60）	200～400	2～4
VII	1. 水成岩卵石经石灰质胶结而成的砾石 2. 风化的节理多的黏土质砂岩 3. 坚硬的泥质页岩 4. 坚实的泥灰岩	2 200 2 200 2 800 2 500		6 （4.5～7）	78 （61～95）	400～600	4～6

岩石级别	岩石名称	实体岩石自然湿度时的平均容重（kg/m³）	净占时间（min/m）			极限抗压强度（kg/cm²）	强度系数 f
			用直径30 mm合金钻头，凿岩机打眼（工作气压为4.5气压）	用直径30 mm淬火钻头，凿岩机打眼（工作气压为4.5气压）	用直径25 mm钻杆，人工单人打眼		
VIII	1. 角砾状花岗岩	2 300	6.8（5.7~7.7）	8.5（7.1~10）	115（96~135）	600~800	6~8
	2. 泥灰质石灰岩	2 300					
	3. 黏土质砂岩	2 200					
	4. 云母页岩及砂质页岩	2 300					
	5. 硬石膏	2 900					
IX	1. 软的有风化较甚的花岗岩、片麻岩及正常岩	2 500	8.5（7.8~9.2）	11.5（10.1~13）	157（136~175）	800~1 000	8~10
	2. 滑石质的蛇纹岩	2 400					
	3. 密实的石灰岩	2 500					
	4. 水成岩卵石经硅质胶结的砾岩	2 500					
	5. 砂岩	2 500					
	6. 砂质石灰质的页岩	2 500					
X	1. 白云岩	2 700	10（9.3~10.8）	15（13.1~17）	195（176~215）	1 000~1 200	10~12
	2. 坚实的石灰岩	2 700					
	3. 大理石	2 700					
	4. 石灰质胶结的致密的砂岩	2 600					
	5. 坚硬的砂质页岩	2 600					
XI	1. 粗粒花岗岩	2 800	11.2（10.9~11.5）	18.5（17.1~20）	240（216~260）	1 200~1 400	12~14
	2. 特别坚实的白云岩	2 900					
	3. 蛇纹岩	2 600					
	4. 火成岩卵石经石灰质胶结的砾岩	2 800					
	5. 石灰质胶结的坚实的砂岩	2 700					
	6. 粗粒正长岩	2 700					
XII	1. 有风化痕迹的安山岩及玄武岩	2 700	12.2（11.6~13.3）	22（20.1~25）	290（261~320）	1 400~1 600	14~16
	2. 片麻岩、粗面岩	2 600					
	3. 特别坚实的石灰岩	2 900					
	4. 火成岩卵石经硅质胶结的砾岩	2 600					

续表

岩石级别	岩石名称	实体岩石自然湿度时的平均容重（kg/m³）	净占时间（min/m）			极限抗压强度（kg/cm²）	强度系数 f
			用直径30 mm合金钻头，凿岩机打眼（工作气压为4.5气压）	用直径30 mm淬火钻头，凿岩机打眼（工作气压为4.5气压）	用直径25 mm钻杆，人工单人打眼		
ⅩⅢ	1. 中粒花岗岩 2. 坚实的片麻岩 3. 辉绿岩 4. 玢岩 5. 坚实的粗面岩 6. 中粒正常岩	3 100 2 800 2 700 2 500 2 800 2 800	14.1 （13.4~14.8）	27.5 （25.1~30）	360 （321~400）	1 600~1 800	16~18
ⅪⅩ	1. 特别坚实的细粒花岗岩 2. 花岗片麻岩 3. 闪长岩 4. 最坚实的石灰岩 5. 坚实的玢岩	3 300 2 900 2 900 3 100 2 700	15.5 （14.9~18.2）	32.5 （30.1~40）		1 800~2 000	18~20
ⅩⅤ	1. 安山岩、玄武岩、坚实的角闪岩 2. 最坚实的辉绿岩及闪长岩 3. 坚实的辉长岩及石英岩	3 100 2 900 2 800	20 （18.3~24）	46 （40.1~60）		2 000~2 500	20~25
ⅩⅥ	1. 钙钠长石质橄榄石质玄武岩 2. 特别坚实的辉长岩、辉绿岩、石英岩及玢岩	3 300 3 000	>24	>60		>2 500	>25

附录8　四川省特大型地质灾害治理工程项目施工图设计变更类型划分

四川省特大型地质灾害治理工程项目施工图设计变更分为Ⅰ类设计变更和Ⅱ类设计变更两种类型。

附8.1　Ⅰ类设计变更

Ⅰ类设计变更是指对批复的施工图设计的技术方案进行重大设计修改和对核定投资作较大调整的变更。同时具备下列技术方案变更情形之一和工程投资变更情况的属于Ⅰ类设计变更：

1. **技术方案变更**

（1）工程类型、结构和数量的调整：因施工揭露地质条件或环境条件变化而引起的治理工程主体结构或尺寸的调整，且超过原设计工况受力条件，对工程结构的安全性需要重新复核论证的。

（2）工程位置调整：因施工揭露地质条件或环境条件变化，为确保治理效果需要从治理思路上对治理工程位置作较大调整的。

（3）工程防护范围的调整：因保护对象的变化而引起的工程防护范围的调整。

（4）工程治理范围的调整：在原勘查工作范围内，因治理灾害体的变化而引起的工程治理范围的调整。

2. 工程投资变更

工程投资变更是指一个变更项目增减经费比例大于经财政部门核定的治理工程预算建安工程费的10%（含10%）或增减费用大于30万元（含30万元）的变更。

附8.2　Ⅱ类设计变更

Ⅱ类设计变更是指除Ⅰ类设计变更之外对批复的施工图设计工程进行局部轻微的设计修改的行为或工程投资增减额度较小的变更。Ⅱ类设计变更按照技术方案和工程投资变更幅度不同，划分为Ⅱ-1和Ⅱ-2类设计变更。

1. Ⅱ-1类设计变更

Ⅱ-1类设计变更是指技术方案变更情形符合Ⅰ类设计变更条件，且一个变更项目增减经费比例小于经财政部门核定的治理工程预算建安工程费的10%或增减费用小于30万元的变更。

2. Ⅱ-2类设计变更

Ⅱ-2类设计变更是指除Ⅰ类和Ⅱ-1类设计变更以外的其他设计变更情形，主要是指：

（1）因征地拆迁协调困难或其他工程已占用拟建治理工程位置，地质灾害治理工程的构筑物局部位置移动避让，移动距离较小且不影响或降低工程治理效果的。

（2）抗滑工程埋深根据开挖揭露的滑动面位置适当增减，且经复核满足治理要求的。

（3）排水沟在实施中，遵循顺应地形和有利于汇水排水的原则，对其走向、长度、断面进行的局部调整，在过乡村道路处增设简易排水管涵。

（4）针对危岩清除、滚石清理、凹腔封填、裂缝充填等，据实际地形地质条件情况，本着消除地质灾害隐患、保障安全施工的原则，动态设计调整处置范围而增减的工程数量。

（5）构筑物基础开挖后，对局部不能满足设计要求的软弱地基采取地基土置换或加固处理而增加的工程量。

（6）构筑物基础开挖后，因地基较原勘查标示的地质条件明显好，经优化设计减少构筑物埋深而减少的工程量。

（7）增加与治理工程有关的人性化辅助设施，如阶梯、护栏、人行便桥、绿化、工程竣工碑或标牌等少量工程。

（9）结合工程特性对检验工程治理效果的监测点位进行的必要调整。

（8）其他不影响工程治理效果或不降低工程治理效果的局部设计调整。

附录9 地质勘查单位固定资产分类折旧年限表

附表9 地质勘查单位固定资产分类折旧年限表

类别	折旧年限
一、勘探专用设备	
1．陆地钻探设备	5～8年
2．坑探设备	3～8年
3．物探设备	3～8年
4．物探船舶	8～15年
二、起重运输设备	
1．起重设备	8～15年
2．重型汽车及拖挂	8～10年
3．轻型汽车	8～12年
4．工程作业车	8～12年
5．拖拉机及推土机	6～8年
7．运输船及辅助	8～18年
三、通用生产设备	
1．金属切削机床	10～12年
2．锻压铸造设备	8～12年
3．维修设备	8～12年
4．动力设备	6～8年
5．自动化控制及仪器仪表	8～12年
其中：大型计算机	8～12年
一般计算机	4～10年
6．试验设备	5～12年
7．其他生产设备	8～10年
四、传导设备	8～10年
五、行政生活设备	
1．行政设备	8～12年
2．生活设备	8～12年
3．医疗卫生设备	7～10年
4．文件宣传设备	8～10年
六、房屋及建筑物	
1．房屋	25～40年
2．建筑物	15～25年

附录 10 地质灾害详细调查项目结算

附表 10　地质矿产调查评价工作项目按工作手段预算表

序号	工作手段	工作量			预算标准				预算（万元）	说明
		技术条件	计量单位	工作量	基本标准	技术调整系数	地区调整系数	单位预算标准（元）		
一	地形测绘								16.23	
	1:2 000 地形测量	Ⅲ、草测	km²	8.20	23 430.00	0.65	1.30	19 798.35	16.23	拟治理点
二	地质测量								126.36	
	1:50 000 地质灾害测量（正测）	Ⅱ	km²	567.00	474.00	1.00	1.30	616.20	34.94	重点调查区
	1:50 000 地质灾害测量（草测）	Ⅱ	km²	1 134.00	474.00	0.65	1.30	400.53	45.42	一般调查区
	1:10 000 地质灾害测量（正测）	Ⅱ	km²	85.00	1 934.00	0.77	1.30	1 935.93	16.46	重点场点
	1:2 000 地质灾害测量（正测）	Ⅱ	km²	8.20	12 673.00	1.00	1.30	16 474.90	13.51	拟治理点
	1:2 000 工程地质测量（正测）	Ⅱ	km²	8.20	15 042.00	1.00	1.30	19 554.60	16.03	拟治理点
三	物探								0.00	
四	化探									
五	遥感								40.75	
	50 000 遥感地质解译（1:50 000 遥感信息提取）	Spot 10 m	km²	3 780.00	8.50	1.00	1.00	8.50	3.21	重点调查区、一般调查区
	10 000 遥感地质解译（1:10 000 遥感信息提取）	Spot 2.5 m	km²	85.00	11.50	1.00	1.00	11.50	0.10	重点场点
	50 000 遥感地质解译（1:50 000）	Ⅱ	km²	3 780.00	78.00	1.00	1.00	78.00	29.48	重点调查区、概查区
	10 000 遥感地质解译（1:10 000）	Ⅱ	km²	85.00	936.00	1.00	1.00	936.00	7.96	重点场镇

续表

序号	工作手段	工作量			预算标准				预算（万元）	说明
		技术条件	计量单位	工作量	基本标准	技术调整系数	地区调整系数	单位预算标准（元）		
六	钻探								17.92	拟治理点
	0~10	II	m	455.00	119.00	1.00	1.30	154.70	7.04	
	0~10	IV	m	35.00	201.00	1.00	1.30	261.30	0.91	
	0~20	IV	m	303.00	253.00	1.00	1.30	328.90	9.97	
七	坑探								8.83	拟治理点
八	浅探		m	113.40	599.00	1.00	1.30	778.70	8.83	拟治理点
	0~5	土质层								
九	槽探		m³						1.10	
	0~1.5	土方	m³	50.00	54.00	1.00	1.30	70.20	0.35	
	0~1.5	土石方	m³	45.00	83.00	1.00	1.30	107.90	0.49	
	0~3	土石方	m³	18.40	110.00	1.00	1.30	143.00	0.26	
十	岩矿试验								5.05	拟治理点
（一）	土工试验								1.36	
	含水量		件	36.00	65.00	1.00	1.00	65.00	0.23	
	压缩、抗剪、容重		件	36.00	216.00	1.00	1.00	216.00	0.78	
	液限		件	36.00	22.00	1.00	1.00	22.00	0.08	
	塑限		件	36.00	33.00	1.00	1.00	33.00	0.12	
	压缩系数		件	36.00	43.00	1.00	1.00	43.00	0.15	
（二）	岩石试验								3.39	拟治理点
	抗压强度（风干）		件	36.00	65.00	1.00	1.00	65.00	0.23	
	抗压强度（饱和）		件	36.00	87.00	1.00	1.00	87.00	0.31	
	块体密度		件	36.00	87.00	1.00	1.00	87.00	0.31	
	抗剪断强度（风干）		件	36.00	43.00	1.00	1.00	43.00	0.15	
	吸水率		件	36.00	87.00	1.00	1.00	87.00	0.31	

续表

序号	工作手段	技术条件	计量单位	工作量	基本标准	技术调整系数	地区调整系数	单位预算标准(元)	预算(万元)	说明
(二)	含水率		件	36.00	65.00	1.00	1.00	65.00	0.23	
	弹模(风干)		件	36.00	43.00	1.00	1.00	43.00	0.15	
	岩石孔隙度		件	36.00	473.00	1.00	1.00	473.00	1.70	
(三)	水质分析		样	12.00	250.00	1.00	1.00	250.00	0.30	拟治理点
	水质简分析		样	12.00	250.00	1.00	1.00	250.00	0.30	
十一	其他地质工作								23.25	
	工程地质测量	其他钻探	点	42.00	1 600.00	1.00	1.30	2 080.00	8.74	钻探井口
	地质点编录	浅井	m	793.00	15.00	1.00	1.30	19.50	1.55	
	地质简编录	槽探	m	113.40	35.00	1.00	1.30	45.50	0.52	
	采岩心保管	岩心样	m	28.35	10.00	1.00	1.30	13.00	0.04	
	岩矿心心样		m	634.40	20.00	1.00	1.30	26.00	1.65	岩心样
			m	634.40	15.00	1.00	1.30	19.50	1.24	
(一)	设计论证编写(区域水工环调查)		份	1	37 500.00	1.00	1.00	37 500.00	3.75	按37 500元/份计算
	综合研究及编写报告(区域水工环调查)		份	1	100 000.00	1.00	1.00	100 000.00	10.00	按100 000元/份计算
	报告印刷出版(区域水工环调查)		份	1	45 000.00	1.00	1.00	45 000.00	4.50	按45 000元/份计算
十二	工地建筑								9.21	不超过野外工作费之和的5%
十三	设备使用和购置费								1.08	
十四	应缴税金								16.78	税率6.72%, 计算基数前十三项之和
	合计								266.56	

附录 11　崩塌治理工程概算编制综合案例计算表

附表 11.1　总概算表

单位：元

序号	工程或费用名称	建安工程费	独立费用	合计	占一至五部分的百分率
Ⅰ	第一部分主体建筑工程	3 325 479.46		3 325 479.46	70.91%
Ⅱ	第二部分施工临时工程	233 392.12		233 392.12	4.98%
Ⅲ	第三部独立费		1 130 627.73	1 130 627.73	24.11%
	一至三部分投资合计	3 558 871.58	1 130 627.73	4 689 499.31	
	基本预备费			375 159.94	
	静态总投资			5 064 659.25	
	价差预备费				
	总投资			5 064 659.25	

附表 11.2　主体建筑工程概算表

序号	工程或费用名称	单位	数量	单价（元）	合价（元）
	第一部分 主体建筑工程				3 325 479.46
1	拦石墙				1 312 216.48
1.1	M7.5 浆砌块石	m³	1 922.60	420.48	808 414.85
1.2	开挖土方	m³	575.46	35.05	20 169.87
1.3	土石方回填	m³	120	30.86	3 703.20
1.4	缓冲层袋装土回填	m³	1 587.28	153.03	242 901.46
1.5	场外借土	m³	931.82	32.56	30 340.06
1.6	伸缩缝	m²	128.17	177.29	22 723.26
1.7	M7.5 浆砌块石护坡	m³	428.82	429.00	183 963.78
2	拦石网				937 704.13
2.1	RXI-150 型柔性被动防护网	m²	552	1 663.07	918 014.64
2.2	土方开挖	m³	15	32.84	492.60
2.3	C25 混凝土基础	m³	15	721.45	10 821.75
2.4	基础钢筋	t	1.12	7 477.80	8 375.14
3	主动网				1 004 120.55
3.1	主动网（危岩 4 区，含系统锚杆）	m²	3 500	222.56	778 960.00
3.2	主动网（危岩 1 区，不含系统锚杆）	m²	585	206.22	120 638.70
3.3	脚手架	m²	840	35.90	30 156.00
3.4	锚杆（7m）	根	65	1 144.09	74 365.85
4	清危及坡面修整				71 438.30
4.1	坡面清危	m³	200	303.93	60 786.00
4.2	土石方运输	m³	200	51.98	10 396.00
4.3	裂缝夯填	m³	5	51.26	256.30

附表 11.3　施工临时工程概算表

序号	工程项目及名称	单位	数量	单价（元）	合价（元）
	第二部分　施工临时工程				233 392.12
1	施工交通工程				
1.1	施工便道	km	0.3		
2	施工供电工程				23 442.36
2.1	380 V 供电线路	km	0.5	46 884.71	23 442.36
3	房屋建筑工程				154 350.75
3.1	仓库	m²	200	510.87	102 174.00
3.3	办公生活及文化福利建筑		1.5%	3 478 449.82	52 176.75
4	其他临时工程				28 245.01
4.2	其他临时工程		0.8%	3 530 626.57	28 245.01
5	沙袋竹跳板围护				27 354.00
5.1	沙袋竹跳板围护	m²	600	45.59	27 354.00

附表 11.4　独立费用概算表

序号	费用名称	公式	总价（元）
F1	一、建设管理费	F11+F12+F13+F14	361 154.37
F11	1. 项目建设管理费	F111+F112+F113	112 297.27
F111	（1）建设单位管理费	max（5 000，（FZ×2%））	90 944.04
F112	（2）工程验收费	max（建安费合计×验收费费率，2000）	21 353.23
F113	（3）勘查、可行性研究、初步设计、施工图审查费		
F12	2. 造价咨询费	F121+F122+F123	37 996.09
F121	（1）清单、控制价编制费		
F122	（2）清单、控制价审核费	max{3 000，[（100×3.6/1 000+（建安费合计/10 000−100）×3.4/1 000]}	15 375.20
F123	（3）竣工结算审核费	max{3 000，[（100×5/1 000+（建安费合计/10 000−100）×4.8/1 000]}	22 620.89
F13	3. 招标代理服务费	F131＋F132＋F133＋F134＋F135	36 801.82
F131	（1）勘查、可行性研究、初步设计招标（比选）服务费		
F132	（2）施工图设计招标（比选）服务费		
F133	（3）工程施工招标（比选）服务费	100×1%+（建安费合计/10 000−100）×0.7%	27 912.10

续表

序号	费用名称	公式	总价（元）
F134	（4）监理单位比选服务费	0×（F14/10 000×1.5%）	
F135	（5）勘查、可行性研究、初步设计及施设招标服务费	（F222+F223）/10 000×1.5%	8 889.72
F14	4. 工程建设监理费	F141+F142+F143	174 125.59
F141	（1）勘查监理费		
F142	（2）设计监理费		
F143	（3）工程施工监理费		174 125.59
F2	二、科研勘查设计费	F21+F22	595 339.06
F21	1. 工程科学研究试验费	建安费合计×试验费费率	7 117.74
F22	2. 工程勘查设计费	F221+F222+F223	588 221.32
F221	（1）勘查设计方案编制费		
F222	（2）勘查费	253 481.75	253 481.75
F223	（3）设计费	F2231+F2232	334 739.57
F2231	① 可行性研究和初步设计费	F22311+F22312+F22313	194 649.55
F22311	a. 设计费		174 355.19
F22312	b. 技术审查费	建安费合计/10 000×0.5%	17 794.36
F22313	c. 经济审查费	2 500	2 500.00
F2232	② 施工图设计费	F22321+F22322+F22323	140 090.02
F22321	a. 设计费		116 236.79
F22322	b. 技术审查费	建安费合计/10 000×0.6%	21 353.23
F22323	c. 经济审查费	2 500	2 500.00
F3	三、工程占地补偿费	30 000	30 000.00
F4	四、环境保护及水土保持费	建安费合计×环境保护及水土保持费率	35 588.72
F5	五、其他	F51+F52+F53	108 545.58
F51	1. 工程保险费	建安费合计×保险费费率	16 014.92
F52	2. 工程质量检测费	建安费合计×检测费费率	21 353.23
F53	3. 监测费	建安费合计×监测费费率	71 177.43
合计			1 130 627.73

附表11.5　勘查设计费计算表

序号	项目	技术条件	单位	工作量	取费基价（元）	阶段调整系数	实物工作系数调整	气温调整系数	高程调整系数	预算额（元）	备注
一	工程勘查取费基准价									245 481.75	
（一）	工程测量				114 036.10					114 036.09	
1.1	地面测量				95 030.08					95 030.08	
	控制测量　GPS测量　E级	复杂，不靠标	点	3.00	6 543.83	1.00	0.60	1.00	1.10	13 742.04	
	地形测量　一般地区　比例尺1:200	复杂，绘制1:200大样图	km²	0.01	323 485.00	1.00	1.60	1.00	1.10	5 499.25	
	地形测量　一般地区　比例尺1:500	复杂	km²	0.40	147 039.00	1.00	1.00	1.00	1.10	64 697.16	
	断面测量　水平比例1:200	复杂	km	1.30	4 101.00	1.00	1.00	1.00	1.10	5 864.43	
	断面测量　水平比例1:500	复杂	km	1.50	3 168.00	1.00	1.00	1.00	1.10	5 227.20	
1.2	工程测量技术工作费			20.00 %	95 030.08					19 006.02	
	工程测量费用小计									114 036.09	
（二）	工程勘查									119 589.85	
2.1	工程地质测绘	复杂，工程地质测绘与地质测绘同时进行	km²	0.01	75 735.00	1.00	1.50	1.00	1.10	25 447.66	
	工程地质测绘　成图比例1:200									1 211.76	
	工程地质测绘　成图比例1:500	复杂，工程地质测绘与地质测绘同时进行	km²	0.40	37 868.60	1.00	1.50	1.00	1.10	24 235.90	
2.2	岩土工程勘探与原位测试									31 847.26	
2.2.1	工程勘探									29 108.26	
2.2.1.1	钻探									24 982.80	
2.2.1.1.1	ZK1									8 098.80	
	钻探　D≤10	II，跟管钻进	m	4.50	106.50	1.00	1.50	1.00	1.10	766.80	

续表

序号	项目	技术条件	单位	工作量	取费基价（元）	阶段调整系数	实物工作调整系数	气温调整系数	高程调整系数	预算额（元）	备注
	钻探 $D \leq 10$	VI，跟管钻进	m	5.50	573.00	1.00	1.50	1.00	1.10	5 042.40	
	钻探 $10 < D \leq 20$	VI，跟管钻进	m	2.00	715.50	1.00	1.50	1.00	1.10	2 289.60	
2.2.1.1.2	ZK2									11 533.20	
	钻探 $D \leq 10$	II，跟管钻进	m	4.50	106.50	1.00	1.50	1.00	1.10	766.80	
	钻探 $D \leq 10$	VI，跟管钻进	m	5.50	573.00	1.00	1.50	1.00	1.10	5 042.40	
	钻探 $10 < D \leq 20$	VI，跟管钻进	m	5.00	715.50	1.00	1.50	1.00	1.10	5 724.00	
2.2.1.1.3	ZK3									5 350.80	
	钻探 $D \leq 10$	II，跟管钻进	m	4.50	106.50	1.00	1.50	1.00	1.10	766.80	
	钻探 $D \leq 10$	VI，跟管钻进	m	5.00	573.00	1.00	1.50	1.00	1.10	4 584.00	
2.2.1.2	槽探									4 125.46	
2.2.1.2.1	TC1									1 375.15	
	槽探 $D \leq 2$	II	m³	2.44	52.00	1.00	1.00	1.00	1.10	139.57	
	槽探 $D \leq 2$	VI	m³	5.12	148.00	1.00	1.00	1.00	1.10	833.54	
	槽探 $D > 2$	VI	m³	1.70	215.00	1.00	1.00	1.00	1.10	402.05	
2.2.1.2.2	TC2									1 375.15	
	槽探 $D \leq 2$	II	m³	2.44	52.00	1.00	1.00	1.00	1.10	139.57	
	槽探 $D \leq 2$	VI	m³	5.12	148.00	1.00	1.00	1.00	1.10	833.54	
	槽探 $D > 2$	VI	m³	1.70	215.00	1.00	1.00	1.00	1.10	402.05	
2.2.1.2.3	TC3									1 375.15	
	槽探 $D \leq 2$	II	m³	2.44	52.00	1.00	1.00	1.00	1.10	139.57	
	槽探 $D \leq 2$	VI	m³	5.12	148.00	1.00	1.00	1.00	1.10	833.54	
	槽探 $D > 2$	VI	m³	1.70	215.00	1.00	1.00	1.00	1.10	402.05	
2.2.2	取土、水、石试样									2 739.00	
	取土 探井取土	取样深度 $D \leq 30$ m	件	6.00	300.00	1.00	1.00	1.00	1.10	1 980.00	

续表

序号	项目	技术条件	单位	工作量	取费基价（元）	阶段调整系数	实物工作调整系数	气温调整系数	高程调整系数	预算额（元）	备注
	取石 取岩芯样		件	6.00	375.00	1.00	1.00	1.00	1.10	495.00	
2.3	取水 D<□		件	2.00	120.00	1.00	1.00	1.00	1.10	264.00	
	其他测量				2 500.00	1.00	1.00	1.00	1.00	2 500.00	
2.4	定点测量 各种勘探点		组日	1.00	2 500.00	1.00	1.00	1.00	1.00	2 500.00	
	工程勘查技术工作费 甲级			100.00%	59 794.93	1.00	1.00	1.00	1.00	59 794.93	
	工程勘查费用小计									119 589.85	
（三）	室内试验									11 855.80	
3.1	土工试验									5 166.00	
	含水率 ω>5		项	6.00	14.00	1.00	1.00	1.00	1.00	84.00	
	密度 蜡封法		项	6.00	24.00	1.00	1.00	1.00	1.00	144.00	
	比重 D<□		项	6.00	24.00	1.00	1.00	1.00	1.00	144.00	
	液限 圆锥仪法		项	6.00	15.00	1.00	1.00	1.00	1.00	90.00	
	塑限		项	6.00	30.00	1.00	1.00	1.00	1.00	180.00	
	压缩 慢速法		项	6.00	116.00	1.00	1.00	1.00	1.00	696.00	
	饱和 D=10		项	6.00	24.00	1.00	1.00	1.00	1.00	144.00	
	容水度		项	6.00	144.00	1.00	1.00	1.00	1.00	864.00	
	给水度 0<D<50		项	6.00	144.00	1.00	1.00	1.00	1.00	864.00	
	持水度 D=10		项	6.00	144.00	1.00	1.00	1.00	1.00	864.00	
	直接剪切 快剪		组	6.00	49.00	1.00	1.00	1.00	1.00	294.00	
	反复直剪强度		组	6.00	133.00	1.00	1.00	1.00	1.00	798.00	
3.2	岩石试验									5 172.00	
3.2.1	岩样加工									1 890.00	
	机切磨规格（mm）50×50×50		块	54.00	35.00	1.00	1.00	1.00	1.00	1 890.00	
3.2.2	岩石物理力学试验									3 282.00	

续表

序号	项目	技术条件	单位	工作量	取费基价（元）	阶段调整系数	实物工作系数	气温调整系数	高程调整系数	预算额（元）	备注
	含水率		项	6.00	24.00	1.00	1.00	1.00	1.00	144.00	
	饱和吸水率 天然		组	6.00	117.00	1.00	1.00	1.00	1.00	702.00	
	单轴抗压强度 天然		组	6.00	47.00	1.00	1.00	1.00	1.00	282.00	
	单轴抗压强度 饱和		组	6.00	70.00	1.00	1.00	1.00	1.00	420.00	
	直剪 结构面		组	6.00	289.00	1.00	1.00	1.00	1.00	1 734.00	
3.3	水质分析									440.00	
	水质简分析		件	2.00	220.00	1.00	1.00	1.00	1.00	440.00	
3.4	室内试验技术工作费			10.00%	10 778.00					1 077.80	
	室内试验费用小计									11 855.80	
二	工程勘查取费基准价以外列支费用									8 000.00	
1	接通电源水源费用		项	1.00	3 000.00					3 000.00	
2	钻机等大型机具搬运费		项	1.00	5 000.00					5 000.00	
三	勘查费小计									25 3481.75	一十三
四	可行性研究、初步设计、施工图设计及相应审查费			建筑工程费	工程设计收费基价	所占比例				334 739.57	
4.1	可行性研究及相应审查费		元	3 558 871.58	150 606.28					194 649.55	
	可行性研究		元	3 558 871.58	290 591.98	30%				87 177.59	
	初步设计		元	3 558 871.58	290 591.98	30%				87 177.59	
	技术审查		元	3 558 871.58	0.50%					17 794.36	
	经济审查		元		2 500.00					2 500.00	
4.2	施工图设计及相应审查费		元							140 090.02	
	施工图设计		元	3 558 871.58	290 591.98	40%				116 236.79	
	技术审查		元	3 558 871.58	0.60%					21 353.23	
	经济审查		元		2 500.00					2 500.00	
五	勘查设计费合计									588 221.32	三十四

附录 12　多面体的体积和表面积

附表 12　多面体的体积和表面积

图形		尺寸符号	体积（V）、底面积（F）、表面积（S）、侧表面积（S_1）
立方体		a—棱长； d—对角线长； S—表面积； S_1—侧表面积	$V = a^3$ $S = 6a^2$ $S_1 = 4a^2$
长方体（棱柱）		a, b, h—边长； O—底面对角线的交点	$V = a \times b \times h$ $S = 2(a \times b + a \times h + b \times h)$ $S_1 = 2h(a+b)$ $d = \sqrt{a^2 + b^2 + h^2}$
三棱柱		a, b, h—边长； h—高； F—底面积； O—底面中线的交点	$V = F \times h$ $S = (a+b+c) \times h + 2F$ $S_1 = (a+b+c) \times h$
棱锥		f—一个组合三角形的面积； n—组合三角形的个数； O—锥底各对角线交点	$V = \dfrac{1}{3}F \times h$ $S = n \times f + F$ $S_1 = n \times f$
棱台		F_1, F_2—两平行底面的面积； h—底面间距离； a—一个组合梯形的面积； n—组合梯形数	$V = \dfrac{1}{3}h(F_1 + F_2 + \sqrt{F_1 F_2})$ $S = an + F_1 + F$ $S_1 = an$
圆柱和空心圆柱		R—外半径； r—内半径； t—柱壁厚度； R_p—平均半径； S_1—内外侧面积	圆柱： $V = \pi R^2 \times h$ $S = 2\pi R \times h + 2\pi R^2$ $S_1 = 2\pi R \times h$ 空心直圆柱： $V = \pi h(R^2 - r^2) = 2\pi R_p th$ $S = 2\pi(R+r)h + 2\pi(R^2 - r^2)$ $S_1 = 2\pi h(R+r)$
梯形体		a, b—下底边长； a_1, b_1—上底边长； h—上、下底边距离（高）	$V = \dfrac{h}{6}\left[(2a + a_1)b + (2a_1 + a)b_1\right]$ $= \dfrac{h}{6}\left[ab + (a + a_1)(b + b_1) + a_1 b_1\right]$

续表

图形	尺寸符号	体积（V）、底面积（F）、表面积（S）、侧表面积（S_1）
圆台	R，r—底面半径； h—高； l—母线	$V = \dfrac{\pi h}{3} \times (R^2 + r^2 + Rr)$ $S_1 = \pi l \times (R + r)$ $l = \sqrt{(R-r)^2 + h^2}$ $S = S_1 + \pi(R^2 + r^2)$

附录 13　常用图形求面积公式

附表 13　常用图形求面积公式

图形	尺寸符号	面积（F）、表面积（S）
正方形	a—边长； b—对角线长	$F = a^2$ $a = \sqrt{F} = 0.77d$ $d = 1.414a = 1.414\sqrt{F}$
长方形	a—短边； b—长边； d—对角线	$F = a \times b$ $d = \sqrt{a^2 + b^2}$
三角形	h—高； l—$\dfrac{1}{2}$周长； a，b，c—对应角 A，B，C 的边长	$F = \dfrac{bh}{2} = \dfrac{1}{2}ab\sin C$ $l = \dfrac{a+b+c}{2}$
平行四边形	a，b—棱边； h—对边间的距离	$F = b \times h = a \times b\sin\alpha$ $= \dfrac{AC \times BD}{2}\sin\beta$
梯形	$CE=AB$； $AF=CD$； $a=CD$（上底边）； $b=AB$（下底边）； h—高	$F = \dfrac{a+b}{2} \times h$
圆形	r—半径； d—直径； p—圆周长	$F = \pi r^2 = \dfrac{1}{4}\pi d^2$ $= 0.785d^2 = 0.07958p^2$ $p = \pi d$

图形	尺寸符号	面积（F）、表面积（S）
扇形	r—半径； s—弧长； α—弧 s 的对应中心角	$F = \dfrac{1}{2}r \times s = \dfrac{\alpha}{360°}\pi r^2$ $s = \dfrac{\alpha\pi}{180°}r$
弓形	r—半径； s—弧长； a—中心角； b—弦长； h—高	$F = \dfrac{1}{2}r^2(\dfrac{\alpha\pi}{180°} - \sin\alpha)$ $s = r \times \alpha \times \dfrac{\pi}{180°} = 0.017\,5r \times \alpha$
圆环	R—外半径； r—内半径； D—外直径； d—内直径； t—环宽； D_{pj}—平均直径	$F = \pi(R^2 - r^2)$ $= \dfrac{\pi}{4}(D^2 - d^2) = \pi D_{pj} \times t$
部分圆环	R—外半径； r—内半径； D—外直径； d—内直径； t—环宽； R_{pj}—圆环平均直径	$F = \dfrac{\alpha\pi}{360°}(R^2 - r^2)$ $= \dfrac{\alpha\pi}{180°}R_{pj} \times t$

附录 14　方格网计算土石方

附表 14　方格网计算土石方表

项目	图式	计算公式
一点填方或挖方（三角形）		$V = \dfrac{1}{2}bc\dfrac{h_3}{3} = \dfrac{bch_3}{6}$ 当 $b = a = c$时，$V = \dfrac{a^2h_3}{6}$
两点填方或挖方（梯形）		$V_+ = \dfrac{b+c}{2}a\dfrac{(h_1+h_3)}{4} = \dfrac{a}{8}(b+c)(h_1+h_3)$ $V_- = \dfrac{d+e}{2}a\dfrac{(h_2+h_4)}{4} = \dfrac{a}{8}(d+e)(h_2+h_4)$

项目	图式	计算公式
三点填方或挖方（五角形）		$V = \left(a^2 - \dfrac{bc}{2}\right)\dfrac{h_1 + h_2 + h_4}{5}$
四点填方或挖方（正方形）		$V = \dfrac{a^2}{4}(h_1 + h_2 + h_3 + h_4)$

备注：方格网中各方格挖填土石方量是按各计算图形的底面积乘以平均施工高度而得出的。

附录 15　图幅标准面积

附表 15　图幅标准面积

地形图比例尺	分幅方法	实地面积（km²）	图上面积（dm²）	地形图比例尺	分幅方法	实地面积（km²）	图上面积（dm²）
1∶1 000 000	国际分幅		22	1∶10 000	国际分幅	25	25
1∶500 000	国际分幅		22	1∶5 000	国际分幅	6.25	25
1∶250 000	国际分幅		23	1∶2 000	正方形分幅	1	25
1∶100 000	国际分幅	1 600	16	1∶1 000	正方形分幅	0.25	25
1∶50 000	国际分幅	400	16	1∶500	正方形分幅	0.062 5	25

备注：本表参考《测绘生产成本费用定额计算细则》（财建〔2009〕17 号）中相关内容。

附录 16　常用法定计量单位与非法定计量单位换算

附表 16　常用法定计量单位与非法定计量单位换算

名称	法定计量单位名称	法定计量单位符号		计量单位的换算	备注
		外文	中文		
长度	米	m	米	1 km=1 000 m	dm 为分米的符号
	千米（公里）	km	千米，公里	1 cm=0.01 m	
	厘米	cm	厘米	1 mm=0.001 m	
	毫米	mm	毫米	1 dm=0.1 m	
面积	平方米	m²	米²	1 cm²=0.000 1 m²=0.01 dm²=100 mm²	
	平方厘米	cm²	厘米²	1 km²=1 000 000 m²=1 500 亩	
	平方公里	km²	公里²	1 公顷=15 亩	
				1 亩=666.67 m²	
				1 公顷=10 000 m²	

名称	法定计量单位名称	法定计量单位符号		计量单位的换算	备注
		外文	中文		
体积	立方米 立方厘米 升 毫升	m³ cm³ L，l mL	米³ 厘米³ 升 毫升	1 cm³=0.000 001 m³=1 ml=0.001 1 1 L=1 000 ml=0.001 m³=1 000 cm³ 1 m³=1 000 000 cm³=1 000 dm³ =1 000 L	1 为升的备用符号
质量	千克（公斤） 克 吨	kg g t	千克（公斤） 克 吨	1 g=0.001 kg 1 t=1 000 kg 1 kg=2 斤	
压力，压强	帕斯卡	Pa	帕	1 Pa=1 N/m²=0.1 kgf/m² 1 MPa=1 N/mm² 10 kPa=1 N/cm² 1 MPa=1 000 kPa=1 000 000 Pa 1 kgf/mm²=9.8 MPa≈10 MPa 1 kgf/cm²=98 kPa≈100 kPa 1 kgf/m²=9.8 Pa≈10 Pa	也有将 kgf/cm²写成 kg/cm²
平面角	弧度 [角]秒 [角]分 度	Rad （″） （′） （°）	弧度 秒 分 度	1″=（π/648 000）rad 1′=60″=（π/10 800）rad 1°=60′=（π/180）rad	